# 2026
// 미래 과학 트렌드
2026
미래 과학 트렌드

미래과학 트렌드

한 권으로 따라잡는 오늘의 과학, 내일의 기술

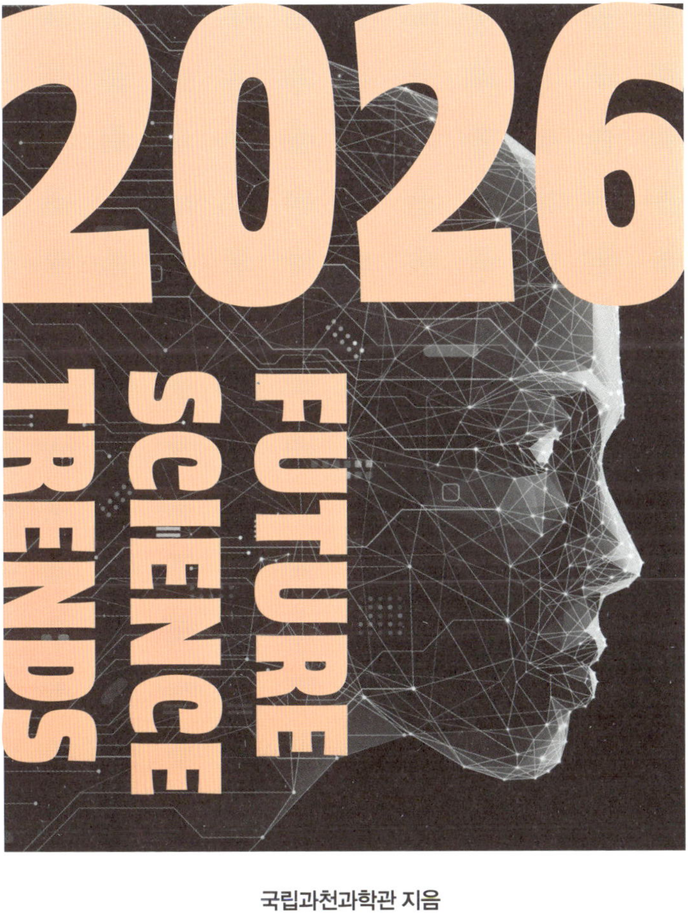

2026

FUTURE SCIENCE TRENDS

국립과천과학관 지음

위즈덤하우스

변화를 놓치지 않는 관찰의 힘
그 바탕이 되는 과학적 상상

차례

책머리에 | 한형주 국립과천과학관장 ⋯ p.11

CHAPTER 1. 생명과학

식물의 시간과 저속노화 ⋯ p.17
인공 혈액 도전기 ⋯ p.24
종자가 미래를 구하는 방법 ⋯ p.38
기생벌과 내일의 농업 ⋯ p.46
생명과 AI의 융합 ⋯ p.54
AI가 구축하는 생명의 정보 ⋯ p.63

CHAPTER 2. 화학

산업의 비타민, 희토류 ⋯ p.69
폐유기물의 재탄생 ⋯ p.79
수소에너지와 공동체 ⋯ p.87

CHAPTER 3. 지구과학

나무, 다시 건축이 되다 ⋯ p.107
지층이 기록한 시간을 읽는 AI ⋯ p.118
지구의 탄소순환 시스템 ⋯ p.124
기후변화, 대립을 넘어설 때 ⋯ p.134
구름을 좇는 법 ⋯ p.142

CHAPTER 4. 우주과학

우주를 읽는 AI ··· p.157
사라진 연결 고리, 중간질량블랙홀 ··· p.170
제임스웹 우주망원경이 전해온 소식들 ··· p.180

CHAPTER 5. 과학기술

불맛 없는 철 ··· p.193
챗GPT의 기억과 대화 ··· p.200
초지능 인공지능의 시대 ··· p.211
휴머노이드의 현재와 미래 ··· p.225

CHAPTER 6. 물리학

AI와 물리학, 필연적 협력 ··· p.235
입자 가속기부터 빛을 뿜는 가속기까지 ··· p.243

CHAPTER 7. 과학문화

우리가 만드는 과학기술의 미래 … p.265
과학기술자들의 독립운동 … p.275

부록_ 2025 노벨상 특강

면역계의 브레이크, 조절 T세포_노벨생리의학상 … p.295
망상화학의 문을 연 MOF_노벨화학상 … p.305
양자 컴퓨터와 양자 터널링_노벨물리학상 … p.317
성장의 씨앗은 우리 안에 있다_노벨경제학상 … p.327

참고 자료 및 그림 출처 … p.331

책머리에

　국립과천과학관은 지난 다섯 해 동안 《2022 과학은 지금》으로 시작해 오늘의 《2026 미래 과학 트렌드》에 이르기까지, 매년 한 권의 책으로 과학기술 변화를 대중의 언어로 옮기는 일을 이어왔습니다. 책을 쓰는 일은 늘 새로운 질문을 불러옵니다. 무엇이 '지금'의 과학을 이루는가? 그 과학은 어떻게 '우리의 삶'에 스며드는가? 내년에 다시 이 질문을 던진다면 어떤 맥락이 달라져 있을까? 전시, 강연, 교육을 이끄는 현장의 구성원들이 함께하며, 이 책은 해마다 반복되는 키워드와 새로 떠오르는 쟁점을 기록해왔고, 대중이 어렵게 느끼는 과학기술 정보에 대한 아카이브로 자리 잡았습니다.

　돌이켜 보면 초기에는 반도체와 전지, 로봇과 우주, 백신과 유전자 편집 같은 핵심 기술의 지형을 넓게 훑으며 '지금, 여기'의 뉴스를 소개하는 데 집중했습니다. 해를 거듭하며 같은 주제라도 다루는 방식이 달라졌습니다. 반도체는 공정·설계의 이슈에서 공급망·산업·소재 혁신의 이야기로 확장되었고, 전지는 성능 경쟁을 넘어 전주기 안전과 재사용, 재활용의 관점이 더해졌습니다. 우주는 대형 망원경 성과 이후 관측 데이터의 해석과 AI 기반 분석으로 무게중심이 이동했고, 기후 및 에너지는 기술 소개를 넘어 정책, 산업, 생활의 경계에서 교차하는 의제를 함께 다루게 되었습니다. 생명과학 역시 백신과 유전자 편집의 획기적 뉴스에서 한 걸음 더 들어가 단백질, 세포공학, 의료 생명 데이터의 접점으로 사례와 내용이 정밀해졌습니다.

　5년간 집필된 책의 구성을 보면, 같은 키워드가 매년 다른 맥락과 만나며 재발견되는 과정이 자연스럽게 드러납니다. 바로 그 점에서 이 시리즈는 완성된 지식을 단정적으로 정리하기보다, 변화의 동태를 놓치지 않으려는 관찰의 힘에 기대어 경신되어왔습니다.

　지난 몇 년 사이 AI는 누구에게나 익숙한 단어가 되었고, 일상의 도구로 자리하게 되었습니다. 그러나 연구실 내부에서 AI가 실제로 어떤 역할을 하고 있는지는 여전히 잘 보이지 않았습니다. 이번 《2026 미래 과학 트렌드》는 그 실제를 보여주고자 했습니다. 단백질, 핵산, 소분자처럼 서로 다른 분자들이 얽힌 복합체의 구조를 예측하는 최신 모델은 신약 표적 발굴과 분자 설계의 시간을 줄이며, 실험 전 단계에서 가설을 더 정교하게 다듬게 합니다. 재료과학에서는 수십만에서 수백만 종의 후보 물질을 학습한 모델이 안정적일 가능성이 높은 물질을 선별하고 분석하여 연구실에서의 성공 가능성을 빠르게 검증합니다.

　그리고 핵융합 같은 대형 물리 실험에서도 강화 학습 기반의 제어를 통해 '실험의 속도' 자체를 끌어 올리는 사례가 보고되고 있습니다. 이런 예시들은 AI가 연구자를 대체한다는 오해를 넘어 연구자의 판단과 상상력을 증폭시키는 도구임을 보여줍니다. 결국 중요한 것은 AI의 성능 그 자체가 아니라 데이터의 품질과 윤리 문제, 재현성과 신뢰성 같은 오래된 과학의 기준을 오늘의 기술로 새롭게 세우는 일입니다. 그런 방면에서 이 책은 생명과학, 지구과학, 물리학, 우주과학 등 다양한 장을 활용해 이러한 변화를 구체적인 사례와 함께 제시합니다.

　해마다 국립과천과학관의 저자들은 지식의 범위와 내용의 깊이에 대한 질문과 마주합니다. 최신 과학기술을 가능한 다양하게 그리고 어렵지 않게 소개하다 보니, 전공자에게는 표면적으로 다루는 듯 보일 수 있습니다. 그러나 기본 지식의 출발선이 개인별로 다른 대중에게 한 권의 도서로 '완전한 이해'를 제공하는 일은 매우 어려운 작업입니다. 그래서 우리는 모호하지 않은 첫 단락을 건네면서 다음 스텝의 읽기와 학습으로 자연스럽게 이어지도록 문턱을 낮추고자 했습니다.

이 책은 '완결'이 아니라 '연결'을 목표로 합니다. 독자가 흥미를 느끼면 곧장 더 깊은 전문서와 원문, 강연과 체험으로 나아갈 수 있도록 키워드와 사례를 배치했습니다. 국립과천과학관의 현장은 그 연결의 길을 넓혀줍니다. 전시장에서 싹튼 호기심이 책에서 맥락을 얻고, 강의실과 토론에서 더 단단해지며, 다시 생활의 문제로 되돌아오는 순환을 우리는 소중히 여깁니다. 이러한 순환 속에서 과학문해력Science literacy과 더불어, 일상과 학교, 직장에서 실제로 작동하는 과학자본Science capital도 함께 쌓을 수 있다고 생각합니다.

한국에서 과학관 같은 문화시설이 주도하여 과학기술 교양서를 꾸준히 펴내는 일은 아직 드뭅니다. 정부 기관의 정책 보고서나 민가의 기술 트렌드 서적 등이 중요한 정보 제공 역할을 해왔지만, 공공 과학문화 기관이 대중의 언어로 '매년 한 걸음'씩 기록을 업데이트하고 축적하는 시도는 흔하지 않습니다. '미래 과학 트렌드' 시리즈는 그 공백을 메우고자 합니다. 과학을 전공하려는 중고등학생에게는 진학 전 탐색의 지도, 대학생과 일반 성인에게는 사회, 경제, 문화적 추세에 대한 전망서, 교사와 학부모에게는 수업과 진로 지도의 참고서, 직장인에게는 업무를 다시 설계하는 데 필요한 통찰의 기반이 되는 것, 그것이 우리가 이 책에 부여한 의미입니다.

책을 만드는 과정 자체가 과학의 작동 방식을 닮아 있습니다. 관찰과 측정, 기록과 검증, 토론과 수정이 이어지고, 서로 다른 전공과 시선, 저자들의 문장이 맞물리며 한 해의 아카이브가 됩니다. 이 아카이브는 다음 해의 독자와 저자를 다시 불러들이고, 같은 분야라도 다른 맥락에서 질문을 던지게 합니다. 그래서 '미래 과학 트렌드'는 한 권의 책이자 과학과 대중 사이에서 계속되는 대화입니다. 인공지능의 영향력에 대한 대중의 관심과 질문이 커질 2026년, 우리는 특히 '연구실 안의 AI'를 통해 과학 하는 속도가 어떻게 바뀌고 있는지, 그 속도가 인간의 상상력과 책임을 어디까지 확장할 수 있는지 답하고자 했습니다.

과학은 세상을 이해하는 언어이자 미래를 여는 힘입니다. 빠른 변화의 시대일수록 바른 방향으로 서둘러야 합니다. 이 책이 독자 여러분의 다음 책, 다음 실험, 다음 수업으로 이어지는 순환적 경험의 시작이 되기를 바랍니다. 여러분의 호기심과 비판적 시선, 과학문화 현장의 목소리가 국립과천과학관의 저술 작업이 연속되는 데 큰 힘이 됩니다. 국립과천과학관은 전시장에서, 강연장에서, 그리고 이 책이 활용되는 현장에서 새로운 맥락과 질문을 관찰하고 대화를 이어가겠습니다.

2025년 11월
국립과천과학관장 한형주

생명과학

CHAPTER 1

식물의 시간과 저속노화
인공 혈액 도전기
종자가 미래를 구하는 방법
기생벌과 내일의 농업
생명과 AI의 융합
AI가 구축하는 생명의 정보

future science trends

식물의 시간과 저속노화

김선혜   식물학

지금으로부터 거의 300년 전인 1729년, 프랑스 과학자 장 자크 도르투 드메랑 Jean-Jacques d'Ortous de Mairan은 미모사 잎의 움직임을 관찰하는 실험을 했다. 낮에는 잎을 펼치고 밤에는 접는 미모사를 하루 종일 빛이 들어오지 않는 공간에 둔다면 잎은 어떻게 움직일지 확인해보기로 한 것이다. 어두우니 미모사가 잎을 접은 채 다시 빛이 들기만을 기다리고 있을 것 같았다. 그러나 놀랍게도 미모사는 어둠 속에서도 낮에 해당하는 시간대에는 잎을 펼치고 밤 시간이 되면 접는 패턴을 한동안 지속했다.

드메랑은 식물의 내부에 하루 주기의 리듬, 즉 일주리듬 circadian rhythm을 관장하는 생체 시계가 있다고 결론 내렸다. 비록 식물 실험이었지만 생명체 내부에 보이지 않는 시계 같은 메커니즘이 있다는 첫 발견이었다.

1930년대, 시카고대학의 클리프턴 연구팀은 사람을 지하 벙커에 수 주간 가둬놓고 빛을 완전히 차단한 채 수면·활동 시간을 기록했는데, 이때 사람의 생리 리듬이 대략 24시간 주기로 스스로 유지되는 것이 확인됐다. 사람에게도 수면-각성 주기와 체온 변화, 호

르몬 분비 등이 약 24시간 주기로 반복된다는 사실이 관찰된 것이다. 지구의 자전주기에 맞물려 인간 역시 보이지 않는 시계를 따라 움직이고 있었다. 이후 1970년대부터 과학자들이 초파리를 대상으로 생체 시계를 연구한 결과 1995년 미국의 제프리 홀Jeffrey C. Hall, 마이클 로스배시Michael Rosbash, 마이클 영Michael W. Young이 초파리에서 CLOCKCircadian Locomotor Output Cycles Kaput, BMAL1Brain and Muscle ARNT-Like 1, PERPeriod 유전자를 발견했고 인간에게도 이와 같은 유전자가 있다는 사실을 알아냈다. 이들은 생체 시계circadian rhythm를 조절하는 분자 메커니즘을 밝혀낸 공로를 인정받아 2017년 노벨생리의학상을 받았다. 식물에서는 이보다 늦은 1995년부터 2000년대 초반, 생체 시계 유전자 TOC1Timing of Cab expression 1을 시작으로 CCA1Circadian Clock Associated 1, LHYLate Elongated Hypocotly를 발견하게 되었다.

식물과 인간의 시계는 놀라운 닮은꼴

지구에서 살아가는 생물은 24시간 주기에 맞추어 생리 활성을 조절하는 생체 시계라는 정교한 시간 측정 장치를 갖고 있다. 식물과 인간의 시계는 진화적으로 멀리 떨어져 있지만 기본적인 작동 원리와 목적이 매우 닮은 것이다.

식물은 잎의 광수용체로, 인간은 눈의 망막으로 빛을 감지하고 이 빛 신호로 생체 시계 유전자가 동기화되어 24시간 리듬을 만든다. 빛이 없어도 이 생체 시계 유전자들은 일정 기간 24시간 주기로 활동을 유지한다. 우리가 외국에 갔을 때 시차 적응을 해야 하는 것도 바로 이러한 생체리듬 때문이다. 다만 식물은 빛뿐 아니라 온도의 변화까지 감지해 계절을 읽어내지만 인간은 주로 빛으로만 동기

| 식물과 인간의 생체 시계 메커니즘 |

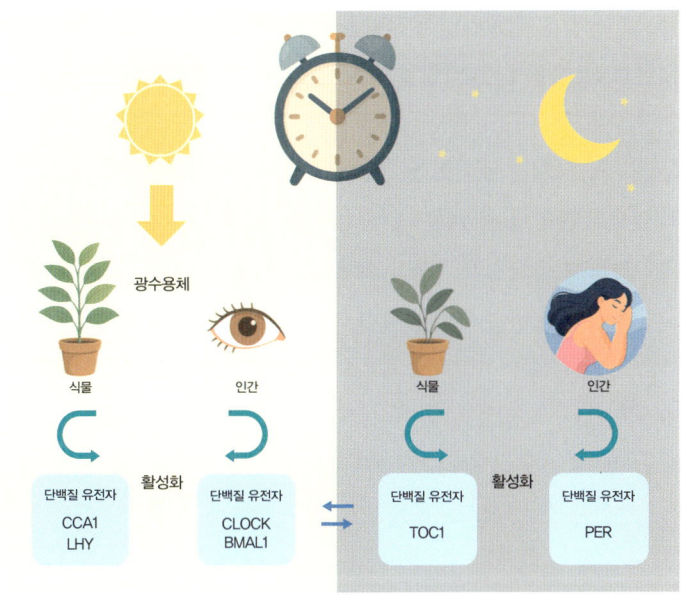

화한다. 즉, 식물의 생체 시계가 훨씬 정교하기 때문에 싹을 틔우고 꽃을 피우고 열매를 맺고 낙엽을 떨어뜨리는 모든 일이 정확한 시간에 맞춰 진행되는 것이다.

이러한 생체 시계 유전자들은 톱니바퀴처럼 맞물려 낮에 활성화되는 유전자들과 밤에 활성화되는 유전자들이 상호 발현되거나 억제하면서 생체리듬을 유지한다. 식물의 CCA1과 LHY는 인간의 CLOCK 및 BMAL1과 같이 낮에 활성화되는 유전자이고, TOC1과 PER은 밤에 활성화되면서 낮에 나타난 유전자들을 억제한다.

낮에 나타나는 식물 유전자들은 광합성, 개화, 온도반응, 스트레스 대응, 노화 시기 조절 등에 관여하며 인간 유전자들은 각성, 대사조절, 노화와 면역에 관련된다. 밤에 나타나는 유전자들은 낮에 활성화해 각성되어 있던 유전자들을 억제해 세포의 회복과 재생, 손상된 DNA 복구 같은 역할을 하며 인간에게는 멜라토닌을 분비해서 수면을 유도한다. 이처럼 식물과 인간의 생체 시계 메커니즘은 매우 유사하게 24시간 주기의 생리 리듬을 조절하며, 수면·성장·노화까지 깊숙이 관련되어 있다.

노화는 단순하게 세월이 흐른 결과가 아니라, 세포 기능 저하와 분자적 손상이 누적된 결과인 것이다. 따라서 최근 생리의학계에서는 식물의 생체 시계와 노화 사이의 연관성에 주목하고 있으며 이에 대한 연구도 활발히 이루어진다. 생체 시계는 세포분열과 DNA 복구, 단백질 품질 관리, 에너지대사를 일정한 '시간표'로 조율한다. 시계가 정상적으로 작동하면 손상 복구가 효율적으로 이뤄지고, 세포는 불필요한 에너지 낭비를 줄인다. 하지만 시계가 흐트러지면(예를 들어 교대 근무, 야간 불빛, 불규칙 수면) DNA 손상 복구 효율이 떨어지고 산화 스트레스가 증가하며 결국 노화 속도가 빨라진다.

그렇다면 생체 시계 주기를 조절할 수 있는 방법은 무엇일까? 이에 대한 연구가 진행되면서 남홍길 교수가 2008년 포스텍 교수 시절, 애기장대$_{Arabidopsis\ thaliana}$에서 생체 시계 주기를 조절하는 유전자 '피오나1$_{FIONA-1}$'을 세계 최초로 발견했다. 이 이름은 영화 〈슈렉〉의 인물인 피오나 공주에서 가져온 것이다. 낮과 밤에 따라 모습이 달라지는 피오나처럼, 이 유전자 역시 식물의 밤낮 주기를 조절하기 때문이다. 이후 연구를 통해 피오나1은 애기장대뿐 아니라 다양한 생물에서 공통적으로 발견되는 유전자임이 밝혀졌다.

피오나1의 정체는 RNA 메틸화 효소로, 인간에게도 이와 유사한 역할을 하는 METTL16$_{Methyltransferase-like\ protein\ 16}$이라는 유전자가 존재한다. 인간의 METTL16 유전자는 피오나1과 구조 및 기능적으로 매우 유사한 RNA 메틸화 효소다. RNA에 메틸기를 부착해 유전자 발현을 조절하며 특히 세포의 성장, 분화, 스트레스 반응에 관여한다. 최근 연구들은 METTL16이 세포의 DNA 복구 메커니즘과 노화 과정에도 영향을 미친다는 것을 보여주고 있다. 피오나1처럼 METTL16 또한 생체 시계와 관련된 특정 RNA를 조절함으로써 우리 몸의 리듬과 노화 속도를 미세하게 조정하는 '시간 조절자' 역할을 할 가능성이 높다.

멀리 떨어진 종인 식물과 인간이 RNA 메틸화 같은 유사한 분자 메커니즘을 이용해 생체 시계와 노화처럼 근본적인 생명현상을 조절한다는 것은, 이 메커니즘이 생명 유지에 매우 중요하며 진화적으로 보존되어왔음을 의미한다. 이는 동식물 모두에서 노화를 비롯한 생명현상이 비슷한 원리로 작동할 수 있음을 시사한다.

이와 같이 식물에서 발견된 피오나1의 노화 조절 기능은 인간의 METTL16 유전자 연구에 새로운 방향을 제시하고 있다. 피오나1이 정상적으로 기능할 경우, 식물은 24시간 주기에 맞춰 낮과 밤의 리듬을 유지하며 광합성, 개화, 스트레스 반응 등을 조절하지만 피오나1의 기능에 변화가 생기면 식물이 생체 시계 주기가 길어지거나 짧아지는 현상이 나타난다. 2016년 교토대학 연구팀은 애기장대 실험에서 피오나1을 조절하여 하루 주기를 28시간으로 조정해 재배했다. 이때 광합성 효율은 약간 떨어졌지만 대사 속도가 느려지고, 노화 지표가 늦게 나타나면서 전체 생육 기간이 평균 15퍼센트 연장되었다는 결과를 발표했으며, 이는 생체 시계의 속도를 늦추면 노화가 늦어진다는 가설을 뒷받침했다.

실제로 100년 이상 사는 식물에서 성장, 대사 속도가 현저히 느려 세포의 마모 같은 노화가 거의 진행되지 않는다는 것이 관찰되었다. 동물에서도 이러한 현상을 발견했는데 평균 150년을 사는 북극고래를 분석한 결과 심장박동이 분당 10회 이하로 매우 느리며 세포 대사 속도 역시 극도로 느려, 에너지 소비가 더디고 손상된 DNA의 회복력이 뛰어났다. 즉 고래는 세포 속 시곗바늘을 매우 천천히 돌리는 방식으로 노화를 지연시키고 있는 것이다.

노화의 열쇠, 시간의학

그렇다면 인간도 생체 주기를 길게 해서 시간의 속도를 늦추는 저속노화의 전략으로 수명을 늘릴 수 있지 않을까? 즉 세포의 생체 시계를 24시간이 아니라 36시간으로 조절한다면 수명이 1.5배 늘어날 수 있다는 가설이 성립되는 것이다. 이 가설은 아직 완전히 증명되지는 않았지만, 장수 식물과 단명 식물의 시계 유전자 발현 패턴을 비교하는 연구가 활발히 진행 중이다. 이는 '에너지대사를 천천히 돌리면 수명이 늘어난다'는 칼로리 제한(식이요법) 연구와도 맞닿아 있다. 결국 시계의 속도를 조절하는 일이 노화를 늦추는 새로운 열쇠가 될 수 있다는 것이다.

노화란 결국 시간이 우리 몸에 새겨놓은 흔적이다. 식물 연구에서 출발한 생체 시계 조절은 오늘날 인간의 노화를 늦추는 실마리를 제공한다. 현재 의학계에서는 노화의 주요 키워드로 '시간의학 chronomedicine'을 연구하고 있으며 일부 항암제, 혈압약, 호르몬제 등을 생체리듬에 맞춰 투여하면 효과가 극대화되고 부작용은 줄어든다는 연구 성과도 나오고 있다.

이제 더 나아가, 우주 시대의 인간에게도 생체 시계 연구는 필수다. 화성의 하루는 24시간 39분, 달은 29.5일이다. 다른 주기의 환경에서 우리의 시계는 어떻게 적응할까? 우주 장기 체류 실험은 이미 국제우주정거장에서 진행 중이며, 미래의 장수 연구와도 연결된다.

최근 저속노화 식단이 유행하고 있다. 이는 건강한 음식을 통해 세포의 노화를 막고 손상된 DNA 회복력을 높이고자 하는 노력이다. 하지만 근본적으로 노화는 세포 속 작은 시계가 어떻게 작동하는가의 문제일 수 있다. 식물에서 시작된 발견이 인간의 건강과 수명을 설명하는 열쇠가 되었다. 어쩌면 노화를 늦추는 길은 시간을 통제하는 법을 배우는 것일지도 모른다.

인공 혈액 도전기

이영주　　　　　　　　　　　　　　　　　　생명과학

피로 쓰인 수혈의 역사

　　피가 얼마나 부족하면 위험할까? 일반적으로 우리는 체중의 7~8퍼센트가 되는 양의 혈액을 가지고 있다. 이 중 약 20퍼센트를 잃으면 생명이 위태로워진다. 체중 50~60킬로그램인 사람의 경우, 혈액을 1리터 정도만 흘려도 위험하다. 이보다 체중이 절반인 어린이의 경우 겨우 500밀리리터 물병 하나의 혈액만 잃어도 위험하다는 뜻이다. 그런데 갑작스러운 사고나 수술 등으로 피를 많이 쏟는다면? 다행히 우리는 다른 사람이 기증한 소중한 혈액을 수혈받으면 된다. 하지만 수혈받을 피가 부족하다면 어떻게 될까? 헌혈 시스템이 꽤 합리적으로 구축된 현대 사회에서는 그런 일이 없을 것 같지만 종종 혈액 보유량이 낮아질 때가 있다.

　　실제로 우리나라의 헌혈자는 감소하는 추세다. 2023년 기준 헌혈자는 130만 명으로, 이는 10년 전보다 25퍼센트 줄어든 수치다. 아직은 비교적 안정적으로 혈액이 수급되고 있지만 출산율이 줄고 고령화 사회에 접어든 미래에 피를 받아야 하는 사람보다 줄 수 있는 사람의 수가 훨씬 적어진다면? 대비 없이 내일을 맞이했을 때 피가 부족한 '피 말리는' 상황은 충분히 벌어질 수 있다.

옛날 사람들은 피를 신성하게 여겼다. 그래서 제사 지낼 때 동물의 피를 신에게 바치기도 했다. 심지어 고대 로마에서는 검투사의 피를 성스럽게 여겨 건강을 유지하고 병을 치료하기 위해 나눠 마셨다. 이렇듯 예부터 피는 생명을 상징하는 고결한 것으로 여겨졌다. 피를 많이 흘리면 생명이 위험하다는 건 옛날 사람들도 알았던 모양이다. 죽어가는 사람을 살리기 위해 여러 시도를 한 기록이 남은 것을 보면 말이다.

1600년대 중반 죽어가던 사람에게 양의 피를 넣은 기록이 있는데, 비슷한 시기에 동물과 사람 간 수혈 시도가 빈번히 발생했다. 거리의 부랑자나 사형수를 대상으로 한 피의 실험으로 수많은 사람이 목숨을 잃자 결국 프랑스와 영국 등에서는 약 150년간 수혈이 법으로 금지되었다. 시간이 흘러 1800년대 초, 영국의 산부인과 의사 제임스 블런델James Blundell은 출혈이 심한 산모의 목숨을 구하기 위해 남편의 피를 직접 아내에게 수혈하는 방법을 썼다. 이 여성은 어떻게 되었을까? 다행히도 목숨을 건질 수 있었다고 한다. 이후 사람 간 수혈이 더욱 자주 이루어졌지만, 여전히 많은 사람들이 높은 확률로 목숨을 잃었다. 그 이유를 현대인은 모두 알고 있다. 혈액형 구분 없이 수혈했기 때문이다.

그럼 이제 혈액의 성분을 알아보자. 혈액을 뽑아 튜브에 담은 후 빠른 속도로 회전하는 원심분리기에 넣으면 원심력에 의해 무거운 것이 가라앉으며 혈액의 성분이 분리된다. 가장 아래 빨간색으로 층을 이루는 성분은 적혈구로 전체 부피의 40~45퍼센트를 차지한다. 피가 붉은 것은 적혈구가 빨갛기 때문이다. 하나의 적혈구 안에

| 헤모글로빈의 구조 |

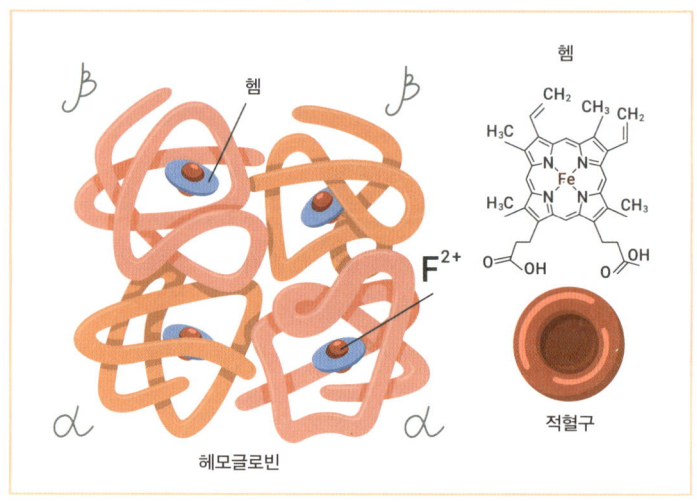

는 약 2억 8000만 개의 헤모글로빈hemoglobin이 들어 있다. 헤모글로빈은 헴heme과 글로빈globin이 결합한 형태이며 헴의 중심에 있는 철이 산소와 결합해 피가 붉게 보인다(철 이온이 아닌 구리 이온을 가진 구조는 '헤모시아닌hemocyanin'으로, 일부 동물의 피는 이 때문에 푸른색으로 보이기도 한다). 하나의 헴은 산소 1분자와 결합할 수 있는데 헤모글로빈 1분자당 4개의 헴을 가지고 있으므로 이론적으로 하나의 적혈구는 11억 개 이상의 산소 분자와 결합할 수 있다. 적혈구의 주된 기능은 이 뛰어난 산소 결합 능력을 이용해 몸 곳곳으로 산소를 운반하는 것이다.

원심 분리한 혈액의 맨 위층은 노란색을 띠는 투명한 액체인 혈장이다. 혈장은 대부분 물로 이루어지며 각종 단백질과 무기질, 영양소, 호르몬, 항체 등이 들어 있다. 그리고 아주 얇아 잘 보이지는 않지만, 하얀 중간층이 존재한다. 이 부분은 연층buffy coat이라고 한다. 백혈구, 혈소판 등이 섞여 있는 층이다. 백혈구는 인체의 면역 반응에 중요한 역할을 하고, 혈소판은 혈액응고에 관여한다. 혈액의 성분 중 혈액형을 결정하는 것은 적혈구 표면에 붙어 있는 항원이다. 그리고 혈장의 항체가 혈액응집반응에 관여한다.

ABO식 혈액형의 원리

오스트리아의 카를 란트슈타이너Karl Landsteiner라는 병리학자는 ABO식 혈액형을 발견하여 1930년에 노벨생리의학상을 수상했다. 예전에는 수혈을 잘못하여 피가 뭉치는 현상에 대해 환자가 가지고 있던 질병 때문이라고 생각했다. 하지만 란트슈타이너는 여러 사람의 피를 섞는 실험을 통해 혈액을 세 가지 타입으로 나누었는데, 그것이 바로 A형, B형, C형이다. 나중에 C형은 O형으로 이름이 바뀌었고, 란트슈타이너의 제자들에 의해 AB형이 추가되어 우리가 알고 있는 ABO식 혈액형이 완성되었다.

란트슈타이너의 ABO식 혈액형의 원리를 살펴보자. 사람의 적혈구 표면에는 A와 B 항원이 존재할 수 있는데(실제로는 이 두 가지 항원만 존재하는 것은 아니다), 적혈구 표면에 A항원을 가지면 A형, B항원을 가지면 B형, 두 가지를 모두 가지면 AB형, 두 가지 항원 모두 가지고 있지 않으면 제로를 뜻하는 O형으로 구분한다.

A형은 혈청에 베타 항체(항B항체)를 가지고 있는데, 베타 항체는 A항원과 결합하지 않는다. 그래서 평상시 건강한 혈액에서는 항원항체반응이 일어나지 않는다. 하지만 B항원을 가진 B형이나 AB형의 혈액이 들어오면 면역반응이 작동해 베타 항체가 대량생산 된다. 그렇게 되면 수혈된 적혈구 표면의 B항원과 베타 항체가 결합하

| ABO식 혈액형 구분에 따른 항원 |

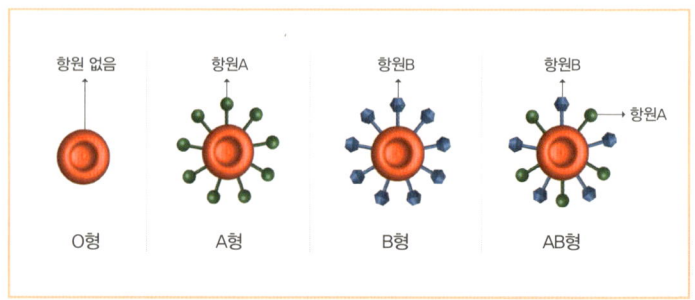

는 항원항체반응에 따라 응집반응이 일어난다. 응집반응은 적혈구가 서로 엉겨 혈액을 덩어리지게 하고, 심하면 적혈구가 파괴되어 치명적인 결과를 일으킨다.

　　마찬가지로 B형의 경우, 혈청에 알파 항체(항A항체)를 가지고 있는데, A항원을 가진 혈액을 수혈한다면 항원항체반응에 의해 응집반응을 일으킬 수 있다. 그렇다면 AB형은 어떨까? AB형은 알파와 베타 항체 모두 가지고 있지 않다. 그래서 이론적으로 모든 혈액형의 피를 받을 수 있다. O형은 항원은 없지만 알파와 베타 항체 모두를 가진다. 그래서 O형의 피만 받을 수 있다. 그래서 O형은 피를 모두에게 줄 수 있고 AB형은 모두에게 받을 수 있다고 알려졌다. 하지만 부득이한 상황이 아니면 원칙적으로는 자신의 혈액형과 동일한 피만 수혈받는다. 다량 수혈의 경우, 피를 주는 쪽의 항체도 많이 들어가기 때문에 받는 사람의 항원과 결합하여 문제를 일으킬 가능성이 커지기 때문이다.

　　란트슈타이너가 ABO식 혈액형을 구분하여 수많은 사람의 목숨을 살렸음에도, 여전히 수혈 후 죽는 환자가 있었다. 이유는 바로

Rh식 혈액형을 몰랐기 때문이다. 놀랍게도 Rh 혈액형도 란트슈타이너가 위너Alexander Wiener라는 과학자와 함께 발견했으니 그는 혈액계의 멀티플레이어라고 할 수 있겠다. 란트슈타이너가 혈청을 연구 중이던 어느 날, 레서스rhesus원숭이의 적혈구를 토끼에 주사했더니 토끼의 몸에서 침입자(원숭이의 혈액)에 대항하는 항체를 만들었다. 이 항체를 정제해 사람의 피와 섞어보았더니 어떤 사람의 혈액은 응집반응을 보이고, 또 다른 이들의 피는 뭉치지 않는다는 것을 알아냈다. 같은 ABO식 혈액형이어도 Rh 항체에 대한 응집반응이 다른 것을 관찰한 것이다. 란트슈타이너는 레서스원숭이의 이름에서 앞 글자를 따 'Rh식 혈액형'으로 명명했다. Rh식 혈액형을 결정짓는 데는 D, C, E 등의 항원이 있으며, 이 중 란트슈타이너가 확인한 것은 항원 D다. D항원이 있으면 'Rh+', 없으면 'Rh−'로 구분한다.

동양인에게는 Rh− 혈액형을 가진 사람이 전체 인구의 1퍼센트가 되지 않을 정도로 매우 드물다. 게다가 ABO식 혈액형별 Rh− 비율로 나누어 살펴보면 훨씬 낮아지기 때문에 각각의 혈액형별로 분류하면 희귀 혈액형에 속한다고 볼 수 있다. 하지만 서양에서는 약 15퍼센트의 인구가 Rh−로 분류될 정도여서 드물지 않다. 정말로 특이한 것은 'Rh−null'형이다. 이 혈액형은 적혈구 표면에 D, C, E를 포함한 Rh 관련 항원이 없다. 전 세계적으로 이 혈액형을 가진 사람은 40~50명으로 알려져 있다. 2022년 국제수혈학회 보고에 따르면 인간의 혈액형은 ABO식, Rh식 외에도 'MNS', 'Kell', 'Duffy' 등 45가지가 넘는다. 이 중 ABO식 혈액형과 Rh식 혈액형을 확인하면 수혈 부작용을 대부분 예방할 수 있다. 따라서 이 두 가지 혈액형을 중심으로 수혈 시스템의 관리가 이루어진다.

면역 시스템을 속이는 가짜 혈액 만들기

수혈의 어려운 점 중 하나는 외부에서 들어온 물질을 적으로 인식해 공격하는 면역 시스템이다. 우리는 면역 시스템 덕분에 건강한 삶을 살아갈 수 있지만, 아이러니하게도 수혈이나 장기이식 등에서는 걸림돌이 된다. 우리의 면역계는 외부 항원이 들어오면 이에 대응하는 항체가 반응해 새로 들어온 피를 꼼짝 못 하게 할뿐더러 연쇄반응으로 자신을 위험에 빠뜨릴 수 있다. 따라서 가짜 혈액을 항체가 공격하지 못하도록 하는 것이 인공 혈액을 연구하는 데 중요하게 고려해야 할 점 중 하나다.

인공 혈액을 만드는 방법은 여러 가지로 연구되고 있으나, 대부분 적혈구의 산소 운반 능력을 재현하는 방향으로 이루어졌다. 대표적인 것이 헤모글로빈을 기반으로 하는 인공 혈액이다. 사용하지 못하고 폐기되는 혈액이나 동물의 혈액에서 헤모글로빈을 추출하여 이용하는 방식을 예로 들 수 있다. 자연계의 헤모글로빈을 사용한다는 점에서 완전한 의미의 인공은 아니지만, 낭비되는 혈액을 재활용한다는 것이 특징이다.

헤모글로빈 기반 인공 혈액 연구에서 최근 가장 눈에 띄는 것은 단연코 2024년 7월, 대중에게 공개된 '보라색 피$_{\text{Hemoglobin vesicle, HbV}}$'다. 이 보라색 피는 온라인에서 꽤 화제가 되었다. 일본에서 개발된 것인데 폐기 예정인 혈액의 적혈구 농축액에서 헤모글로빈을 추출해, 인지질 이중층으로 만든 리포솜 캡슐로 감싸 공 모양을 이루도록 만들었다. 마치 세포막에 싸인 듯이 말이다. 캡슐 표면에는 적혈구와 달리 항원이 없어 혈액형 구분 없이 수혈이 가능하다.

그렇다면 왜 추출한 헤모글로빈을 그냥 주입하지 않고, 막을 만

| 보라색 피 제조 과정 |

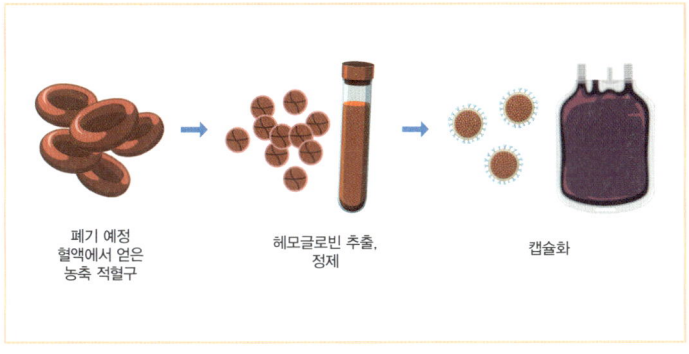

폐기 예정 혈액에서 얻은 농축 적혈구 → 헤모글로빈 추출, 정제 → 캡슐화

들어 감싸는 걸까? 자연적으로 헤모글로빈은 단독으로 혈액에 떠다니지 않고 적혈구 막 안에 존재한다. 헤모글로빈이 막 밖에 노출되면 독성을 나타내기 때문이다. 감싸지 않은 헤모글로빈은 물질과의 반응성이 훨씬 좋아져 혈관 내 산화질소와 결합할 가능성이 있다. 이 경우 혈관 수축, 혈압 상승 등 심각한 부작용이 생기기도 하는데, 심하면 사망에 이른다. 따라서 부작용을 줄이기 위해서는 헤모글로빈을 캡슐 안에 넣어 적혈구와 비슷한 환경을 만들어주는 것이 안전하다.

보라색 피는 혈액형 구분 없이 수혈할 수 있다는 점 외에도, 진짜 혈액에 비해 보관 기간이 월등히 길다는 장점이 있다. 진짜 혈액은 냉장 상태에서 35일 보관(전혈 기준)이 가능한데, 보라색 피는 몇 년간 장기 보관할 수 있다. 이 보라색 피는 여러 차례 동물실험을 거쳤으며 2022년에는 성인 남성 12명을 대상으로 임상 1상을 진행한 바 있다. 10, 50, 100밀리리터로 투여군을 나누어 실험을 한 결과, 일부에서 부작용이 발생했으나 대부분 리포솜 투여에 의한 경미한 증상이었고 곧 회복되었다. 다만 아직은 소수를 대상으로 한 1회

투여 결과를 확인한 것에 불과하므로, 대상자의 규모와 투여 횟수를 확대 관찰할 필요가 있다. 연구팀은 추가 임상 실험을 계획 중이고, 10년 내 상용화하는 것이 목표라고 밝혔다.

인공 혈액을 만들려는 또 다른 시도는 미국에서 이루어지고 있다. 피츠버그대학 연구팀은 에리스로머Erythromer라는 인공 혈액을 개발했다. 이 또한 헤모글로빈을 기반으로 캡슐을 씌워 만드는데, 보라색 피와 다른 점은 액체가 아닌 가루 형태라는 것이다. 가루는 액체보다 무게가 가벼워 운송에 드는 비용이 절감되고, 보관 기간이 매우 길다는 장점이 있다. 단, 사용 시에는 식염수에 적절한 농도로 희석해야 한다. 에리스로머는 아직 임상 전 단계다.

앞서 언급한 두 가지 인공 혈액은 인간이나 동물의 혈액에서 헤모글로빈을 추출해 사용하므로 엄밀하게 말하면 100퍼센트 인공 혈액은 아니다. 물론 유전자재조합 기술로 인공 헤모글로빈을 합성하려는 시도가 있지만 아직은 '가짜 피'의 재료로 '진짜 피'를 사용한다. 버려지는 피의 낭비를 막고 혈액형 구분 없이 수혈할 수 있다는 점에서 혈액 부족을 어느 정도 대체할 수 있는 유력 후보이기는 하다. 그렇다면 피를 재료로 하지 않는 인공 혈액은 연구되지 않은 걸까?

당연히 인간은 다른 재료를 이용한 인공 혈액 제조를 시도한 바 있다. 현재 상용화되지 않은 것을 보면 결과적으로 그다지 성공적이지 않았다는 의미인데, 어떤 물질을 사용했을까? 1960년대 과학자들은 냉매로 사용하던 과불화탄소Perfluorocarbons, PFCs의 산소 운반 능력에 주목했다. 과불화탄소는 탄화수소에서 수소 자리에 불소가 치환된 형태의 화합물을 말하며 다량의 산소를 운반할 수 있기 때문에 인공 혈액의 좋은 재료로 여겨졌다.

1989년 개봉한 영화 〈어비스〉에서는 쥐를 투명한 액체에 담갔는데도 살아 있는 장면이 나온다. 영화 속 액체는 산소가 풍부하여 쥐가 마치 물속에서 숨을 쉬는 것처럼 보인다. 놀랍게도 1960년대에 비슷한 실험을 한 과학자가 있다. 미국 신시내티대학 클라크Leland Clark 교수는 물의 20배 이상 산소를 녹일 수 있는 과불화탄소 계열의 물질을 이용해 유사한 실험을 했다. 그는 쥐가 과불화탄소 계열의 액체 속에서 호흡하며 일정 시간 동안 살아 있는 것을 관찰했다고 한다.

적혈구처럼 산소를 잘 운반하는 물질 특성 때문에 여러 과학자가 과불화탄소를 이용한 인공 혈액 연구에 도전했다. 하지만 대부분 임상 단계에서 문제가 발견되었다. 승인된 제품에서 추후 문제점이 발견되기도 했다. 과불화탄소 기반 인공 혈액은 물에 잘 녹지 않아 미세한 형태로 유화시켜 투여해야 하는데, 첨가되는 유화제 때문에 부작용이 자주 보고되었다. 게다가 투여 후 고농도의 산소를 환자에게 공급해야 한다는 점도 적용을 어렵게 했다. 투여 후 체내 산소 농도가 증가하기는 했으나 효과가 오래 가지 않는다는 문제점도 있었다.

과불화탄소 계열 인공 혈액 중 가장 유명한 것은 일본 녹십자에서 개발한 '플루오솔-DA-20'이다. 1989년 미국 FDA의 승인을 받았으나 이 또한 마찬가지로 환자 투여 시 부작용과 사용상 번거로움 때문에 1994년 시장에서 천수했다. 과거 여러 실패 사례로 완전한 혈액 대체제로의 발전은 어렵지만, 다양한 질병의 산소 치료제로 활용하기 위해 안정성을 강화하는 방향의 연구가 진행되고 있다.

그럼 피를 배양해보자

그렇다면 좀 더 안전하고 효과적으로 혈액을 얻을 수는 없는 걸까? '혈액같이' 기능하는 성분 말고 진짜 적혈구를 포함한 피를 만들 수는 없을까? 적혈구, 백혈구, 혈소판 등도 세포니까 배양 기술을 이용하는 건 어떨까? 실제로 생명공학 기술의 발달로 2000년대 초반부터 줄기세포를 이용한 연구가 진행되고 있다.

성숙한 적혈구는 핵이 없으므로 적혈구를 직접 배양하여 수를 늘리는 것은 불가능하다. 그래서 줄기세포를 분화시켜 원하는 세포를 얻는 방식을 연구한다. 줄기세포는 다양한 세포로 분화하는 능력이 있는 세포다. 줄기세포의 종류에는 배아줄기세포와 성체줄기세포가 있는데, 배아줄기세포는 난자와 정자가 만나 생긴 수정란이 분열하여 4~5일 후 배반포 단계가 되면 내부의 세포 덩어리에서 얻을 수 있다. 배아줄기세포는 아기가 될 수 있는 수정란에서 분리한 세포이므로, 인체를 이루는 다양한 기관으로 모두 분화 가능하다는 장점이 있다. 하지만 사람이 될 가능성이 있는 수정란을 이용하므로 배아줄기세포의 사용에는 늘 윤리적인 문제가 따른다.

반면, 성체줄기세포는 인체 곳곳에 존재하는 줄기세포다. 피부가 재생되고, 머리카락이 만들어지고, 혈액이 계속 생겨나는 것은 성체줄기세포가 적절한 세포의 형태로 분화하기 때문이다. 단, 성체줄기세포는 분화할 수 있는 세포의 종류가 한정적이다. 즉 조직별 특화된 상태인 것이다. 예를 들어 조혈모세포는 적혈구, 혈소판, 백혈구로는 분화할 수 있어도 피부나 장기를 이루는 세포로 분화할 수는 없다.

초반에는 성체줄기세포의 일종인 조혈모세포 hematopoietic stem cells, HSCs로부터 적혈구를 만드는 연구를 많이 진행했다. 조혈모세포는 제대혈이나 골수에서 얻을 수 있으며 분화하여 적혈구, 백혈구, 혈소판이 될 수 있다. 하지만 조혈모세포에서 적혈구로 분화하는 과정에서 증식 능력이 제한적이라 수혈에 필요한 혈액을 충분히 확보하는 것이 어려웠다. 또한 만들어진 적혈구에서 핵을 제거해 성숙시켜야 하는데(체내 거의 모든 세포는 DNA를 보관하는 핵을 가지고 있는데, 적혈구와 혈소판은 특이하게도 핵이 없다), 이 과정이 완전하지 않다는 한계점이 있었다. 왜 완벽히 배양한 적혈구에서는 핵이 제거되어야 할까? 인체에서는 조혈모세포에서 적혈구가 만들어지기까지 여러 단계를 거치며 세포가 분열하고, 헤모글로빈을 합성한 후, 핵이 세포 밖으로 방출되어 성숙해지는 과정이 포함된다. 최종적으로 형성된 적혈구에는 핵과 대부분의 세포소기관이 없는데, 이는 산소 운반의 효율을 극대화하기에 유리하다. 핵과 세포소기관이 제거되면 그만큼 많은 헤모글로빈을 포함할 수 있어 산소와 더 잘 결합할 수 있다. 또 핵이 없으므로 원반 모양의 유연한 구조를 가져 아주 가느다란 모세혈관도 통과할 수 있다. 따라서 정상적인 혈액에서 핵을 가진 적혈구는 관찰되지 않는다. 만약 핵을 가진 적혈구가 혈액에 떠돌아다닌다면 산소 운반 능력이 떨어질뿐더러 인체는 이를 비정상적인 상황으로 간주하고 제거 작업에 돌입하게 될 것이다.

    성체줄기세포가 가지는 한정적인 분화 능력과 배아줄기세포가 가지는 윤리 문제의 단점을 모두 커버할 수 있는 것이 바로 유도만능줄기세포induced pluripotent stem cells, iPSCs다. 체세포를 역분화시켜 유도만능줄기세포를 만드는 방법은 2006년 일본의 야마나카 신야 교수에 의해 소개되었다. 비교적 얻기 쉬운 체세포에 '야마나카 인자'라고 불리는 몇 가지 유전자를 주입하는 재조합 기술을 이용해 모든 세포로 분화할 수 있는 만능 줄기세포를 만드는 방법이다. 그는 이 공로를 인정받아 2012년 노벨상을 받았다. 유도만능줄기세포 기술은 치료, 재생 등 다양한 분야에서 적용 가능성이 연구되고 있다.

    2010년 엘렌 라피온Hélène Lapillonne과 연구자들은 유도만능줄기세포가 부분적으로 성숙한 적혈구로 분화한 것을 확인했다. 하지만 당시 적혈구 성숙 과정에서 효율적으로 핵 제거가 일어나도록 하는 방법이 확립되어 있지 않았기 때문에 이 부분은 추가 연구가 필요했다. 2012년 라단 코바리Ladan Kobari와 연구팀은 유도만능줄기세포에서 조혈전구세포로 분화를 유도한 뒤 생쥐에 주입했다. 주입된 세포가 생쥐의 체내에서 핵이 제거된 성숙한 적혈구로 변화한 것을 확인했다. 이 연구는 유도만능줄기세포를 이용한 조혈전구세포가 체내에서 성숙한 적혈구가 될 수 있다는 가능성을 시사했다.

하지만 줄기세포에서 적혈구를 만드는 것은 시간과 비용이 많이 소요되는 일이다. 특히 대량생산이 어렵다는 점이 가장 큰 문제다. 2020년 자이찬드런 시벌링검Jaichandran Sivalingam과 싱가포르 연구진은 유도만능줄기세포를 이용해 범용성 있는 적혈구를 공급하는 것을 목표로 공정에 관한 연구를 진행했다. 기존에 배양접시 바닥에 붙어 자라던 세포를 부유 배양 방식으로 바꾸어 3차원으로 자라게 해 더 많은 적혈구 전구세포를 얻었다. 물론 마찬가지로 핵 제거 효율은 개선이 필요하다.

2022년에는 영국에서 최초로 조혈모세포를 이용한 인공 적혈구를 사람에게 투여하는 임상 실험을 진행했다. 비록 5~10밀리리터의 적은 양이었으나 실험은 성공적이었다. 줄기세포 기반 인공 혈액의 치명적인 문제는 배양에 필요한 비용과 시간이다. 이를 획기적으로 줄일 방안이 나오지 않는 한 상용화에는 오랜 시간이 걸릴 것으로 보인다.

혈액 부족을 막기 위한 연구

인공 혈액 사업은 성공한 사례가 없는 만큼 성공만 한다면 시장성이 클 것으로 예상된다. 글로벌 리서치 회사 '데이터 브리지 마켓 리서치'에 의하면 전 세계 인공 혈액 시장 규모는 2029년 240억 8000만 달러까지 성장할 것으로 보인다. 우리나라도 저출산, 고령화로 인한 혈액 부족 사태를 막기 위해 2023년 '세포 기반 인공 혈액 기술 개발 사업단'을 출범했다. 사업단은 2023~2027년 수혈용 인공 혈액 실용화를 목표로 연구개발을 진행 중이다.

그렇다면 왜 아직도 사람은 완벽한 형태의 인공 혈액을 만들고 상용화하지 못했을까? 1960년대부터 시작된 인공 혈액 연구는 인간이 우주에 가고, 인간의 생각을 빼닮은 AI가 생겨날 때까지도 완성되지 못했다. 그 이유는 생각보다 혈액이 매우 복잡하기 때문이다. 혈액은 산소를 조직 곳곳에 운반하고 이산화탄소를 제거하는 일 외에도 영양소를 공급하고 노폐물을 제거하며, 면역 기능과 혈액 응고 기능에도 관여하고, 인체의 pH를 맞추는 등 매우 다양한 기능을 수행한다. 혈액 구성 성분의 40~45퍼센트를 적혈구가 차지하는 만큼 지금까지는 적혈구의 핵심 기능인 산소 운반 능력에 초점을 맞춘 혈액 대체제 수준의 개발 연구가 진행되었다. 하지만 혈액을 온전히 대체하는 인공 혈액을 만들기 위해서는 산소 운반 외에 다양한 혈액의 기능도 놓치지 말아야 한다.

혈액의 기능을 전부 대신하는 인공 혈액을 만드는 것은 생각보다 더 어려운 일이다. 하지만 시간이 걸리더라도 포기할 수는 없다. 안전한 인공 혈액이 개발되어 합리적인 가격으로 대량생산이 가능하다면 혈액 부족을 해결할 수 있고, 희귀 혈액형을 가진 사람에게는 희소식이 된다. 또한 다른 사람의 피를 받았을 때 일어날 수 있는 감염성 질환에서도 안전하다. 연구를 포기하지 않는다면 언젠가 미래에는 피가 철철 넘치는 세상이 오지 않을까?

종자가 미래를 구하는 방법

이영림   식물학

아라홍련.

2009년, 경남 함안 성산산성 발굴 현장에서 이전에는 알려지지 않았던 연꽃 종자들이 발견되었다. 한국지질자원연구원이 방사성탄소연대를 측정한 결과, 놀랍게도 약 700년 전 고려 시대의 것으로 밝혀졌다. 이후 2010년 7월 첫 개화에 성공하면서 우리는 고려 시대의 연꽃을 직접 만날 수 있게 되었다.

이 연꽃은 아라홍련이라 이름 지어졌는데, '아라'는 가야 시대 함안 지역에 자리 잡았던 나라의 이름인 '아라가야'에서 따왔다. 아라홍련은 현재의 다양한 연꽃으로 분화되기 이전 본래의 모습을 그대로 간직하고 있어, 우리나라 연꽃의 고유한 특징을 보여준다. 특히 꽃잎의 아래쪽은 흰색, 중간은 선홍색이며, 끝은 홍색으로 고려 시대 불교 탱화에 나오는 연꽃의 형태와 색상 그대로다.

우리는 아라홍련을 통해 수백 년 동안 종자가 생존할 수 있다는 사실을 확인했을 뿐 아니라, 종자를 보존하는 것이 미래 세대가 생

물 다양성을 이해하고 보호하는 데 중요한 역할을 할 수 있음을 알게 되었다.

종자를 저장하다

오늘날의 기후위기와 전쟁, 자연재해 등이 지구 생태계를 위협하는 상황에서 가장 안전하게 식물 종과 유전적 다양성을 보전할 수 있는 방법은 바로 종자다. 하지만 아라홍련처럼 종자가 자연적으로 수백 년 동안 보존되는 사례는 매우 드물다. 이러한 이유로, 다양한 식물의 종자를 저온이나 건조 상태로 저장해 장기간 생명력을 유지하도록 돕는 시설들이 운영되고 있다. 그 대표적인 예가 바로 '시드볼트Seed Vault'다. '시드볼트'는 종자seed와 금고vault의 합성어로, 말 그대로 종자를 안전하게 저장하는 금고를 뜻한다. 이와 비슷한 개념으로 '시드뱅크Seed Bank'가 있는데, 두 시설은 목적과 운영 방식에서 뚜렷한 차이가 있다. 시드뱅크는 이름처럼 은행의 기능과 비슷하다. 종자를 보존하면서도 필요할 때 쉽게 꺼내 재배나 연구에 활용할 수 있도록 설계된 시설이며, 전 세계적으로 1700여 곳이 운영중이다. 이와 달리 시드볼트는 기후변화, 대규모 재난, 전쟁 등 지구적 위기에 대비해 종자를 장기적, 가능하면 영구적으로 보관하는 것을 목적으로 한다. 멸종의 위협이 현실화되기 전까지는 내부 종자가 외부로 나오는 일이 거의 없으며, 현재 전 세계에는 단 두 곳의 시드볼트만 존재한다.

최초의 시드볼트는 2008년 2월에 설립된 스발바르 글로벌 시드볼트Svalbard Global Seed Vault다. 스발바르는 북극해에 위치한 노르웨이령 군도로, 노르웨이 본토와 북극점 사이 중간 지점에 놓여 있다.

↑ 스발바르 글로벌 시드볼트의 외관과 내부 모습.

스발바르도 지구온난화의 영향을 받고 있지만, 세계에서 가장 추운 지역 중 한 곳으로 남을 것이라 예상한다. 시드볼트는 스피츠베르겐섬 지하 75미터에 위치하여 연중 영하 18도를 유지하며, 혹시 냉각 시스템에 문제가 생기더라도 영구동토층이 종자를 냉동 상태로 보전할 수 있다. 내부에는 2025년 11월 기준 전 세계 6500종 이상의 식물 종이 보관되어 있으며 기후변화, 전쟁, 자연재해 등으로부터 인류의 식량자원을 보호하는 역할을 한다.

스발바르 글로벌 시드볼트는 매년 한 차례 종자를 보충하기 위해서만 열리는 것이 원칙이지만, 사실 종자가 인출된 사례가 있다. 2015년 8월, 계속되던 시리아 내전으로 시리아 알레포에 있던 국제건조지대농업연구센터 ICARDA가 운영 불능 상태가 되었다. ICARDA는 중동 지역에서 자라는 작물 종자 대부분을 보관하는 기관이었으나, 폭격으로 전력 공급이 끊기면서 온도와 습도 제어가 불가능해졌다. 다행히 ICARDA는 보유한 14만 8000종의 식량 작물 종자 중 약 80퍼센트를 스발바르 글로벌 시드볼트에 중복 보관하고 있었다. 연구진은 시드볼트에서 종자를 인출해 모로코와 레바논 연구소에서 복원했으며, 이를 통해 식량 작물 유전자원의 손실을 막을 수 있었다.

시리아의 사례를 통해 여러 나라에서는 스발바르 글로벌 시드볼트가 단순한 상징이 아니라, 식량 자원의 최후의 보루라는 사실을 실감했다. 미래를 위해 종자를 저장한다는 것은 현재와 다소 멀게 느껴질 수 있다. 하지만 기후위기와 전쟁 등 지구적 위기가 이미 다가온 지금, 우리는 종자를 체계적으로 수집하고 보존함으로써 미래의 지구와 인류를 지킬 수 있을지도 모른다.

두 번째 시드볼트

스발바르 글로벌 시드볼트에 이어 세계에서 두 번째로 건립된 시드볼트는 놀랍게도 우리나라에 있다. 바로 백두대간 글로벌 시드볼트Baekdudaegan Global Seed Vault다. 백두대간 글로벌 시드볼트는 경상북도 봉화군 춘양면에 자리했는데, 이 지역은 예부터 대표적인 '삼재불입지三災不入地'로 알려져 있다. 삼재란 세 가지 재앙인 전쟁, 굶주림, 질병을 뜻하며, 삼재불입지는 산세가 험하고 지형이 안정적이어서 풍수지리적으로 자연재해가 적고 외침에 강하며, 사람이 살기에 안전하다고 여겨지는 곳이다.

이러한 지리적 특성 때문에 봉화는 조선 전기에도 중요한 기록 보관처로 선택되었다. 《조선왕조실록》은 원래 서울과 충주, 전주, 성주에 각각 1질씩 보관되었으나, 임진왜란으로 대부분 소실되고 전주 사고본만 남게 되었다. 선조는 이를 토대로 실록을 다시 제작해 깊은 산속에 보관했는데, 그중 한 곳이 바로 봉화의 태백산사고다. 봉화 지역은 전쟁과 재해를 피해 기록을 지켜낸 태백산사고지의 전통을 이어, 오늘날에도 지구적 재난에 대비해 안전하게 종자를 지키는 장소로 선택된 것이다.

↑ 백두대간 글로벌 시드볼트의 전경.

    2018년부터 가동된 백두대간 글로벌 시드볼트는 해발 600미터 산속 암반 지하 46미터에 위치하며, 자연재해, 전쟁 같은 재난에도 견딜 수 있도록 설계되었다. 내부는 종자의 장기 보존을 위해 영하 20도와 상대습도 40퍼센트의 환경이 엄격하게 유지된다. 또한 국가 보안 시설로 지정되어 상세 위치 정보가 공개되지 않으며, 허가받지 않은 출입과 촬영은 통제된다. 2025년 8월 기준으로 28만여 점, 6000여 종이 영구 저장되어 있으며, 앞서 소개한 아라홍련의 종자 역시 이곳에 저장되었다.

    스발바르 글로벌 시드볼트가 주로 식량 작물의 종자를 저장하는 것과 달리, 백두대간 글로벌 시드볼트는 자연에서 수집한 야생식물 종자가 중심이다. 이는 기후변화, 환경오염, 자연재해 등으로부터 국내 자생식물을 보호하고, 희귀 및 멸종 위기 식물의 종자도 함께 보존함으로써 생물 다양성 회복과 생태계 복원을 위한 기반을 마련하기 위함이다.

　　사실 우리가 먹는 모든 식량 작물의 기원은 야생식물이다. 예를 들어, 지금의 사과 품종은 교잡과 육종을 거쳐 개발되었으며, 우리나라에 자생하는 야생 사과나무로는 야광나무와 아그배나무가 있다. 사람들은 열매 크기, 당도, 저장성, 병충해 저항성 등 원하는 특성을 가진 개체를 선택해 교잡하며 현재의 다양한 품종을 얻었다. 그러나 이렇게 개발된 품종은 유전적 다양성이 제한되고 특정 특성에 집중되어 있어, 장기적인 환경 적응력에는 한계가 있다. 따라서 새로운 품종을 개발할 때, 기존 품종에서 부족한 특성을 보완하려면 반드시 원종의 유전자가 필요하다. 질병과 기후변화, 환경 스트레스에 대응하는 유전적 잠재력은 야생식물에서 비롯되기 때문이다.

　　결국 야생식물 종자는 미래의 식량 안보와 생태계 복원을 위해 반드시 지켜야 할 중요한 유전자원이다. 만약 우리가 야생식물에 대한 정보를 알지 못하고, 종자를 확보하지 못한 채 멸종시킨다면, 미래 세대는 극히 제한된 종만을 가지고 살아야 할 것이다. 이러한 중요성에도 불구하고, 여전히 관련 데이터가 거의 없는 야생식물이 많다. 이에 연구원들은 단순히 종자를 저장하는 것에만 그치지 않는다. 수집·정선seed cleaning·검사·품질 관리·정보 구축 등 체계적인 과정을 거쳐 종자를 저장하고, 연구하고 있다.

　　한 종의 종자를 저장하는 데는 많은 사람의 노력이 필요하다. 일단 야생식물은 시장에서 구매하거나 밭에서 수확할 수 없기 때문에, 연구원들은 매주 전국의 산과 들을 다니며 식물과 종자를 직접 채집한다. 이후 식물체에서 줄기, 잎, 흙, 충해립 등을 제거하는 정선 작업을 거쳐 온전한 종자만 남기고, 선별된 종자는 추가 건조, 무게 측정, 포장 과정을 거쳐야 비로소 저장고에 보관될 수 있다. 또한 사람이 정기적으로 건강검진을 받듯, 종자도 엑스레이나 발아 검정 등 체계적인 품질 관리를 통해 생태를 점검해야 한다. 그래야 안전하게 장기 보존이 가능하다.

백두대간 글로벌 시드볼트에는 이러한 과정을 뒷받침하기 위해 시드뱅크가 함께 운영되고 있다. 국립백두대간수목원의 시드뱅크는 중기 저장고(영하 20도, 상대습도 40퍼센트)와 단기 저장고(섭씨 4도, 상대습도 30퍼센트)를 비롯해 종자정선실, 포장작업실, 후숙실, 건조실을 갖추고 있으며, 현미경실, 생리실험실, 발아실험실, 비파괴검정실 등 전문 실험실에서 수집된 종자의 품질을 정밀하게 검사하고 관리한다. 또한 저장된 종자의 형태 정보와 발아 특성 등 기초 데이터도 함께 구축하여 미래 연구와 활용에 대비하고 있다.

이 모든 과정은 단기 성과를 위한 것이 아니라, 미래 세대를 위한 준비다. 정선 작업에서 잎과 꽃, 줄기를 모두 제거해 온전한 종자만 남기듯, 시드볼트와 시드뱅크도 당장의 욕심은 배제하고, 미래 세대를 위한 책임과 사명감이라는 순수한 마음으로 운영된다.

식물은 먹이사슬의 바탕에서 다른 생명을 계속 자라게 해줄 뿐 아니라, 종류가 다양하고 아름다워 지구 생태계를 풍요롭게 만든다. 현재 전 세계적으로 학명이 보고된 식물은 약 37만 종이며, 이 중 약 35만 종이 종자를 생산하는 관속 식물이다. 그 가운데 약 3만 5000종은 식량, 약용, 건축 자재, 연료 등 다양한 형태로 인류의 생활에 활용된다.

그러나 식물이 주는 혜택은 무한하지 않다. 인간 활동으로 인한 서식지 파괴, 기후변화, 외래종 유입 등으로 식물 다양성은 빠르게 감소하고 있으며, 2020년 영국 왕립식물원 큐Kew의 연구에 따르면 전 세계 식물 종의 39.4퍼센트가 멸종 위기에 처했을 가능성이 있다. 식물의 멸종은 단순히 하나의 종이 사라지는 데 그치지 않는다. 그 식물과 상호작용하는 곤충, 조류, 포유류 등 다른 생물군에도 연쇄적인 영향을 미쳐 생태계 균형을 무너뜨릴 수 있다. 이는 농업 생산성 저하, 의약 자원의 감소, 기후변화의 가속화로 이어져 결국 인류의 생존 기반을 위협한다.

따라서 이러한 위기를 줄이고 미래를 지키기 위해, 식물과 종자를 보호하는 일이 무엇보다 중요하다. 시드볼트와 시드뱅크가 모두의 꾸준한 관심과 노력, 철저한 관리를 통해 단순한 저장 공간을 넘어, 미래 세대가 건강하게 지구에서 살아갈 수 있도록 하는 미래의 믿을 구석이 되길 바란다.

기생벌과 내일의 농업

이혜린   곤충학

오래된 싸움

인류는 약 1만 년 전인 신석기시대부터 농경 생활을 시작했다. 신석기시대에도 농부를 힘들게 하는 작물을 먹는 곤충, 즉 해충이 존재했다. 다양한 문헌에서 과거 사람들이 어떻게 해충을 방제했는지에 대한 기록을 볼 수 있다. 기원전 2500년 전 유프라테스강 인근 수메르 지역 사람들은 살충 목적으로 황을 사용했고, 기원전 300년 전 중국에서는 재배 시기를 조절해 해충의 피해를 최소화하는 재배법을 연구했다. 최근, 중기 신석기시대(기원전 4250년~기원전 3700년)의 우물에서 바구미과(딱정벌레목의 한 과로 유충과 성충 모두 식물을 먹는다) 곤충의 화석이 발견되기도 했다. 이처럼 인류는 해충과 오랜 싸움을 지속해왔다고 할 수 있다.

'해충'이라는 개념은 본격적으로 농업의 시대가 시작된 기원전 2000년 이후에 정립되었다. 작물을 정해진 토지에 재배하기 시작하면서 소유의 개념이 생겼고, 작물을 탈취하는 동물을 적으로 여겼다. 하지만 비용, 인력 등이 부족해 적극적으로 방제 작업을 시작하지는 않았다. '화학적 방제'는 1800년대 중후반, 비소 화합물인 파리그린*의 등장과 함께 시작되었으며, 1939년 스위스의 화학자 파울 뮐러Paul Müller가 살충 효과를 발견한 뒤 본격적으로 유기염소계, 유기인계 등 다양한 합성 화학물질이 고안되었다. 농약이 개발되면서 농업 생산력이 비약적으로 발달했지만 농업 생태계의 조절 작용을 파괴하여 결국 해충의 대발생을 초래하는 결과를 낳았다. 1962년, 레이첼 카슨Rachel Carson은 《침묵의 봄》을 써서 환경오염과 생태계 피해에 대해 비판하며 널리 알렸고, 이러한 논의로 인해 새로운 방향의 해충 방제 기술로 전환을 유도하는 계기가 마련되었다.

이와 같은 배경에서 다시 주목받은 것이 바로 '생물학적 방제'다. 대표적인 사례로 19세기 말 미국 캘리포니아 오렌지 농장의 이세리아깍지벌레Icerya purchasi가 있다. 원래 호주에서 자생하던 이세리아깍지벌레는 캘리포니아에 유입된 외래 곤충이었다. 미국 생태계 내 천적이 없던 이세리아깍지벌레는 아주 빠르게 확산하며 오렌지 나무의 수액을 빨아 먹고, 분비물 때문에 곰팡이가 퍼져 그을음병을 유발해 결국 나무를 말라 죽게 만들었다. 다양한 약제를 시도했으나 이 벌레는 두꺼운 왁스층의 보호막을 가지고 있어 효과가 없었다. 캘리포니아의 오렌지 산업은 붕괴 직전까지 몰렸다.

1888년, 미 농무부USDA에서는 호주 현지에서 이세리아깍지벌레의 천적 베달리아무당벌레Rodolia cardinalis를 발견하고 즉시 도입했다. 그리고 2년 만에 이세리아깍지벌레의 개체 수가 급격하게 줄어들어 세계 최초의 생물학적 방제 성공 사례로 기록되었다. 이는 생

- 비소계 살충제로, 파리 등의 해충 방제에 널리 사용되었으나 인체에 매우 유해한 독성 물질이다.

물학적 방제(천적)가 농업 해충 관리의 중요한 방법으로서 자리 잡는 계기가 되었다.

오렌지 농장의 성공 사례 이후, 19세기 말부터 천적 산업은 꾸준히 발전해왔다. 한 보고서에 따르면 2024년 기준 전 세계 천적 산업의 시장 규모는 약 60억 달러(한화 약 8조 4000억 원)이며 2034년까지 연평균 15.9퍼센트 성장할 것으로 예측하고 있다(바이오 컨트롤 에이전트 마켓, 2024). 주요 기업으로는 네덜란드의 코퍼트Koppert Biological systems가 있으며 기생벌, 응애(거미류), 미생물 등 다양한 생물 제재 제품을 제공한다. 그 외에도 바이오베스트Biobest Group(벨기에), 바스프BASF Agricultural Solutions(독일), 아르비코Arbico Organics(미국) 등 다양한 기업이 있다.

북아메리카와 유럽은 농업 기술이 발달했고, 유기농 및 친환경 농업 수요가 높아 천적 산업에서 큰 점유율을 차지한다. 남아메리카와 아시아, 태평양 지역은 친환경 농업이 정책적으로 장려되는 국가가 많아 빠르게 따라잡고 있다. 특히 남아메리카의 경우, 최근 3년간 연평균 약 21퍼센트 성장했다. 이처럼 천적 산업이 전 세계적으로 발달하는 가운데, 그 중심에는 해충을 가장 정밀하게 제어할 수 있는 곤충, 바로 '기생벌'이 있다.

농업 해충과 기생벌

리들리 스콧Ridley Scott 감독의 영화 '에이리언' 시리즈에서는 인간을 숙주로 삼고, 다 자라면 가슴을 뚫고 나오는 '체스트버스터'가 등장한다. '에이리언'의 공동 작가 댄 오배넌Dan O'Bannon은 이들 외계 생명체의 특성을 기생벌에서 영감을 얻었다고 밝힌 적이 있다. 기생벌은 벌목에 속한다. 벌목은 전 세계적으로 약 12만 종이 알려진 생물 다양성이 높은 5대 분류군 중 하나다. 대부분 '벌'이라고 하면 꿀벌 혹은 말벌을 떠올리지만 벌목의 주인공은 바로 기생벌이다. 맵시벌과, 좀벌과 등을 모두 포함해 기생벌이라고 부르며 전체 벌 가운데 55퍼센트를 차지한다. 현재까지 약 6만 5000종이 밝혀져 있다.

기생벌은 모든 종류의 곤충, 그리고 모든 생활사(알-유충-번데기-성충) 단계에 기생하며 곤충의 개체 수를 자연적으로 조절하는 역할을 한다. 기생 전략 또한 다양하다. 숙주의 몸속에 알을 낳고 자신이 성장을 마칠 때까지 숙주가 생존하게 하거나(Koinobiont+Endoparasitic), 숙주의 몸 밖에 알을 낳아 숙주의 발달을 억제하는 전략(Idiobiont+Ectoparasitic)을 사용한다. 그리고 하나의 숙주에 단독 기생하거나, 집단 기생을 하는 등 종마다 방법이 매우 다양하다. 기생벌은 숙주에 100퍼센트 기생하지 않는다. 다음 세대를 위해 숙주를 남겨둔다. 만약 자연 생태계에서 기생률이 100퍼센트가 된다면 숙주가 사라지고, 이후 기생벌도 먹이를 잃어 멸종하게 될 것이다. 따라서 기생벌은 숙주를 이용하지만 절멸시키지 않는 균형의 전략을 사용하고 있다.

과수와 채소 농사의 최대 방해꾼은 진딧물일 것이다. 진딧물류는 암컷으로만 번식하는 단위생식을 한다. 게다가 알이 아닌 살아 있는 약충을 낳는 '난태생'을 하기 때문에 세대 주기가 짧아 며칠 안에 여러 세대가 대발생하기도 한다. 짧은 세대 주기는 농약에 대한 내성을 만들어 화학적 방제로 인한 박멸이 매우 어렵다. 게다가 진딧물이 내뿜는 분비물은 식물의 그을음병을 유발하기도 한다.

우리가 흔히 알고 있는 진딧물의 천적은 무당벌레다. 무당벌레는 진딧물을 포식하며 무당벌레 한 마리는 평생 최소 3000마리의 진딧물을 먹는다. 진딧물은 무당벌레로 인해 즉시 사라지는데 이는 진딧물이 모두 없어져버리면 무당벌레도 결국 사망할 수 있음을 뜻한다. 이 때문에 밀도가 낮을 때는 효과가 떨어진다.

이와 비교하여 진딧물의 기생성 천적인 진디벌류$_{Aphidius\ ervi,\ A.\ colemani}$는 평균 300~400개, 최대 500~600개의 알을 진딧물 몸속에 낳는다. 진디벌은 진딧물의 몸속에서 유충으로 부화해 진딧물의 내부를 갉아 먹고, 진딧물을 껍질만 남은 상태인 '미라$_{mummy}$'로 만든다. 이 과정은 보통 2주 정도 소요되며 미라가 되기 전까지 진딧물은 먹이 활동을 비롯한 삶을 계속 유지할 수 있다. 따라서 진딧물이 즉시 사라지거나 죽지는 않지만 장기적으로 개체 밀도를 낮추는 데 매우 유용하다. 특히 온실과 같은 밀폐된 환경에서 진디벌의 기생률은 80~90퍼센트다. 진디벌은 환경 적응력이 높아 숙주(진딧물)가 당장 사라져도 죽지 않으며 밀도가 낮은 환경에서도 성공적으로 기생한다.

진딧물 외에 온실에서 가장 많이 발생하는 해충은 '온실가루이$_{Trialeurodes\ vaporariorum}$'다. 온실가루이의 천적 '온실가루이좀벌$_{Encarsia\ formosa}$'은 가장 먼저 상업적으로 이용된 생물적 방제 자원으로 전 세계 온실 작물에서 가장 많이 사용되는 천적 중 하나다.

한 가지 더, 산림 해충과 기생벌에 대해 알아보자. 1988년 부산에서 소나무재선충병에 걸린 나무가 처음 발견되었다. 소나무재선충병은 북방수염하늘소와 솔수염하늘소를 매개로 소나무에 퍼지는 병이다. 이들은 산란할 때 나무껍질에 알을 낳는데, 이 과정에서 소나무재선충이 나무 속으로 들어가 조직을 파괴하고 수분 이동을 막는다. 감염된 나무는 잎이 누렇게 변하며 2~3개월 이내에 말라 죽게 된다. 현재는 우리나라 전역에 소나무재선충병이 퍼져 있는데,

← 진딧물(왼쪽, 화살표)과 미라 상태가 된 진딧물(오른쪽).

⋮ 콜레마니진디벌.

국립산림과학원의 보고에 따르면 2000년대 이후 매년 수십만 그루의 소나무가 고사하고 있다.

초기에는 주로 아바멕틴 등 화학적 주사제, 감염목 및 고사목 베어내기 등 물리적 방법과 매개충 포획용 페로몬 트랩을 이용해 소나무재선충을 방제해왔다. 하지만 이러한 방법은 산림 전역에서 장기간 지속하기 어렵고, 생태적 영향 또한 크다는 한계가 있다. 따라서 최근에는 생태계 내에서 매개충의 개체 수를 줄이는 생물학적 방제가 주목을 받는다.

국립수목원과 국립산림과학원은 2016년부터 2020년까지 북방수염하늘소와 솔수염하늘소에 기생하는 천적을 조사했고 가시고치벌*Spathius verustus*, 넓적머리푸른고치벌*Cyanopterus flavator* 등의 후보 종을 발굴했다. 가시고치벌은 솔수염하늘소에는 2.4~20.0퍼센트, 북방수염하늘소에는 2.7~33.3퍼센트의 기생률을, 넓적머리푸른고치벌은 솔수염하늘소에는 2.9~48.0퍼센트, 북방수염하늘소에는 0.2~21.9퍼센트의 기생률을 보였다. 후속 연구로 생물학적 특성 실험을 2021년도부터 시행하여 2022년도에 실내 인공 증식에

← 솔수염하늘소 유충에 기생하고 있는 가시고치벌 알(화살표).

성공했다.

산림 생태계는 온실 등 농업지보다 훨씬 복잡한 구조이기 때문에 해충을 화학적 및 물리적 요소로 박멸할 수 없다. 기생벌은 물리·화학적 방제의 한계를 보완하며 장기적으로 건강한 산림 생태계를 유지하기 위한 수단이라고 할 수 있다.

기생벌과 기술

최근에는 기생벌과 숙주 관계를 분자생물학적 접근으로 추적하려는 연구가 활발하게 이루어지고 있다. 과거에는 해충을 사육하며 기생 여부를 확인하여 기록을 보고하는 연구가 많았지만, 현재는 DNA 바코딩 및 메타바코딩 기술을 통해 기생벌과 숙주 곤충의 관계를 분자 수준에서 검출할 수 있게 되었다. 침입성 나방류 애벌레의 조직에서 기생벌 DNA를 검출하거나, 반대로 기생벌의 성충에서 숙주의 DNA를 검출하여 어떤 숙주에 기생했는지를 밝혀내기도 한다.

또한 우리나라에서는 AI를 활용한 다양한 연구를 진행하고 있다. 농촌진흥청에서는 AI 기반 무인 해충 예찰 포획 장치를 개발해 영상 인식 기술로 해충의 종류와 개체 수를 자동 판별하는 시범 사업을 운영 중이다. 이 기술을 통해 온실 해충의 발생 밀도를 실시간으로 분석하여 생물학적 방제의 사용 시점을 제안하고 농약 의존도를 낮추며 건강한 농업 생태계가 유지되도록 돕는다.

    기생벌은 인류와 해충의 오랜 싸움에서 승리할 수 있는 가장 정교한 생물학적 해법이다. '기생'이라는 전략 속에 자연의 균형을 유지하려는 섬세한 지혜가 숨어 있기 때문이다. 기생벌은 생태계 안에서 싸움을 택하지 않는다. 숙주를 완전히 절멸시키지 않는다. 숙주의 생존이 곧 자신의 생존임을 알기 때문이다. 인류는 오랫동안 해충을 적으로 규정하고 '박멸'하기 위해 싸워왔다. 하지만 이는 또 다른 문제를 야기할 뿐이다. 지속 가능한 생태계와 미래는 절멸이 아닌 균형에서 시작된다.

생명과 AI의 융합

김선자   생명과학

    인간은 단순히 생존만을 원하지 않는다. 기본욕구가 충족되면 그에 만족하지 않고 더 높은 목표를 설정하고, 또 다른 것을 원하게 된다. 그중 하나가 무엇인가를 창조하려는 욕구다. 2016년 3월, 크레이그 벤터 J. Craig Venter 박사는 지구상에서 가장 단순한 유전체를 가진 세균의 유전정보를 이용해 생명 활동에 필요한 최소 유전자를 알아낸 후, 이 유전정보를 합성해 인공 세균인 Syn3.0*을 만들었다고 발표했다. '물질로 생명을 만들 수 있을까'라는 창조 욕구의 결과물로 인간이 직접 유전자를 합성해서 만든 생명체다. 벤터 박사는 Syn3.0으로 물질에서 생명이 탄생하기까지의 과정을 이해해 생명의 본질을 파헤치고자 했다. 생명체는 상당히 유기적인 복잡한 시스템이기 때문에 생명을 창조하고 우리가 원하는 대로 조절하기 위해서는 생명의 본질을 완벽히 이해해야 한다. 생명을 제대로 알지 못한 상태에서 조절한다면 오히려 기이한 생명체가 나타날 수도 있기

- Syn3.0은 일반 세균이 보유한 300~400만 개 염기쌍의 6분의 1 수준인 53만 개의 염기쌍(473개 유전자)을 가지고 스스로 증식하고 대사 활동을 하는 등 정상적인 생명 활동이 가능하다.

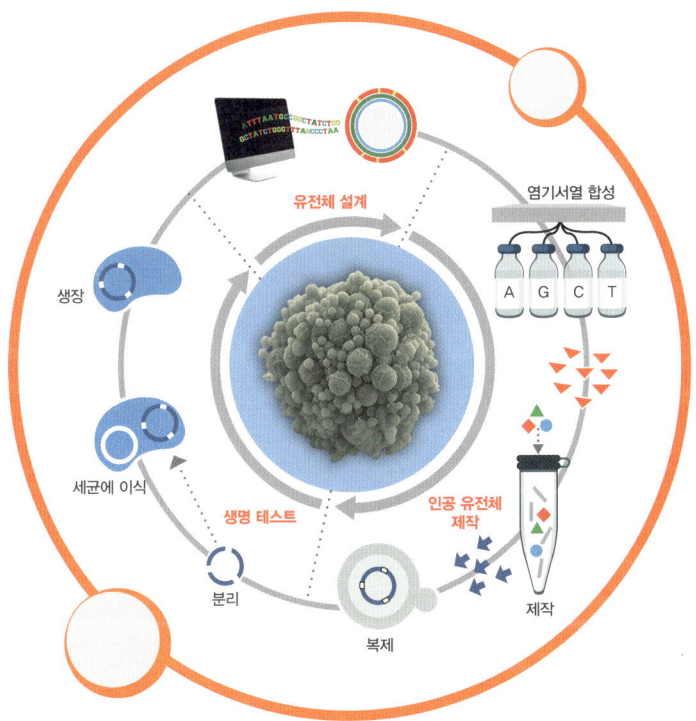

인공생명체. Syn3.0 제작 과정. 생명 활동에 필요한 세균의 최소 유전자는 단백질 발현에 필요한 유전자, DNA 복제나 복구를 담당하는 유전자, 막수송 단백질에 관여하는 유전자, 세포의 물질대사에 필요한 유전자다.

때문이다.

생명현상의 이해로 시작된 합성생물학

한글을 배우던 어릴 때를 생각해보자. 자음, 모음을 배우고, 단어를 알고, 문장을 읽고 이해하게 된다. 그리고 글을 쓴다. 글의 문맥이 이상하다면 고쳐서 다시 쓸 수도 있다. 과학이 생명을 바라보는 관점도 그와 같다. 생명의 정보를 담은 문자인 DNA가 밝혀지자 생물의 유전체에 담긴 DNA 염기서열과 유전자를 읽는 방법, 유전자의 기능 그리고 한글의 자모인 뉴클레오타이드(DNA의 기본단위)를 붙여 DNA를 합성하는 법을 알게 되었다. 글을 이해하고 쓰고 고칠 수 있는 능력이 생겼다면, 생각을 표현하는 것도 가능하다. 그렇다면 생명의 문자인 DNA로도 할 수 있지 않을까? 이것이 합성생물학의 시작이었다.

인간은 게놈 프로젝트를 시작으로 생명의 유전물질을 염기 단위로 읽는 수준을 넘어, 이제는 생명체를 만들고, 편집할 수 있게 되었다. 생명은 세포와 생체분자 같은 다양한 부품으로 이루어진다. 생명을 이루는 부품의 설계도는 세포 안의 DNA에 들어 있다. DNA 속 정보에 따라 단백질의 종류가 결정되고 설계도대로 합성된 단백질의 다양한 작용을 통해 생명 활동이 유지되는 것이다. 부품 하나하나는 물질일 뿐 생명은 아닌데 이 비생명인 부품이 조합되면 신기하게도 살아 있는 세포가 만들어지고 하나의 개체가 된다.

생명과 비생명의 차이와 생명 탄생의 신비를 탐구할 때 부품 자체의 구조와 기능을 분석하는 방식으로는 한계가 있다. 그래서 인공 생명체를 만들어 생명을 이해하기로 했다. 몇 개의 부품을 조합해 생명현상을 연구하는 것, '설계와 합성' 기술로 생명을 '만들어 이해한다'는 것이 합성생물학이다. 인공 세균인 Syn3.0처럼 생명체가 가진 유전체를 분석해, 목적에 따라 유전자를 줄이거나 늘리고, 유전자 자체를 합성해 생명을 재설계할 수 있음이 증명되자 합성생물학의 가능성은 더욱 무궁무진해졌다.

그러나 유전정보와 그것을 편집, 수정하는 것만으로는 한계가 있음을 알게 되었다. 유전정보만 들여다봐서는 해석이 안 되는 질병이 존재하는 등 모든 인체 현상을 예측할 수 있는 것이 아니었다. 즉, 유전자는 가능성을 제시할 뿐, 그 가능성이 실제로 드러날지는 생활 습관, 환경 등의 외적 요인도 영향을 미쳐 예측이 어려울 수 있다. 이런 가능성을 판단하고 생명을 구현하려면 의학, 유전, 건강 상태, 생활 습관, 임상 데이터를 포함한 모든 정보를 통합적으로 분석해야 한다.

그래서 핵심은 데이터다. 데이터를 통해 학습하고 예측하는 것이 AI다. AI는 합성생물학 연구를 가속화하고 데이터 분석의 정밀성을 높이는 데 중요한 역할을 하고 있다. 최근 빅데이터 기반의 AI 시대를 거쳐 생성형 AI 시대가 도래했다. 방대한 데이터를 신속하고 정확하게 계산하며 결과를 도출하는 방식에서 시뮬레이션과 분석을 통해 고차원의 결과를 제공하는 방식으로 방향이 바뀌었다. 마치 주판에서 계산기, 엑셀, 챗GPT로 기술이 발전한 것처럼 말이다.

다음은 AI 기반 인공 생명 시대, 인공 단백질 합성

생명체를 구성하는 기본 물질이자 생명체 내에서 일어나는 거의 모든 생명현상을 매개하는 중요한 분자가 바로 단백질이다. 이런 자연의 원리에 버금가는 새로운 기술이 주목받고 있다. 바로 '인공 단백질 디자인'이다. 인공 단백질을 만드는 기술은 자연의 한계를 넘어 자연에 없는 새로운 단백질을 창조한다. 세상에 없는 돌연변이를 만드는 것이 전통 방식이라면, 컴퓨터를 이용한 계산화학과 계산생물학을 기반으로 원자들의 상호작용과 정교한 결합 에너지를 계측하는 프로그래밍이 발전했다. 이 프로그램이 '로제타폴드

RoseTTAFold'다. 초기에는 자연에 존재하는 단백질의 골격을 그대로 유지하면서 계산을 통해 일부의 서열만 바꾸면서 열 안정성, 수용성 등 물리화학적 특성을 개선한 기술로 개발되었다. 그런데 지금은 자연에 존재하지 않지만, 필요에 따라 원하는 기능을 하는 새로운 골격을 가진 맞춤형 인공 단백질 구조를 설계할 수 있는 단계까지 가능하게 되었다.

이후 수십 년간 생물학계의 난제로 여겨졌던 '단백질 접힘 문제'를 인공지능 기반의 프로그램인 '알파폴드2 AlphaFold2'가 해결했다. 단백질은 아미노산이라는 작은 블록이 줄줄이 연결된 형태인데, 이 긴 줄이 접혀서 특정한 3D 구조가 되면서 단백질의 기능이 결정된다. 문제는 단백질은 수백, 수천 개의 아미노산으로 이루어져 있고, 이 접힘의 방식이 매우 다양하고 복잡하다. 만약 우리가 단백질의 아미노산 서열만 보고 3D 구조를 정확하게 예측할 수 있다면 신약 개발, 질병 치료, 바이오 소재 개발에 혁명이 일어날 것이라 생각해왔다.

드디어 2020년, 구글 딥마인드의 AI 시스템인 '알파폴드2'가 등장했고, 딥러닝으로 수십만 개의 단백질 구조 데이터를 학습하고 그 패턴을 분석해 아미노산 사이의 거리와 각도를 예측하는 방식으로 단백질의 3D 구조를 추론했다. 이제껏 하나의 단백질 구조를 밝히는 데 몇 달에서 몇 년이 걸리던 일을 단 몇 분 만에 해낸 것이다. 이건 혁명이었다. 단백질 구조 규명에 소요되는 시간과 비용을 획기적으로 단축시켰다. 이는 중요한 전환점으로, 새로운 단백질을 설계하고 3차원 구조를 예측하는 것이 가능해졌다는 말이다. 언어를 이해하고 생성하는 AI로 아미노산 서열이라는 '생명의 언어'도 해석하고 창조할 수 있게 되었다. 언어 모델 적용이 가능한 이유는 단백

1차 구조: 아미노산 서열

2차 구조: 아미노산이 꼬인 알파 나선 구조

3차 구조: 여러 결합으로 얽힌 폴리펩타이드의 3차원 입체 구조

4차 구조: 여러 폴리펩타이드가 결합된 단백질 복합체

단백질 접힘 구조. 단백질의 아미노산 사슬은 복잡하게 얽혀 접혀 있다.

질의 아미노산 서열이 인간 언어와 같은 패턴 구조를 가지기 때문이다. 이 혁신 기술로 유전자 및 단백질 발현 예측, 단백질 구조 및 상호작용 예측, 질병 진단 및 예후 예측 등 그간 축적된 데이터를 기반으로 생명현상을 예상하려는 AI 기반 연구로 확장되었다.

하지만 단백질 디자인에도 몇 가지 한계가 존재한다. 일반적으로 단백질 설계는 복잡한 3차 구조에 대한 물리화학적 계산 컴퓨팅이 수반되기에 단백질의 크기가 커질수록 계산이 복잡해지고 확률이 떨어진다. 그래서 분자량이 큰 단백질보다는 미니 단백질 디자인이 더 선호되고 있으며 한 번에 완성된 단백질을 제작하기보다는 활성이 있는 단백질 후보군을 대용량으로 선별하는 과정을 거친다. 또한 자연에 없는 생소한 인공 단백질에 대해 인체 내에서 면역반응을 일으킬 가능성이 있어 면역반응이 적은 바이오 의약품을 개발하기 위해서는 기술의 성숙도가 조금 더 필요하다.

이러한 한계로 인해 인체에 적용하는 신약이나 치료제보다는 당분간은 열 안정성이 필요한 산업적 단백질, 고부가가치 센서나 효소 개발 등의 분야에서 활용될 것으로 예상된다. 일반적으로 높은 온도에서의 반응은 미생물 오염도 줄어들고 반응속도도 빨라 산업적 비용이 절감되기에 열 안정성은 산업 효소에 있어 매우 중요한 요소다. 한때 코로나19 팬데믹 중에 백신의 운반과 보관, 유통에서 콜드체인의 중요성이 부각된 적이 있는데 이처럼 산업계에서는 상온에서도 안정적으로 보관 가능한 바이오 의약품의 개발이 요구되고 있다. 단백질 디자인은 이러한 문제를 해결할 잠재적 대안 기술이며, 향후 혁신적인 의약품 개발의 길을 제시할 것으로 기대된다.

AI 기반 신약 개발

신약 개발 과정에서 가장 큰 문제는 비효율성이다. 평균 10년에서 15년, 10억에서 30억 달러 수준의 개발 비용이 들지만 임상 성공률은 10퍼센트 미만이다. 이런 어려움 속에서 AI의 도입으로 신약 개발에 혁신이 일어나고 있다. 신약 개발의 초기 단계인 표적 발굴은 유전체, 단백체, 마이크로바이옴(장내 미생물 생태계) 같은 각종 오믹스Omics 데이터, 임상 정보, 생물의학 문헌 등을 통합 분석해 표적-질병 연관성을 도출하는 것이다. 여기서 AI가 복잡한 질병 네트워크를 분석해, 다중 표적 접근이 필요한 복합 질환에 대한 새로운 치료 전략을 제시한다.

두 번째 단계는 선도 물질을 발견하는 것으로, 수백만에서 수천만 개 수준에 머무는 기존 화합물 라이브러리가 아닌 생성형 AI로 ~10^{60}개 이상의 화학 공간*을 탐색하여 새로운 분자 구조 설계가 가능했다. 세 번째는 약물 설계 단계로서 알파폴드가 단백질 구조 예측을 넘어 분자 복합체 간 상호작용까지 예측했다. 마지막 임상 시험 단계의 AI는 환자를 선별하고, 임상 설계를 최적화하고 실시간 데이터 분석을 수행했다.

표적 발굴부터 화학물 설계까지 전 과정을 AI가 주도한 최초의 신약 후보 물질인 렌토서티브Rentosertib라는 특발성 폐섬유증 치료제는 기존 치료제들이 주로 질병의 진행을 늦추는 수준에 머물렀던 것과 달리, 실질적으로 폐 기능이 개선되었고 급성 악화로 진행율도 0퍼센트로, 안전성 면에서도 우수하다. 표적 발굴에서 임상 2상까지 4년이라는 기간은 전통적 방법의 3분의 1 수준이었는데, AI 기술이 신약 개발의 시간적, 경제적 효율성도 근본적으로 개선할 수 있음을

- 약물로 사용 가능한 원자(주로 C, H, N, O, S, P 등)를 조합해 만들 수 있는 모든 가능한 안정한 소분자 구조의 이론적 수를 계산한 결과로 일반적인 분자량 500 이하의 약물 후보drug-like molecule 조건을 적용했을 때 약 10^{60}개 이상 만들 수 있다는 경우의 수가 나온다. 이론적으로 존재 가능한 약물 구조는 우주의 별보다 많기 때문에 약의 분자량을 고려해 10^{60}개 이상의 정량적 화학 공간이란 말을 관용적으로 사용한다.

시사하는 결과들이다.

그러나 한계도 존재한다. 생성형 AI가 우수한 물성과 혁신성 있는 후보 물질을 발굴해도 실제 현실에서 만들어낼 수 없는 경우도 있고 학습한 데이터와 새롭게 만든 후보 물질 간 높은 유사성 문제도 생길 수 있다고 한다. AI는 방대한 데이터를 처리하고 패턴을 발견하는 강력한 도구지만, 생물학적 의미를 해석하고 혁신적 가설을 수립하며 윤리적 판단을 내리는 것은 여전히 인간의 영역이기 때문에 AI 신약개발은 인간과의 상호 보완적 협업을 통한다면 성공적일 수 있겠다.

최근 AI를 이용해 세균을 감염시키는 바이러스인 박테리오파지를 만들었고, 실제로 세균을 잡아먹는 것까지 확인했다. 전체 게놈(유전정보 전체)을 직접 설계해서 실제로 살아 움직이는 생명체를 만들어내는 데 성공한 것이다. 지금까지 AI는 단백질이나 특정 유전자 같은 작은 단위를 설계, 활용되어왔지만, 게놈 전체를 생성하고 그것이 실제로 기능까지 한 사례는 처음이다. 바이러스는 생명체는 아니지만 이 성과는 AI가 자연계 생명현상의 복잡한 규칙을 모방하는 수준을 넘어, 기능하는 새로운 생명체를 실제로 창조할 수 있음을 보여주었다. 생명과학에는 늘 양면성이 따르듯, 일부에서는 AI가 인간에게 해를 끼칠 바이러스를 설계하는 데 악용될 가능성에 대해 우려한다.

그러나 궁극적으로 이러한 기술의 진보를 통해 보다 높은 정밀도와 신뢰성을 갖춘 AI 설계가 현실화됨으로써 맞춤형 암 치료제, 차세대 백신, 기능성 산업 효소 등 고부가가치 응용 분야로의 확장과 의생명공학의 혁신을 가속화해서 패러다임의 전환을 견인할 것이다.

AI가 구축하는 생명의 정보

강민지 생명과학

생명공학 및 의료 분야에서는 유전체, 단백질, 임상 데이터 등 방대한 자료를 다룬다. 그리고 여기서 새로운 지식을 도출하는 것은 인류의 발전을 위해 매우 중요한 과제로 여겨졌다. 최근 몇 년 사이 AI는 급격하게 발달해 다양한 분야에서 활용되고 있으며, 생명정보학 또한 예외는 아니다. 생물학적 데이터를 통계, 수학 등 정보학의 방법을 이용해 생명을 분석하는 학문을 '생명정보학'이라고 한다. 특정 생물의 전체 유전 데이터를 해석하거나, 생명현상을 하나의 시스템으로 보고 분석하는 것 모두 생명정보학에 해당한다.

대표적인 예시로 BLAST Basic Local Alignment Search Tool 검정이 있는데, DNA 서열을 기존 데이터베이스와 비교, 대조해 서열 유사성을 검사하는 방법이다. 주로 생물분류나 집단 유전 변이 분석에 활용된다. 국내 생물 정보 데이터베이스로는 대표적으로 국립생물자원 유전정보시스템이 있으며, 미국의 NCBI National Center for Biotechnology Information, 유럽의 EMBL European Molecular Biology Laboratory, GBIF Global Biodiversity Information Facility의 EBI European Bioinformatics Institute 등이 있다.

파운데이션 모델 Foundation model은 대규모 데이터를 기반으로 작업에 적용하는 AI 모델을 뜻한다. 그렇기에 앞에 '바이오$_{bio}$'가 붙은 바이오 파운데이션 모델은, 생물학적 데이터를 대규모로 학습하고 이를 활용해 가능성 있는 새로운 생명현상을 예측하는 AI 모델이다. 즉 다량의 생물 데이터 안에서 스스로 패턴을 찾아내는 것이다. 유전자 서열, 단백질 구조 등 다양한 종류의 생물학적 데이터를 학습하고 신약 발굴, 작물의 유전자 개선, 생체 기반 소재 개발 등 여러 가지 작업에서 효율적으로 연구할 수 있도록 돕는다. 기본적으로 DNA 추출, PCR 증폭 등 유전체 실험 시 시간이 오래 걸리고 비용이 많이 든다는 단점이 있기 때문에, 축적된 데이터를 통해 일정 부분 사전에 예측할 수 있다면 연구 효율을 크게 높일 수 있을 것이다.

AI를 활용한 바이오 연구

현재 알려진 주요 바이오 파운데이션 모델을 살펴보자. 먼저 엔비디아$_{NVIDIA}$는 컴퓨터 관련 기술 회사로 알려져 있으나 AI 기반 신약 개발을 위해 'BioNeMo'라는 플랫폼을 통해 DNA, RNA, 단백질 등 생체분자 데이터를 훈련시키고 있다. 또한 BioNeMo 플랫폼에서는 신약 개발 과정에서 기본적으로 꼭 거쳐야 하는 단계들이 자동화되어 있다. 단백질 서열을 입력하면 다중 서열 정렬, 3차원 구조 예측, 아미노산 서열 생성, 결과 검증 등이 한 번에 이루어진다. 기존에는 하나하나 수작업을 거쳐야 했기에 속도가 5배 정도 빨라진 효과라고 할 수 있다.

구글은 기존 LLM$_{Large Language Model}$* 기술을 기반으로 'TxGemma'

- 텍스트 데이터를 학습해 인간의 언어를 이해하고 생성하는 인공지능 모델.

라는 AI를 만들었으며, 주로 치료제 개발 데이터를 학습한다. 실용적으로 활용하는 데 초점을 두었고, AI가 인간을 대신하기보다는 인간의 지식이 더 깊어질 수 있도록 하는 역할을 수행한다.

Meta가 개발한 ESM(Evolutionary Scale Modeling)의 경우 단백질 서열 데이터를 집중적으로 다루기 위해 만들어졌다. 단백질의 서열을 대규모로 학습해서 단순히 구조와 기능을 파악하는 데 그치지 않고 진화적 관계까지 비교할 수 있도록 했다. 가장 최신에 나온 ESM-3 모델은 단백질 구조의 이해를 넘어서서 새로운 단백질을 자체적으로 설계할 수 있도록 만들어졌다.

마지막으로 소개할 모델은 아크 연구소(Arc Institute) EVO 시리즈다. 아크 연구소, 스탠퍼드대학, 엔비디아 등 여러 기관이 협력하여 만든 것으로, DNA를 학습하고 그 안에 담긴 규칙을 스스로 이해하도록 했다. 원생생물에서 시작해 모든 생물의 광범위한 유전체 데이터를 다루며 유전자의 상호작용을 예측하고, DNA 서열을 생성할 수 있게 한다.

그렇다면 국내의 바이오 파운데이션 모델 관련 연구 현황은 어떨까? 먼저 생명공학 포털 'BioIN'에서는 2025년 10대 기술로 선정했고, 한국생명정보학회 역시 향후 중점 추진 사업 방향으로 'AI 바이오'와 '디지털 바이오'를 제시했다. 이어 2025년 4월 과학기술정보통신부에서는 제42회 생명공학정책심의회에서 AI 바이오 확산 전략과 합성생물학(생명현상의 메커니즘을 모듈화하고 새로운 기능을 구현하는 학문) 육성을 위한 실행 전략을 공개했다. 이어 6월에는 보건복지부에서 한국형 ARPA-H 2025년 신규 프로젝트를 공개했는데, 뇌 인지 기능에 특화된 파운데이션 모델 구축과 이를 기반으로 개인 맞춤형 뇌 인지 기능 저하 예방 서비스 개발 과제도 포함되어 있다.

9월에는 한국생명공학연구원에서 AI 데이터 활용 연계를 위해 TF팀을 구성하고, 바이오 파운데이션 모델 기반 연구개발에 목표를 두고 있다고 소개했다. 특히 데이터 측면에서는 공공 및 민간 바이오 데이터 생산, 공유, 확장을 위한 플랫폼을 구축하고자 한다고 밝혔다.

AI의 등장으로 원래 인간이 직접 분석하고 프로그래밍하던 영역들이 상당 부분 자동화되었고 그동안 쉽게 생각하지 못했던 새로운 결과까지 제시하기 시작했다. 기존 기술로는 시도조차 어려웠던 복잡한 생체분자 간 상호작용도 이제는 AI를 활용해 보다 쉽게 시뮬레이션할 수 있게 되었다. 엑스레이, MRI, CT 같은 의료 자료에서도 육안으로는 식별하기 어려웠던 미세한 징후까지 포착 가능하다. 여기에 개인의 생활 습관과 질병 이력 등이 더해지면 개인 맞춤형 건강 관리가 가능할 것이다.

그러나 AI 모델은 본질적으로 '막대한 양의 데이터 학습'에 기반한다. 데이터의 양이 풍부하면 다양한 변수를 학습하고 정교해지지만, 특수 사례나 소수 종과 같이 데이터가 부족한 영역에서는 편향된 결과 및 잘못된 대표성 문제를 피하기 어렵다. 또 예측 성공률이 높다고 해도 실제 실험과 차이가 발생할 가능성도 없지 않기 때문에 반드시 별도 검증하는 과정을 등한시해서는 안 될 것이다. 또한 생물학적 데이터를 AI를 거쳐 활용함으로써 발생할 수 있는 생명 윤리 문제에 대해서도 다양한 논의가 이루어져야 한다.

화학

CHAPTER 2

산업의 비타민, 희토류
폐유기물의 재탄생
수소에너지와 공동체

future science trends

산업의 비타민, 희토류

신혜진   화학공학

  국가의 정치, 경제, 외교 전략에 결정적인 영향을 미치는 수단을 전략 무기라 한다. 시대별로 전략 무기의 개념은 계속 진화해왔다. 과거에는 국가 생존을 위협하는 파괴력이나 군사력 중심의 물리적인 무기였다면, 현재는 국가 경쟁력을 흔드는 기술력, 자원, 데이터 등의 비가시적인 형태가 국가의 전략 무기로 자리 잡았다. 최근 전 세계적으로 떠오르는 전략 무기로는 희토류가 주목받고 있다.

  2025년 4월, 중국은 갑작스럽게 희토류에 대한 수출 통제를 발표하며 국제 산업계를 혼란에 빠뜨렸다. 중국은 전 세계 희토류 수출량의 70퍼센트를 담당한다. 전문가들은 미국이 중국산 제품에 최대 145퍼센트의 관세를 부과한 것에 대한 대응으로 중국이 희토류를 무기로 활용하는 셈이라고 분석했다. 이에 G7은 희토류를 포함한 핵심 광물의 공급 안정화를 위한 공동 전략을 수립하고, 유럽연합은 희토류를 포함한 핵심 광물 공급망 다변화를 위한 해외 개발 사업을 전략 프로젝트로 지정하기도 했다. 우리나라 역시 희토류 비축량 확대와 공급망 분산 등의 대응책을 마련하고 있다.

  도대체 희토류가 무엇이기에 국가의 전략 무기가 되고, 전 세

계가 힘을 총동원해 자원 확보에 나서는 것일까?

스웨덴의 한 마을에서 시작된 희토류

희토류Rare Earth Elements, REEs는 '희귀하게 존재하는 원소 무리'를 뜻한다. 우리나라에서는 의미 그대로 '드물 희稀, 흙 토土, 무리 류類'의 한자 표기를 사용한다. 희토류는 118개의 원소들을 원자량 순서로 배열한 주기율표 하단의 란타넘족Lanthanide 15개 원소(란타넘La, 세륨Ce, 프라세오디뮴Pr, 네오디뮴Nd, 프로메튬Pm, 사마륨Sm, 유로퓸Eu, 가돌리늄Gd, 터븀Tb, 디스프로슘Dy, 홀뮴Ho, 어븀Er, 툴륨Tm, 이터븀Yb, 루테튬Lu)와 3족 전이원소인 스칸듐Sc, 이트륨Y을 포함한 총 17개의 원소로 구성된다. 이들은 비슷한 화학적 성질과 전자구조를 가지고 있어 희토류 또는 희토류 원소, 희토류 금속으로 통칭해 부른다.

17개의 희토류는 원자량을 기준으로 다시 경輕희토류와 중重희토류로 분류한다. 원자량이란 원자 하나의 상대적인 질량을 나타내는 값이다. 상대적으로 원자량이 작은 8종의 희토류 원소(란타넘, 세륨, 프라세오디뮴, 네오디뮴, 프로메튬, 사마륨, 유로퓸, 스칸듐)는 경희토류로, 그 외 9종의 희토류 원소(가돌리늄, 터븀, 디스프로슘, 홀뮴, 어븀, 툴륨, 이터븀, 루테튬, 이트륨)는 중희토류로 구분한다. 희토류를 나누는 기준은 나라마다 차이가 있으며, 경희토류와 중희토류 사이에 중中희토류를 두기도 한다. 경희토류는 중重희토류에 비해 부존량이 10배가량 많고 전 세계에 분포되어 있어 채굴이 비교적 쉽다. 반면 중重희토류는 경희토류에 비해 부존량이 적고 매장 지역이 편중되어 있으며 가격이 더 높다.

희토류의 발견은 1787년 스웨덴 스톡홀름 부근의 이테르비

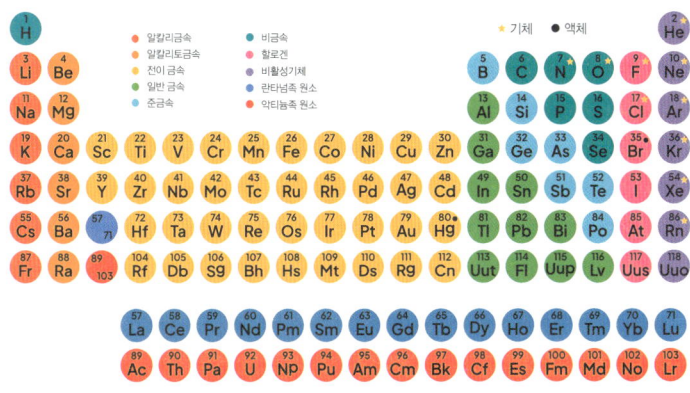

↕ 주기율표.

Ytterby 마을에서 시작됐다. 칼 악셀 아레니우스Karl Axel Arrhenius는 마을의 채석장에서 이전에 발견된 적 없는 밀도가 크고 무거운 검은색 광물을 발견했다. 아레니우스는 마을의 이름을 따 이테르바이트Ytterbite(1800년에 가돌리나이트Gadolintie로 변경)라고 광물을 칭하며 과학자들에게 분석을 요청했다. 과학자들은 광물 속에 이전에 알려지지 않은 화학적 성질이 비슷한 여러 종류의 금속이 조금씩 섞여 있다는 것을 알게 됐다.

당시의 기술로는 그 금속들을 하나씩 분리해내기가 어려웠다. 이 금속들은 '잘 채굴되지 않는 낯선 광물 속에 존재하는, 분리하기 힘든 산화물 형태의 물질'이라는 뜻으로 '레어 어스Rare Earth, 희토'라 불렸다. 19세기에서 20세기 중반, 과학기술이 발전하면서 희토류들을 순차적으로 분리해냈고 란타넘족에 해당하는 15개 원소들을 완성할 수 있었다. 1950년대 이후, 학계에서 스칸듐과 이트륨이 란타넘족과 화학적 성질이 비슷하고 같은 광물에서 함께 산출되며 동일한 산업적 용도로 쓰인다는 이유로 희토류에 포함했고 17개 희토류 원소 체계가 정착되었다.

희귀하지만 희귀하지 않은

실제로 희토류는 이름처럼 지구상에 희귀하게 존재하지는 않는다. 2021년 미 지질조사국 USGS에 따르면 전 세계 희토류 매장량은 약 1억 2000만 톤으로 추정된다. 일부 희토류는 금 Au, 은 Ag, 백금 Pt 등의 귀금속과 납 Pb, 코발트 Co 등의 주요 산업용 금속보다 풍부한 양이 매장되어 있다. 희토류별 지각 내 함유량은 세륨이 66.5피피엠, 네오디뮴이 41.5피피엠, 란타넘이 39피피엠을 차지한다. 이와 달리 산업용 금속인 구리 Cu는 60피피엠, 코발트는 25피피엠, 납은 14피피엠을 차지하고 있다. 희토류 중에서 가장 존재량이 적은 터븀은 0.9피피엠만 매장되어 있으나 귀금속인 은과 금의 매장량은 각각 0.075피피엠, 0.004피피엠으로 터븀보다도 적다.

그렇다면 왜 드물다고 할까? 희토류는 광물에서 차지하는 비중이 적고 희토류 간 화학적 성질이 비슷해 고순도로 분리, 정제하는 과정이 어려워 희귀하게 취급한다. 희토류는 반응성이 높아 공기 중에서 쉽게 산화되어 단독으로 존재하지 않는다. 대신 모나자이트 Monazite, 바스트네사이트 Bastnäsite, 제노타임 Xenotime 등의 광물 내에서 혼합된 형태로 존재한다. 희토류끼리는 유사한 전자배치와 이온 반지름을 가지는 등 화학적 성질이 비슷해 광물의 결정구조 속에서 서로 치환되어 여러 종의 희토류가 하나의 광물에 함께 존재할 수 있다.

예를 들어, 모나자이트는 희토류를 포함하는 적갈색의 인산염 Phosphate, PO_4^{3-} 광물로, 원소의 조성에 따라 네 종류로 나뉜다. 아래 괄

호 안의 원소는 광물 내에 존재하는 원소들의 상대적인 비율 순서대로 나열되었다.

모나자이트-(Ce), (Ce, La, Nd, Th)PO$_4$
모나자이트-(La), (La, Ce, Nd)PO$_4$
모나자이트-(Nd), (Nd, La, Ce)PO$_4$
모나자이트-(Sm), (Sm, Gd, Ce, Th)PO$_4$

이러한 이유로 희토류를 광물로부터 고순도로 분리하기 위해서는 복잡한 화학 정제 과정과 고도의 기술력이 필요하다. 또한 정제 과정의 결과, 환경오염이 발생하기 때문에 이런 문제를 감수하고 희토류를 생산하려는 국가는 제한적일 수밖에 없다. 따라서 오늘날 희토류에서 말하고자 하는 희귀성은 매장량은 많지만, 분리 및 정제 과정에서 발생하는 기술적, 환경적 제약이 반영된 의미다.

첨단 산업의 핵심 재료

희토류는 수량만 첨가해도 물질이 화학적, 전기적, 자성적, 발광적 특징을 띠고 높은 부가가치를 가져 다양한 첨단산업에 꼭 필요하다. 국가의 경제와 산업에 필수적으로 사용되는 6대 핵심 광물에도 포함되어 있다. 이러한 이유로 희토류는 산업의 비타민 또는 산업의 조미료라는 별명을 갖는다. 마치 우리 몸에 비타민이 부족하면 생리 기능이 망가지듯 희토류 없이는 첨단산업이 제대로 작동할 수 없다. 음식에 약간의 조미료가 더해지면 맛이 변하는 것처럼 희토류 역시 소량의 첨가만으로도 물질의 특징을 변화시킨다.

| 희토류별 활용 용도 |

스칸듐	항공우주용 경량 알루미늄-스칸듐 합금, 수은 등의 첨가제
이트륨	레이저, 마이크로파 필터, 고온초전도체
란타넘	고굴절 유리, 발화합금, 수소 저장, 특수 광학 유리
세륨	화학적 산화제, (유리와 세라믹의) 착색제, 연마제
프라세오디뮴	고강도 마그네슘 합금 첨가제, 희토류 자석, 레이저
네오디뮴	희토류 자석, 레이저, 착색제, 고체 레이저
프로메튬	원자력 전지
사마륨	희토류 자석, 레이저, 중성자 흡수제
유로퓸	형광체(적색과 청색), 레이저, 형광 유리
가돌리늄	중성자 흡수제, 레이저, 철 및 크로뮴 합금의 첨가제, 녹색 형광체
터븀	녹색 형광체, 희토류 자석, 레이저
디스프로슘	희토류 자석, 레이저
홀뮴	레이저, 착색제, 원자로 제어봉
어븀	레이저, 바나듐 합금의 첨가제
툴륨	휴대형 엑스선 방출원, 청색 및 녹색 형광체
이터븀	철계 합금의 첨가제, 레이저
루테튬	석유화학 촉매, 고굴절 렌즈, 양전자 단층촬영

  희토류는 영구자석, 촉매, 배터리, 전기자동차, 디스플레이 등 다양한 곳에 쓰이며, 개별적인 특성에 따라 첨단산업 분야 내에서도 여러 용도로 활용된다. 아이폰에는 0.24그램, 테슬라 전기차에는 520그램, 미국 F-35 스텔스 전투기에는 417킬로그램, 이지스함에는 2.4톤, 핵잠수함에는 무려 4.2톤의 희토류가 사용된다.

  최근 국제사회는 기후변화 대응을 위해 탄소 중립에 노력을 기울이는 중이며, 이에 따른 영구자석의 수요도 증가하고 있다. 신재생에너지 발전 분야에서 태양광 다음으로 큰 점유율을 차지하는 풍력발전기의 터빈 효율을 높이기 위해서는 영구자석이 필요하다. 또한 전기 동력을 사용한 운송 수단의 개발이 활발해짐에 따라 전기자동차 구동 모터의 핵심 부품인 영구자석의 수요가 늘었다.

희토류인 네오디뮴을 기반으로 한, 네오디뮴 영구자석은 다른 영구자석에 비해 가벼우면서 10배 이상 강한 자성을 가져 현존하는 가장 강력한 자석으로 꼽힌다. 한국무역협회가 조사한 바에 따르면 네오디뮴 영구자석의 수요는 2021년 11만 9000톤이었으며, 2050년에는 75만 3000톤으로 지속적으로 성장할 것이라 보고 있다. 네오디뮴 영구자석은 섭씨 80도 이상의 고온에서 자성을 유지하기 위해 철과 붕소를 혼합한 NdFeB(네오디뮴-철-붕소) 합금 형태로 제작된다. 또한 단가를 낮추기 위해 네오디뮴과 프라세오디뮴이 혼합된 NdPr(네오디뮴-프라세오디뮴) 합금 형태도 차세대 네오디뮴 영구자석으로 주목받고 있다. 그뿐 아니라, 디스프로슘, 터븀 등의 희토류를 첨가해 내열성을 강화하기도 한다.

희토류가 영구자석 다음으로 큰 비중으로 활용되는 분야는 촉매로, 세륨과 란타넘 등이 주로 쓰인다. 촉매란 자기 자신은 변하지 않으면서 화학반응의 속도에 영향을 미치는 물질이다. 희토류 촉매는 자동차 배기가스 정화와 유동 접촉 분해Fluid Catalytic Cracking, FCC 등에 활용될 수 있다. 자동차 배기가스 정화에서 사용되는 촉매는 배기가스에서 나오는 질소산화물$_{NO_x}$, 일산화탄소$_{CO}$ 등의 유해 물질을 질소$_{N_2}$, 이산화탄소$_{CO_2}$로 효과적으로 전환시켜 제거한다. 촉매로서 세륨은 세륨 산화물$_{CeO_2}$(세리아), 형태로 사용되며, 산소를 흡수하고 방출하는 산화-환원 능력이 뛰어나 촉매반응에서 중요한 역할을 한다. 세륨 산화물은 반응물(질소산화물, 일산화탄소 등)이 더 쉽게 결합하거나 분해되도록 도와주고, 반응에 필요한 산소를 공급하거나 흡수하면서 전체 반응을 훨씬 빠르고 효율적으로 진행시킨다.

란타넘은 정유 공장에서 무거운 원유를 가솔린, 프로필렌 등과 같은 가벼운 고부가가치의 탄화수소로 정제하는 유동 접촉 분해 공정의 촉매로 사용된다. 이 공정에서는 제올라이트Zeolite 촉매가 핵심이다. 하지만 섭씨 500도 이상의 고온, 수증기 환경에 노출되면 제올라이트 구조가 붕괴되어 촉매의 수명이 짧아지고 효율이 떨어진다. 이를 해결하기 위해 란타넘을 산화물 La_2O_3 형태로 첨가하면 고온, 수증기 환경에서도 구조가 안정화되어 촉매의 성능과 수명이 강화되고 가솔린, 프로필렌 등의 생성 수율을 높이게 된다.

미래를 위한 재활용 기술

앞서 언급했듯 희토류는 채굴과 정제 과정에서 막대한 환경오염을 일으키는 문제점이 있다. 1톤의 희토류를 생산할 때마다 방사성 폐기물 1톤 이상, 산성 가스 6만 3000세제곱미터, 산성 폐수 20만 리터와 다량의 이산화탄소가 배출된다. 이런 문제가 발생하는 이유는 희토류의 채굴과 정제 과정에 여러 종류의 산 혼합액이 필요하기 때문이다. 또한 희토류가 추출되는 광물(모나자이트, 바스트네사이트 등)에는 자연 방사성 원소인 토륨$_{Th}$과 우라늄$_U$ 등이 공존하며 채굴, 정제, 가공 과정을 거칠 때 농축된 자연 기원 방사성물질 Technologically Enhanced Naturally Occurring Radioactive Materials, TENORM이 생성되어 방사성 폐기물과 방사선 노출 위험이 커질 수밖에 없다.

1980년대까지만 해도 전 세계 희토류의 대부분은 미국 캘리포니아에서 생산됐지만, 환경 규제로 부가적인 비용이 많이 들어 투자 대비 낮은 수익성으로 생산을 멈추게 됐다. 이러한 상황에서 중국은

| 2021년 미 지질조사국에서 보고한 국가별 희토류 매장량과 생산량 |

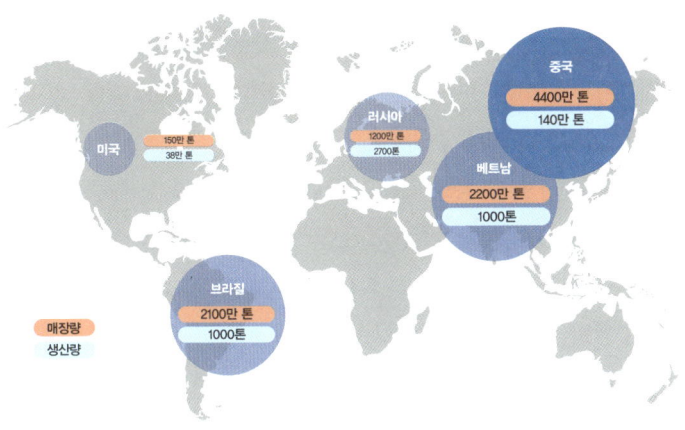

낮은 인건비와 느슨한 환경 규제로 1990년대 후반부터 전 세계 희토류 생산량의 90퍼센트 이상을 차지하고 있다. 2024년 미 지질조사국에 따르면 미국, 유럽연합, 한국, 일본 등 주요 산업국은 중국산 희토류에 60~85퍼센트 이상 의존하고 있는 것으로 보고된다. 중국은 전 세계적으로 희토류가 가장 많이 매장(약 4400만 톤)되어 있는 나라이기도 하다. 이런 복합적인 이유로 중국은 희토류 공급에 압도적인 영향력을 행사한다.

많은 국가는 환경문제와 중국에 대한 의존도를 해결하고자 희토류 재활용 기술 개발에 힘쓰고 있다. 희토류 재활용이란 사용 후 버려진 폐제품에서 희토류를 회수해 재사용하는 기술이다. 이는 광물의 채굴, 정제 과정을 거치지 않아 오염 물질의 발생량을 줄이고, 첨단 제품을 가공하는 과정에서 발생하는 탄소 발생량을 낮출 수 있다.

2021년 일본의 자동차 회사 닛산은 와세다대학과 함께 전기자동차 모터용 자석에 사용된 희토류를 98퍼센트 회수하는 기술을 개발하기도 했다. 우리나라의 현대차·기아차 역시 국내 주요 대학들과 함께 공동 연구실을 설립해 모터에서 희토류를 회수해 재활용하는 희토류 리사이클 연구를 진행한다. 더불어 희토류 소재를 대체할 수 있는 비희토류 자성 소재 연구, 소재의 자성 측정 고도화를 위한 자기 특성 평가 연구 등의 과제도 함께 수행하고 있다. 또한 우리나라 정부는 2030년까지 희토류를 포함한 핵심 광물의 재자원화율을 20퍼센트까지 달성하는 것을 목표로 산업 클러스터를 구축하는 등 다양한 정책을 마련하는 중이다.

희토류는 우리의 미래를 이끌어가는 핵심 광물 자원 중 하나가 되었다. 우리는 이제, 희귀함 그 이상의 가치로 전략 무기가 된 이 자원을 어떻게 지혜롭게 사용할지를 고민해야 할 때다.

폐유기물의 재탄생

신혜진   화학공학

폐기물의 분류

우리가 버리는 폐기물의 양은 얼마나 될까? 세 끼 식사를 하고 남긴 음식물 쓰레기, 온갖 물건이 담겨 있던 플라스틱 포장재, 한 번 쓰고 버리는 일회용품 등 우리는 하루에도 수십 번, 많은 것을 버린다. 환경부와 한국환경공단에서 조사한 전국 폐기물 발생 및 처리 현황에 따르면 2023년 우리나라에서 한 해 동안 발생한 폐기물의 양은 1761만 9000톤이다. 이 무게는 63빌딩 1300개, 코끼리 3000만 마리에 달하는 수치다. 전 세계로 범위를 넓히면 매년 약 21억 톤의 도시 폐기물이 발생한다.

우리는 폐기물을 버림으로써 사라진다고 생각하지만 그렇지 않다. 땅에 묻힌 폐기물은 토양과 지하수를 위협하고, 불에 태운 폐기물은 공기를 오염시키는 등의 문제를 일으키며 우리 주변에 남는다. 하지만 폐기물을 대하는 관점을 바꾼다면 이들은 더 이상 골칫거리가 아닌 풍부한 자원이 될 수 있다.

폐기물은 사람의 생활이나 사업 활동에 필요하지 않게 된 물질

을 뜻하며, 크게 생활 폐기물과 사업장 폐기물로 분류된다. 그리고 그 속에서 폐기물의 상태, 성분, 발생 분야 등에 따라 종류를 세분화할 수 있다. 폐기물의 상태에 따라서는 고형, 액상, 기체 폐기물이 존재하며, 폐기물의 발생 분야에 따라서는 건설 폐기물, 의료 폐기물 등으로 구분할 수 있다. 또한 폐기물을 구성하는 성분에 따라 유기성 폐기물organic waste과 무기성 폐기물inorganic waste로 구분할 수 있으며, 폐유기물과 폐무기물로 칭하기도 한다.

유기성 폐기물은 유기물을 주체로 하는 폐기물로 폐플라스틱, 폐의류, 음식물 쓰레기 등이 있다. 여기서 유기물이란 탄소$_C$를 기본 골격으로 하여 수소$_H$, 산소$_O$, 질소$_N$, 황$_S$, 인$_P$ 등의 원소가 결합된 화합물을 뜻한다. 생명체를 구성하는 기본 물질인 단백질, 지방, 탄수화물, DNA, RNA 등은 모두 천연 유기물의 대표적인 예시다. 또한 PE, PP, PVC, PET 등과 같은 플라스틱, 나일론nylon과 폴리에스터polyester와 같은 합성섬유, 합성고무, 의약품 등은 합성 유기물의 사례라고 할 수 있다.

그렇다면 폐콘크리트, 유리병 등과 같은 무기성 폐기물을 구성하는 무기물은 뭘까? 무기물은 유기물과 달리 탄소를 포함하지 않는 화합물이다. (단, 탄산염, 일산화탄소, 이산화탄소 등은 예외적으로 무기물에 포함된다.) 대체로 생명체가 아닌 광물·지각에서 유래되며, 주로 철, 구리, 알루미늄 등과 같은 금속 원소로 이루어져 있다. 대표적인 생활 속 무기물로는 건축재(시멘트, 콘크리트 등), 금속 제품, 광물 등이 있다.

선형경제에서 순환경제로

폐기물의 처리는 '폐기물 발생, 수집·운반, 중간 처분, 최종 처분' 순서로 이루어진다. 다양한 곳에서 발생한 폐기물은 지자체나 전문 업체에 의해 수거되며, 이때 일차적으로 재활용품, 음식물 쓰레기, 일반 생활 폐기물 등으로 분리배출이 이루어진다. 수집된 폐기물은 재활용이 가능한 것과 불가능한 것으로 분류된다. 재활용이 안 되거나 오염이 심한 폐기물은 소각 시설로 보내져 중간 처분인 소각 과정을 거친다. 소각은 폐기물을 불에 태우는 방법이다. 폐기물은 매립 전 소각을 통해 부피를 줄일 수 있을 뿐 아니라 소각 시 섭씨 850도 이상의 고온으로 연소 분해하는 과정에서 발생하는 폐열은 인근 지역의 전력과 난방열로 공급된다. 모든 중간 처리 과정을 거친 뒤 남은 잔재물은 땅에 묻어 매립을 통해 최종적으로 처분된다.

그러나 전통적인 폐기물 처리 방식인 소각과 매립은 분명한 한계를 지니고 있다. 소각의 경우 그 과정에서 다이옥신, 퓨란, 질소산화물, 황산화물, 미세먼지 등의 대기오염 물질을 배출하며 유기물 소각 시에는 이산화탄소와 메테인 같은 온실가스를 다량 발생시킨다. 매립 역시 대규모 부지를 필요로 하며 폐기물 내부의 오염 물질이 녹아 나오는 침출수에 의해 지하수와 토양을 오염시키는 문제점이 있다. 또한 소각장과 매립지는 혐오 시설NIMBY로 인식되어 사회적 갈등을 일으키곤 한다.

현재 많은 국가들은 기존의 폐기물 처리법이 가지는 환경적, 사회적, 경제적 문제 등을 극복하기 위해 다방면으로 방안을 모색하고 있다. 그리고 폐기물을 처분해야 할 짐이 아닌 잠재적 자원이라는 새로운 관점으로 바라보며 순환경제circular economy를 이룩하려 한다. 순환경제란 물질이 폐기되지 않고 다시 원료와 자원으로 환원되어 순환하는 시스템을 의미한다. 산업혁명 이후 약 260년간 지속된 '생산-소비-폐기'의 선형경제linear economy는 자원 고갈, 환경오염, 폐기물 발생 문제를 일으켰고, 이를 해결하기 위해 2010년 이후 부상한 개념이다.

순환경제를 실현하기 위한 구체적 전략 중 하나는 자원 순환이다. 즉, 폐기물 발생을 최대한 억제하고reduce, 발생한 폐기물은 재사용reuse, 재활용recycle, 에너지 회수recovery를 통해 다시 자원으로 활용한다. 특히 플라스틱 등과 같은 유기물을 다시 활용하는 기술이 전 세계적으로 각광받고 있다.

플라스틱 생산량 및 사용량이 증가함에 따라 석유계 플라스틱 사용 규제가 강화되고 폐플라스틱을 재활용하려는 움직임이 활발히 진행되고 있다. 플라스틱 폐기물 발생량은 2022년 3.7톤에서 2060년에는 10.1억 톤에 이를 것으로 전망된다. 앞으로도 우리와 함께할 수밖에 없는 플라스틱의 순환경제를 완성하기 위해 폐플라스틱 재활용은 더욱 중요해지고 있다.

폐플라스틱을 재활용하는 방법으로는 크게 물리적 재활용Mechanical Recycle, MR과 화학적 재활용Chemical Recycle, CR이 있다. 물리적 재활용은 폐플라스틱을 선별, 분쇄, 세척해 다른 제품을 생산할 수 있는 원료인 펠릿pellet 형태로 되돌리는 기술이다. 펠릿이란 재활용 공정에서 분쇄한 플라스틱인 플레이크를 가공해 일정한 형태로 만든 작은 알갱이 형태의 재생 원료다. 하지만 물리적 재활용은 재활용이 반복될수록 품질이 저하된다는 한계점이 있다. 이와 달리 폐플라스틱을 화학적으로 분해해 석유화학의 원재료(재생 원료, 재생유)를 생산하는 기술인 화학적 재활용의 경우 이론적으로 재활용 횟수에 제약이 없다. 또한 재활용이 반복되어도 유사한 수준의 재생 플라스틱을 생산할 수 있으며, 플라스틱 복합 재질에 적용 가능해 산업 현장에서 적용이 보다 용이하다는 장점이 있다. 이러한 화학적 재활용은 플라스틱의 선순환 구조를 만들기 위한 해결책으로 떠오르고 있다.

폐유기물의 기초 원료화

화학적 재활용 중에서도 폐플라스틱, 폐고무 등과 같은 폐유기물을 산업의 기초 원료로 되돌리는 과정을 '폐유기물의 기초 원료화'라고 한다. 폐유기물에서 다시 유기물을 만들어내기 위한 기초 원료를 뽑아낼 수 있다면 1080톤의 석유 수입을 대체할 수 있을 것이라고 한국기계연구원은 밝혔다.

여기서 유기물의 기초 원료는 플라스틱, 고무 같은 합성 유기물을 생성할 수 있는 것으로, 탄소와 수소를 기본 골격으로 하는 탄

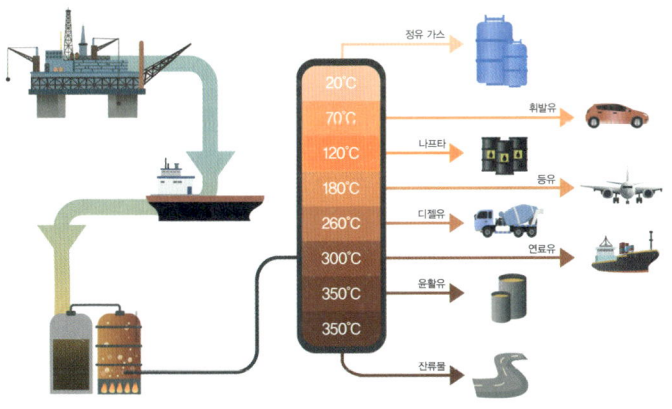

| 원유의 분별증류 |

화수소를 뜻한다. 석유화학 산업에서 탄화수소를 얻기 위해서는 원유를 이용한다. 원유에는 탄소 수가 적은 탄화수소부터 탄소 수가 많은 탄화수소까지 혼합된 상태로 존재한다. 탄화수소는 탄소 수에 따라 끓는 온도가 다르기 때문에 원유에 존재하는 다양한 탄화수소들은 끓는점 차이를 이용한 분별증류로 분리할 수 있다.

원유를 섭씨 75~150도로 가열하면 탄소의 개수가 5~12개(C5~C12, 석유화학 산업에서는 탄화수소 혼합물을 탄소 수 기준으로 묶어서 관리한다)로 구성된 탄화수소 물질을 얻을 수 있으며, 이를 나프타 naptha라고 부른다. 나프타는 다시 섭씨 800~900도의 고온에서 열 분해하는 과정인 크래킹 cracking을 통해 에틸렌 C_2H_4, 프로필렌 C_3H_6 등과 같은 유기물의 기초 원료를 생성할 수 있다. 에틸렌이 중합되면 폴리에틸렌인 PE가 만들어지고, 프로필렌이 중합되면 폴리프로필렌인 PP가 만들어진다. PE와 PP는 대표적인 범용 플라스틱의 종류로, 생산량이 많고 가격이 저렴하며 성형성이 뛰어나 우리 주변에서 쉽게 접할 수 있다.

폐유기물의 기초 원료화는 버려진 유기물을 화학 산업에서 가장 중요한 에틸렌, 프로필렌 등과 같은 고부가가치의 기초 원료로 되돌리는 재활용 방법이다. 이를 통해 우리는 폐기물-원료-제품-폐기물-원료-제품으로 이어지는 순환경제 모델을 구축할 수 있을 것이라 기대한다.

현재까지는 폐유기물을 기초 원료로 재활용하기 위해 철저한 분리배출이 동반되어야 하는 한계점을 가지고 있다. 하지만 아무리 꼼꼼히 분리배출을 해도 라벨을 떼어내고 남은 접착제 등의 불순물은 존재하기 마련이다. 그렇기 때문에 폐유기물을 녹이면 100여 가지의 화학물질이 혼재되어 있어 산업용 보일러에 쓰이거나 저품질의 우레탄을 제조하는 정도에만 그치는 수준이다. 2022년 OECD에서 조사한 바에 따르면 전 세계 플라스틱 폐기물의 단 9퍼센트만이 재활용되고 있으며, 재활용을 통해 부가가치가 높은 기초 원료로 전환되는 비율은 단 1퍼센트밖에 되지 않는다고 한다.

최근 우리나라에서는 이러한 문제점을 해결하기 위해 2022년 '플라스마 활용 폐유기물 고부가가치 기초 원료화 사업단'을 출범했다. 사업단은 폐유, 폐유기 용제, 폐플라스틱 등 다양한 폐유기물을 플라스틱의 기초 원료인 에틸렌, 프로필렌 등으로 전환하는 목표로 연구를 진행했다. 그리고 2025년 9월, 혼합 폐플라스틱을 분리배출 없이 기초 원료로 재활용할 수 있는 플라스마 전환 공정을 개발했다고 밝혔다.

플라스마는 고체, 액체, 기체에 이어 제4의 물질이라는 별명을 가지고 있다. 고체에 열을 가하면 액체가 되고, 액체에 열을 가하면 기체가 된다. 플라스마는 기체에 더 많은 열과 압력을 가하면 생성되는 기체 이후의 상태로, 원자핵과 전자가 분리된 이온화된 기체 상태라고 할 수 있다. 즉, 전기가 통하는 기체인 것이다. 플라스마는 오로라, 번개, 태양 광선, 네온사인 등에서 관찰할 수 있으며, 우주에서 존재하는 물질의 99퍼센트가 플라스마일 정도로 흔한 형태다.

사업단에 속해 있는 한국기계연구원은 플라스마가 빠른 반응 속도와 높은 에너지 전달 특성을 가진 것을 활용해 폐플라스틱을 섭씨 1000~2000도의 초고온에서 0.01초 이내로 분해하는 기술을 개발하는 데 성공했다. 또한 이러한 플라스마 공정에 폐플라스틱을 투입하여 반응 결과로 생성된 전체 생성물의 70~80퍼센트 이상을 플라스틱 제조의 핵심 원료인 에틸렌과 벤젠으로 얻었으며, 정제 후에는 석유화학 공장에서 생산되는 것과 동일한 99퍼센트 이상의 고순도 원료로 확보했다. 이후 연구팀은 상용화를 가속화하기 위한 운전 검증을 진행할 예정이다.

해당 기술이 상용화된다면 1퍼센트 미만의 국내 폐플라스틱의 화학적 재활용 비율을 높일 수 있을 것으로 전망된다. 또한 폐플라스틱을 선별 과정 없이 기초 원료로 되돌리며 영구 재사용을 가능하게 함으로써 석유 사용량을 급감할 수 있고, 소각에 대한 의존도 감소로 탄소 배출을 줄여 탄소 중립 실현을 앞당길 것으로 기대한다.

이제 우리는 폐기물을 단순히 버려지는 것으로만 보아서는 안 되는 시대가 되었다. 우리가 매일 버리는 것들 속에는 새로운 에너지와 무한한 자원의 가능성이 숨어 있다. 폐기물의 끝은 곧 새로운 시작이 될 수 있다. 이제 폐기물을 바라보는 시선을 소모에서 순환으로 전환시켜보는 건 어떨까?

수소에너지와 공동체

전성윤　　　　　　　　　　　　　　　　　　　　　　화학

애스코브

　유난히 바람이 많은 덴마크에는 풍차가 흔했다. 풍차를 유심히 지켜보던 쿠어Poul la Cour는 발전기를 떠올렸다. 자석과 구리 전선 사이에 발생하는 기묘한 기운은 19세기에 들어서 새로운 에너지로 발돋움하고 있었다. 자기력과 전기력은 밀접한 관계였고 하나의 에너지로 이해되기 시작했다. N극과 S극을 마주 보는 2개의 자석을 적당한 간격으로 떨어뜨려놓고 그 사이에 구리 전선을 회전시키면 전기가 발생한다. 자서 사이 자기장에 놓인 전선에 전기장이 유도되면서 전류가 흐른다. 둘이 하나로 묶여 있는 전자기장은 지속적인 전기 생산의 원천이었다. 쿠어는 풍차가 회전하면서 만들어낸 운동에너지를 전자기장으로 옮겨 전기에너지로 생산하려 했다.

　1891년 쿠어는 애스코브Askov의 작은 학교에 머물며 풍력에너지를 연구했다. 복잡한 코펜하겐 생활을 끝내고 한적한 도시로 온 건 극심한 경쟁이 일상인 도시 생활에 지쳤기 때문이었다. 성공을 보장하는 연구만이 살아남는 환경이 그와 가족을 억눌러왔다. 도시를 떠나 애스코브에 오면서 시민들에게 도움이 될 만한 연구로 눈을 돌릴 수 있었다. 사람들에겐 전기가 필요했다. 거대한 도시들은 새로운 기술을 중심으로 변화를 선도했다. 전기는 문명과 문화를 이끌어가고 있었다. 어두운 골목은 환해졌고 밤은 더욱 깊어졌으며 엄청난 규모의 기계들이 쉼 없이 상품을 쏟아냈다. 전기는 여러모로 유용했다. 빛을 내는 전구의 발명이 전기를 더욱 매력적인 상품으로 만들었다. 생활과 산업에 영향력이 커져갔고 도시 곳곳에 전선이 이어졌다. 이에 비해 애스코브와 같은 작은 도시의 시민들에게 전구는 비쌌고 전기는 엄두도 내지 못할 형편이었다. 도시에 밀려든 힘찬 물결은 그들과 무관한 일렁임일 뿐이었다.

쿠어는 6개의 날개가 달린 거추장스러운 풍차를 뜯어내고 바람을 온전히 맞을 수 있는 날개를 설계해 회전력을 개선했다. 그가 개량한 풍차는 4개의 날개가 달렸고 바람의 방향에 맞춰 각도를 조절할 수 있었다. 바람이 너무 거친 날, 발전기가 과도하게 회전하면서 부하를 일으키자 조속기를 개발했다. 크라토스타트Kratostat라 불린 조속기는 균일한 회전을 도왔다. 일정한 속도로 발전기가 돌아가면서 일정한 양의 전기를 생산하게 됐다. 그는 바람에 관한 연구를 위해 실험 장치를 개발했다. 연구를 통해 양력과 항력의 관계를 파악했다. 훗날 라이트형제가 구축한 풍동 장치는 이와 매우 흡사하다.

쿠어는 실용적인 연구를 통해 작은 지방 도시를 변화시키고자 했다. 전기는 애스코브를 변화시킬 기술 중 하나였다. 지방 소도시의 삶을 현대화하고 그곳에서 자립할 수 있는 생태계를 갖추는 기술이라 여겼다. 시민들의 참여를 독려했고 학교에서 풍력에너지와 전기에 관한 수업을 열었으며 실습을 꾸준히 실천했다. 학생뿐 아니라 시민들을 위한 기술 강의도 마다하지 않았다. 시민들의 도움으로 풍차를 바꾸고 발전 시설을 설치했으며 이런 방식으로 도시가 바뀌어 가는 과정에 동참하도록 했다. 어린 아이들에게도 애정 어린 관심을 보였다. 심지어 도깨비를 주인공으로 전기에너지에 관한 동화를 지어 아이들이 전기를 친숙해하고 쉽게 이해할 수 있도록 애썼다. 애스코브에서의 삶을 결정하는 것은 시민들이었고 어떤 방식으로든 그들의 참여 의식을 높여야 했다. 풍력을 이용한 에너지 생태계가 필요한지 여부도 그들의 몫이었다.

폴케호이스콜레

20세기 초 덴마크에서 성공한 농업 국가 모델은 동북아시아를 자극했다. 작지만 풍요롭고 건강한 사회에 근접한 덴마크는 우리나라와 일본, 중국에 좋은 본보기였다. 덴마크는 곡물과 축산을 국가 중요 사업으로 키워냈다. 유럽의 다른 열강들과 달리 제조업 중심의 대규모 공업 도시가 아닌 지방 농업 도시의 협동조합이 사회를 구성하는 핵심이 되었다. 이러한 선택은 덴마크의 역사적 상황과 맞물린 사회구조 개편의 결과였다. 1700년대 후반 나폴레옹이 일으킨 전쟁의 소용돌이에 끼어들어 시작된 영국, 스웨덴과의 다툼이 화구이었다. 전쟁의 결과로 노르웨이와의 오랜 연합을 상실했고 북쪽으로 뻗은 유틀란트 반도와 수도 코펜하겐이 위치한 셸란섬 등 북해와 발트해 사이 작은 도서에 한정된 지금의 영토로 세력이 약화되었다.

아이슬란드, 그린란드, 페로 제도가 덴마크 영토로 존속된 것은 그나마 다행이었다. 잦은 전쟁으로 땅을 잃었을 뿐 아니라 국가 재정이 악화되고 시민의 삶이 궁핍해지면서 사회 개혁에 불이 붙었다. 먼저 유럽의 근대화 물결에서 벗어나 변방으로 밀려난 덴마크는 산업구조의 개편이 불가피했다. 그들은 농업 중심 국가로의 전환을 선택했다. 토지개혁과 조세 부담 완화 등 제도적인 혁신이 이어졌다. 또한 소작농에 불과했던 개인이 독립 자영농의 지위를 얻는 사회계층의 변화도 잇따랐다. 농민들은 협동조합을 확대해가며 조직력을 갖추었고 국가 제도 개편을 요구했다. 덴마크 정부는 농민들의 요구에 호응해 지속 가능한 농가 지원을 약속했고 외교적인 노력을 더해 관세 협상에서 유리한 거래를 성사시켰다.

조합과 정부는 여기에 그치지 않고 국제사회에 경쟁력 있는 농업 생산물을 거래하면서도 값싼 사료를 들여와 축산업에 투자하는 시도를 감행했다. 돼지, 소, 닭 등의 가축을 길러 고기를 얻는 식육 가공업으로 첫발을 내딛었지만 곧 부가가치가 높은 낙농업이 주목받았다. 농가에서는 직접 우유와 치즈, 버터를 가공하고 조합을 통해 상품을 판매했다. 원료만 공급하는 생산자에 그치지 않고 가공과 유통에 관여하면서 농민에게 돌아가는 수익이 눈에 띄게 늘었다. 늘어나는 수익에 따라 생산량이 증가한 축산업은 곡물 산업과 함께 덴마크를 대표하는 수출품으로 자리를 꿰찼다. 그런 덕택에 우리나라 마트 한 편에서 언제든 '메이드 인 덴마크' 유제품을 쉽게 찾아볼 수 있다.

덴마크가 소규모 중소 도시의 자립성을 키워낼 수 있었던 바탕에는 신학자이자 정치, 교육, 철학 전반에 걸쳐 활동한 그룬트비 Nikolaj Frederik Severin Grundtvig의 사상이 깔려 있다. 그는 19세기 초 봉건 사회의 종식과 제국주의의 팽창을 겪으며 혼란에 빠진 덴마크의 자긍심을 일깨우고자 했다. 동시에 잔인하고 메마른 근대화의 파도에 휩쓸리지 않고 버틸 수 있도록 대중의 인식 변화를 유도했다. 그룬트비는 시민 스스로 사회문제를 해결하는 공동체 구성이 필요하다

느꼈다. 공동체는 갈등을 조정하는 자정 능력과 동반 성장을 위한 협력적 태도를 길러야 했다. 게다가 민족정신을 고취시키기 위해 전통 문화를 회복시키려는 노력이 동반되어야 했다. 특히 라틴어가 아닌 자국어를 사용하도록 장려했다. 보다 많은 시민이 지식을 쌓아야만 공동의 이익을 위한 합리적인 판단에 이른다 여겼다.

그룬트비의 문제의식은 폴케호이스콜레Folkehøjskole에 이식되었다. 덴마크어를 쓰고 읽으며 공동체의 일원으로 성장할 수 있게 자립을 강조하는 교육 이념이 폴케호이스콜레에 반영됐다. 이곳은 '삶을 배우는 학교'라는 가치를 기반으로 했으며 나이와 성별을 가르지 않고 누구나 등록할 수 있었다. 교과서가 따로 있지 않았고 자신들이 처한 상황에 적극적으로 동참하는 민주적인 태도만이 학생과 시민에게 필요했다. 그룬트비의 사상이 밴 폴케호이스콜레의 기능은 협동조합의 설립과도 무관하지 않다. 개인의 이익보다는 공익을 따지고 경쟁보다는 상생을 택하는 행위가 학교로부터 출발해 산업에 영향을 끼쳤다.

일제강점기 속에서도 우리나라의 일부 지식인들이 덴마크의 농촌 사회를 이상향으로 제시하고 학교 설립을 추진했다. 농업을 근간으로 하는 조선에 폴케호이스콜레는 매우 적합한 사례였다. 그곳의 정신과 시스템을 조선의 환경에 맞춰 장착시키려 했다. 극심한 빈곤에서 벗어나기 위한 대안이 되길 바랐다. 이와 함께 본래 폴케호이스콜레가 지니고 있던 지향점을 잊지 않았다. 우리말을 고수하고 강조한 이찬갑이나 이태준의 분투가 역력했다. 그들은 어떻게 덴마크가 강대국의 틈바구니 속에서도 경제적으로나 정치적으로 독립국 지위를 유지하는지 근본 원인을 잘 이해하고 있었다. 제국주의 국가들이 상대를 짓밟고 회유하고 교묘한 방식으로 사회를 교란시키는 와중에도 독립은 각자의 땅에서 자라고 생활하던 민족의 염원이었다.

폴케호이스콜레와 협동조합의 개념은 이제 막 근대화의 흐름에 강제로 몸을 맡긴 조선에 희망으로 보였다. 그러나 일본은 달랐다. 그들은 농업 생산량을 증가시키고 전문 농업 인력을 양성하는 농민 학교에 초점을 맞추었다. 두 국가 모두 농촌의 빈곤을 퇴치하는 데 목표를 두었지만 정작 일본이 숨긴 의도는 달랐다. 사실상 시민 스스로 조직하는 공동체의 성격보다 정부가 앞장서 지역 경제를 부흥시키려는 국가적 개혁 과제로 변질되었다. 일본뿐이 아니었다. 몇몇 나라의 농촌진흥 운동을 살펴보면 폴케호이스콜레가 추구했던 '삶을 배우는 학교'라는 기치는 유지되지 못한 채 근면과 협동을 중시하는 지역단체의 의미로 퇴색되었다.

어쩌면 폴케호이스콜레의 가치관은 빠른 경제성장을 요구하는 일부 군중과 권력자의 주장에 짓눌려 변형되기 쉬운 취약한 구조를 지니고 있는지도 모른다. 하지만 덴마크가 현재까지 독특한 교육과 사회 시스템을 유지하고 있는 만큼 시대를 초월해 아직까지 우리에게 시사하는 바가 크다. 공동체와 정부의 이해관계 속에 뒤따르는 선택과 결정 과정은 여전히 눈여겨볼 만하다. 그 변화의 출발점이었던 19세기 중반, 덴마크의 작은 도시들에 폴케호이스콜레가 계속해서 설립되었고 애스코브도 마찬가지였다. 그곳에 새로운 세기가 시작되기 직전 쿠어가 초대된 것이다.

램프

애스코브의 풍력에너지 시스템은 바람이 불면 전기가 생산되지만, 바람이 멈추면 생산도 멈췄다. 전기는 저장할 수 없는 것이어서 그냥 흘려보낼 수밖에 없다. 바람이 많이 부는 날 전기를 모아두면 되지 않을까 하는 생각은 애당초 불가능한 아이디어다. 전기를 저장하는 방식에 관한 논쟁은 시대적 쟁점이다. 쿠어와 시민들에게도 직면한 문제였다. 대안이 필요했다. 북유럽과는 반대로 온화한 이탈리아에서 가능성의 실마리가 전해졌다. 가루티Pompeo Garuti가 물을 전기로 분해해 수소와 산소를 생산하는 장치를 연구한다는 소식이었다. 1892년 그의 특허는 쿠어에게 영감을 주었다. 가루티가 제안한 두 기체를 저장하는 탱크 시설도 적용했다. 쿠어는 가루티가 개발한 전기분해 장치와 저장 설비들을 개량해 애스코브에 설치했다. 바람을 전기에너지로 변환하는 시스템에 혁신이 더해졌다. 전기에너지를 화학에너지인 수소와 산소로 저장할 수 있게 되었다. 애스코브엔 유례없는 에너지 공급 시스템이 갖춰졌다. 탱크에 가득 담아 밸브만 열면 언제든지 쓸 수 있는 전에 없던 형태의 에너지가 출현했다.

    물을 전기분해하는 도전은 1791년 테일러 박물관에서 첫발을 뗐다. 호기심 많은 무역 상인과 의사가 역사에 이름을 남겼다. 파에츠Adriaan Paets van Troostwijk와 데이먼Jan Rudolph Deiman은 테일러 박물관에 설치된 거대한 정전기 장치를 활용해야 했다. 설립된 지 얼마 안 된 박물관이 야심 차게 마련한 장치에서 역사적인 실험이 진행됐다. 정전기는 1미터가 훌쩍 넘는 두 유리 원반이 가죽 패드 사이를 회전하면서 일어났다. 마찰로 유리 표면에 가득 모인 정전기는 30만 볼트 이상의 전압도 거뜬했다. 손바닥만 한 작은 나뭇조각을 산산이 부술 정도로 강한 스파이크가 일어났다고 한다. 건조한 가을날 자동차 손잡이를 잡으려 할 때 따끔하는 정전기와는 비교하기 어려운 큰 전기에너지다. 두 실험가들은 금으로 만든 2개의 전극을 정전기 발생 장치와 연결한 후 물이 담긴 용기에 넣었다. 양극과 음극 두 전극을 향해 흐르는 전기로 물을 분해하기 위한 준비를 마쳤다. 전극 한쪽에선 수소가 다른 한쪽에선 산소 기체가 물속에서 보글거리며 피어났다.

물이 분해되는 화학반응은 간단해 보이나 복잡한 경로가 숨어 있다. 물은 수소 원자 2개와 산소 원자 하나로 이루어진 분자다. 산소와 수소의 결합은 생각보다 강해서 단순히 전기만 가한다고 두 원소가 사정없이 분해되지 않는다. 물이 분해되기 위해서는 반응을 촉진시켜줄 전해질이 필요하다. 전해질로는 수산화나트륨, 수산화칼륨 등 염기성 물질이 유용하다.

전기가 가해지는 전극은 양극과 음극으로 나뉘는데 양극에서는 산소가, 음극에서는 수소가 포집된다. 물이 산화하거나 환원되는 화학반응의 결과다. 산화는 오랜 시간이 지나며 철이 누렇게 변해 부스러지는 현상과 같다. 부식은 철 원자들이 뭉쳐 있는 커다란 분자 덩어리인 철 조각에 산소가 닿아 철 원자의 전자를 빼앗으면서 일어난다. 대신 철은 산소와 결합해 산화철이 되고 삭는다. 환원은 산화와 정반대의 현상이니 산화철을 다시 순수한 철이 되게 하려면 산소를 떨어뜨리고 전자를 결합해줘야 한다.

물이 전자를 잃고 산화가 되는 양극에서 산소가 발생한다. 반대로 환원이 일어나는 음극에서 전자를 얻은 물의 화학반응으로 수소 기체가 나온다. 염기성 양이온인 나트륨, 칼륨 이온들은 물이 환원 반응에 끼어들도록 이끈다. 물이 전자와 반응하는 과정에 적극적으로 관여할 수 있게 격려해주는 격이다. 쿠어 역시 전해질을 써서 물을 분해했고 수소와 산소의 발생량을 늘리는 데 집중했다. 그 결과 애스코브에서는 수소와 산소 두 기체를 각각 하루에 1000리터와

500리터 가까이 생산해냈다. 탱크에 따로 담긴 두 기체는 학교로 향한 배관에 연결되어 공급됐다.

쿠어는 수소와 산소 기체를 혼합한 혼합 가스램프를 연구하기로 결정했다. 당시 석탄 가스등이 도시를 채웠던 시대라는 점에서 쿠어의 아이디어는 합리적으로 보였다. 석탄을 태워 나오는 불에 잘 타는 가스를 이용하는 가로등처럼 쿠어 역시 건물 내부에 쓰일 램프를 만들려 했다. 그는 산소와 수소 두 기체가 석회를 만나 빛을 내는 현상에 주목했다. 두 기체를 혼합시키고 빠른 유속으로 내뿜는 토치가 필요했고 직접 디자인했다. 기체가 가늘게 새어 나오는 토치의 끝에 불을 붙여 석회를 향해 쏘자 밝게 빛났다. 석회를 밝게 하는 석회광은 극장 조명으로 쓰일 만큼 밝은 빛을 냈다. 쿠어와 시민들은 석회광을 그들에게 가장 필요한 장소에 처음 설치했다. 폴케호이스콜레엔 물을 분해해 만든 빛으로 가득 찼다.

빛을 잘 내게 하려면 순도 높은 기체가 공급돼야 했다. 전기분해 반응이 일어나는 동안 두 기체 이외에도 예기치 않은 물질이 끼어들 수 있어 중간 단계를 거치게 했다. 탱크에 저장하기 전 가스 배관을 물속에 집어넣어 걸러내는 방식이었다. 수소는 다른 기체에 비해 물에 녹는 성질이 매우 낮은 가스라 불순물을 물에 한번 걸러내는 효과를 얻게 된다. 수소의 용해도보다는 높지만 산소도 동일한 방식으로 순도를 높였다. 물이 분해되어 탱크로 연결되는 배관과 석회광을 잇는 배관 사이사이에 불순물을 거를 장치가 필요했다.

혹여 석회광에서 불이 붙어 수소와 산소 배관을 거꾸로 타고 순식간에 불길이 번져도 중간에 설치한 물이 담긴 용기 덕분에 더 큰 피해를 예방할 수 있었다. 또한 수소와 산소를 보관하는 두 탱크를 서로 멀찍이 설치하는 등 갖가지 상황을 고려해 설비를 갖췄다. 안전하고 효율 높은 상태를 유지하기 위한 최신 기술로 문제를 하나씩 해결해가며 풍력에너지로부터 전기를 얻고 화학에너지로 저장해 활용하는 새로운 생태계가 애스코브에 안착되었다. 놀랍게도 1908년 쿠어가 사망한 후에도 현대식 전기 시스템이 들어오기 전까지 20년간 폴케호이스콜레는 빛을 잃지 않았다.

제주

제주시 구좌읍 행원리에는 수소를 생산하는 전기분해 설비가 자리하고 있다. 인근에 행원 풍력발전단지에서 생산한 전력을 활용하는 전기분해 시설이다. 연구개발과 시설 구축을 한 2020년 이래로 현재까지 운영하고 있다. 행원리에서 생산한 수소는 인근 조천읍으로 트레일러를 통해 운반한다. 수소는 우리가 생활하는 상태에서는 기체이므로 200기압 이상의 압력으로 압축해 튜브 트레일러에 담아 옮겨야 한다. 조천읍에 따로 지은 함덕 그린수소 충전소에서는 버스 5대에 수소를 기름 넣듯이 주입해준다. 버스 10대와 승용차 20대까지 수소를 충전할 수 있지만 시범 사업이므로 안정적인 공급을 위해 5대의 버스로 한정했다. 수소 버스는 제주 시내를 운행하며 수소 생태계 실험을 수행하고 있다. 행원리 전기분해 공장에서는 하루 1.3톤가량 수소를 저장한다. 수소의 생산량을 따져 전력 생산량을 추정해보면 3.3메가와트의 재생에너지가 생산되는 셈이다. 2023년 기준으로 우리나라 1인당 전력 소비량이 1만 637킬로와트시인데 제주에서 생산되는 수소에너지로 1인 가구 약 2700곳에 1년간 공급이 가능하다. 단계적으로 늘려가려는 계획을 꾸준히 실천 중이며 2030년까지 지금보다 10배 높은 전력 생산 설비를 확충할 예정이다.

　　제주가 수소를 생산하는 방식은 재생에너지인 풍력으로 전기를 만들고 그 전기로 물을 분해하는 시스템이다. 여러 전기분해 방법이 있지만 그중에서 알칼라인 수전해 기술이 주를 이루고 있다. 염기성 전해질인 수산화칼륨이 사용되므로 알칼리성 재료로 물을 전기분해하는 장치인 알칼라인 수전해 장치라 일컫는다. 고순도 수소를 생산하는 장치와 더불어 압축, 저장, 이동을 잇는 인프라가 완비되어 있다. 모든 장치가 중요하겠지만 그중에서도 물을 분해하는 수전해 장치가 핵심이다. 최근 한국에너지기술연구원은 전극과 분리막 등 주요 부품과 소재를 국산화하는 데 성공했다. 지르코니아계 나노 입자로 코팅한 이온 교환용 다공질 분리막이 대표적이다. 수소와 산소가 서로 섞이지 않게 하는 분리막은 두께가 얇으면서도 강도가 뛰어나야 한다. 1000시간씩이나 되는 공정을 진행하는 동안 높은 열과 산화에 견뎌야 하기 때문이다. 지르코니아만으로 부족해 이트륨을 혼합해 물리적 강도를 올리고 온도 변화와 산화에 강한 복합 나노 소재를 개발하기도 했다.

　　화학반응으로 발생한 이온과 가스는 음극과 양극으로 각자 정해진 길을 따라 가야 한다. 수소와 산소의 혼합을 방지하고 반응 중 발생한 이온들이 제 갈 길을 가게 하는 역할을 분리막이 한다. 필요한 이온만 이동하게 하는 기능이다. 이온은 자유롭게 드나들지만 불필요한 물질들을 걸러내는 역할도 수행한다. 고작 100나노미터 지름의 수없이 많은 기공이 나 있는 수백 마이크로미터 두께의 분리막이어야 하는데 여기에 고온 고압의 가혹한 환경을 견디고 불순물까지 거르는 성능이 필요하다.

　　전극은 수소와 산소가 많이 발생할 수 있는 구조적인 특징을 가진다. 정해진 전극 면적에 물이 산화되거나 환원되는 장소가 넓어야 좋다. 니켈과 철 복합재는 나노 입자로 제작되어 비표면적을 넓혔다. 밋밋한 전극 표면에 비해 요철이 많을수록 활성 영역이 넓어진다. 요철이 난 전극은 기체 방울이 쉽사리 흡착하지 못한다. 전극에서 기체가 생성될 때 방울이 붙지 않고 바로바로 떨어져 나가야 계속해서 반응을 이어나갈 수 있다. 전극이나 분리막을 지지하는 뼈대인 플레이트와 물을 고르게 분포시키는 내부 물길을 만드는 연구도 뒤따르고 있다. 물이 고르게 전극에 닿도록 설계해 장치 안에서 일어나는 전기적, 기계적 저항을 감소시켰다.

코로나19가 전 세계를 강타한 시점에 우리나라는 앞으로 닥쳐올 기후위기에 대비한 수소도시 사업을 출범시켰다. 국토교통부와 국토교통과학기술진흥원이 지방자치단체와 함께 수소 생태계를 확장해나가고 있다. 첫 도시로 안산, 전주·완주, 울산, 삼척이 선정돼 2024년 말 수소 인프라를 갖췄다. 삼척의 경우 수소 특화 연구개발 도시로서 수소 타운하우스를 조성해 실질적인 활용 가능성을 점검하고 있다.

2023년 이후엔 12개 도시를 추가 선정했고 도시 전체로 확장하는 사업을 꾸준히 실천하는 중이다. 평택, 남양주, 당진, 보령, 광양, 포항, 양주, 부안, 광주동구, 울진, 서산 그리고 다시 한번 울산이 대상 지역에 이름을 올렸다. 첫 사업에서는 10킬로미터 이내 생활권으로 한정해 인프라를 조성하는 시범 사업을 선보였다. 반면 2단계는 도시 전체에 인프라를 확장하는 광역 단위의 사업이다. 가능성을 확인하는 연습 과정을 넘어서 수소 생태계의 구현이 목표다. 장기적으로는 완전한 친환경 수소 생태계를 완성하려 한다. 아직까지 석유나 석탄의 정제 시설과 제철 공정에서 부수적으로 발생하는 부생수소가 생산량의 대부분을 차지해 기술적 과제로 남아 있다.

　　탄소 배출로부터 자유롭지 못한 부생수소보다는 바람과 태양빛, 강과 바다를 이용해 전기를 생산하고 이를 수전해에 활용해야 진정한 친환경 에너지라 할 수 있다. 그러나 생산 단가에서 친환경 수소가 부생수소에 비해 월등히 비싸 당장 제주와 같은 생산 방식으로 전환하기는 어렵다. 제주가 행원리 풍력발전 전력을 이용한 친환경 수소 생산 시설로 주목받고 있지만 어디까지나 시범 운영이고 1킬로그램당 1만 5000원이니 아직은 경제성이 부족하다. 지금으로서는 서너 배 저렴하게 생산되는 부생수소를 공급받아 인프라를 구축할 수밖에 없는 상황이 현실이다.

전환이 필요한 시점

　　아무리 뉴스에 관심이 없더라도 여기저기서 들려오는 말로 알 수 있는 것이 있다. 날씨가 예전 같지 않아 폭염이 너무 길고, 그러다 갑자기 비가 퍼붓는 이상한 경험을 하면 주변에서 기후위기라느니 하는 말을 전해 듣게 된다. 잘은 몰라도 오염돼서 그렇다는 누군가의 무심한 한마디로 고개가 끄덕여지는 건 어릴 적 환경에 비해 달라진 걸 느끼고 있어서다. 분명 21세기가 되면서 100여 년간 지속되어 온 화석연료의 황금기가 저물고 있다. 산업혁명 이후 도시로 부와 사람이 몰리면서 도시는 더 거대해지고 더욱더 많은 에너지를 소모하는 걷잡을 수 없는 지경에 내몰렸다.

　　1970년대 석유파동과 중동에서 벌어지는 끊임없는 분쟁이 마침내 화석연료에 관한 위기의식을 낳았다. 석유에만 의지할 수 없다는 명분은 생겼으나 아쉽게도 단지 그뿐이었다. 기술적 문제로 나아가지 못하고 정치, 외교 문제로 그쳤다. 어차피 석유보다 에너지 효율이 좋고 값이 싸며 이동이 쉬운 연료도 찾기 어렵다. 그뿐인가, 석유를 증류해 얻는 나프타와 가스들, 벤젠, 톨루엔, 자일렌 등 수많은 원료는 온갖 물질로 재탄생된다. 썩지 않고 대기와 수질을 오염시키는 주범이 화석연료로부터 제조된 제품이라 사용량을 줄여야 한다고 아무리 외쳐도 어차피 결론은 석유였다. 세계 최대 석유 산유국들의 분쟁이 문제지 석유산업이 끼치는 환경적 요인은 잠시 미뤄두기 일쑤였다. 석유가 아니라면 석탄도 그만큼 풍부하니 당장 재생에너지로 대체할 여지는 없어 보였다. 그나마 화석연료를 대체하고 있는 원자력이라면 모를까 다 비싸고 다루기 까다로운 에너지만 천지라 여겼다.

    다행히 기술은 멈추지 않는 속성으로 쉬지 않고 대체 에너지를 찾아왔다. 문제가 생겼으니 해결하기 위해 갖은 시도를 해왔다. 전통적인 에너지 공급원에 대한 의구심은 결국 문제가 터지고 나서야 사람들의 입에 오르내렸다. 세계 각국의 환경 규제가 맞물리면서 탄소 배출을 감소시켜줄 친환경 에너지 기술에 눈길이 쏠렸다. 태양광과 풍력에너지의 가격 경쟁력은 기술 발전과 국가 지원으로 가능했고 이제야 산업이 형성됐다. 스페인은 전력 생산량의 60퍼센트 이상이 재생에너지에서 나온다. 원자력을 제외한 풍력, 수력, 태양광 에너지의 합이다. 중국은 화석연료의 전력 생산을 4퍼센트 낮추고 대신 풍력과 태양광에너지의 비율을 23퍼센트 가까이 늘렸다. 덴마크는 81퍼센트의 전력이 재생에너지에서 발생하며 그중 풍력에너지가 53.6퍼센트에 해당한다. 2010년 화석연료에 의존하는 비율이 80퍼센트 이상이었다는 점을 감안하면 15년 만에 기적이라 할 전환이 일어났다.

수소에너지의 확대를 위해선 과거 태양광과 풍력, 배터리 산업이 그랬던 것처럼 가격 경쟁력을 기술로 해결해야 한다. 제주는 당장 2030년까지 1킬로그램당 3500원 수준을 목표로 연구개발 중이다. 세계적인 목표도 우리의 노력과 별반 다르지 않다. 미 에너지부는 10년 안에 1킬로그램당 1달러 이하로 가격을 낮추는 목표를 제시했고 유럽과 일본, 중국 모두 수소 공급 비용 절감에 혈안이다. 아직 갈 길이 아득하다 느껴 부정적으로 볼 수 있겠지만 수소도시 프로젝트의 핵심은 미래를 위한 대비다.

좁은 시야로 대응할 계획이 아니다. 도시 근교 가까운 공장에서 친환경 에너지를 생산하려는 개념이나 배관을 도심 깊숙한 곳까지 매설하고 저장 시설을 설치하는 공사를 통해 수소를 다루는 기술이 쌓이게 된다. 고압가스와 관련된 관계 법령을 정비하는 행정 사항도 중요하다. 안전과 직결된 사항일수록 향후 주민들을 설득하는 데 도움이 되니 사전에 꼼꼼히 점검하는 일도 잊지 않아야 한다. 1980년대 이후 현재의 도시화를 진척시키는 데 일조했던 열병합발전소가 여전히 혐오시설로 시민들에게 잘못 이해되고 있는 상황을 생각해보면 수소에너지에 관한 우려를 해소하는 데 신경 써야 한다.

애스코브, **제주**

환경 친화적인 재생에너지의 생산량이 증가하면서 중앙 집중식 통제에 의한 대규모 전력 전원 구성의 변화를 초래하고 있다. 발전소에서 생산된 전기를 수요자의 요구와 일치시켜 공급하던 방식의 변화를 의미한다. 전력 시장에서 정부의 역할은 수요에 맞춰 공급량을 조절하는 데 있다. 거래에 적극 개입해 안정적인 송전 시스템 운영에 힘쓴다.

우리나라는 산업화 시대를 거치며 서해안의 화력발전소와 동해안의 원자력발전소로 대표되는 남부 지역 도시에서 전기를 생산해 수도권과 거대 산업 단지로 전기를 보내는 송전 체계를 구축했다. 안정적인 데다 저렴하고 풍부한 전력 수급은 산업화에 크게 이바지했다. 그러다 수도권에 인구의 절반이 거주하고 세계적인 IT 기업들이 과밀하면서 전력 수급에 차질이 생겼다. 일단 서울과 경기로 향하는 송전망과 변전소 건립이 주민들의 반대에 부딪치고 있다. 관련 기관이 보다 안전하다고 하는 교류에서 직류로 송배전 방식을 바꾸는 등 노력을 하지만 지역사회는 유해 전자파 발생과 주변 환경 훼손을 주장하며 대책을 요구하고 있다. 지역 내 거대한 변전소가 아파트와 학교 주변에 설립되면서 갈등은 고조되었다. 더 나아가 수도권과 비수도권 차별이라는 지역감정으로 번지고 있다. 어쨌든 수도권으로 모든 것이 몰린 너무나도 복잡한 상황에 근본적인 해결책이 앞서야 대화와 타협이 진행될 수 있어 보인다.

이런 가운데 2023년 '분산에너지 활성화 특별법 제정안' 국회 발의는 중앙 집중형 수요 공급 시스템에 커다란 변화를 예고했다. 분산에너지는 발전소, 송전탑, 변전소 건설에 따른 정부와 시민, 산업계 사이에 얽힌 이해관계를 해결할 주요 과제 중 하나다. 아직은 전력 수급이 원활하지 못한 재생에너지를 효율적으로 분전할 수 있게 제도적으로 개선해주리라 기대하고 있다. 국회입법조사처에 따르면 분산에너지 활성화 특별법은 '다소비 건물 또는 전기 시설의 특정 지역 밀집을 방지'하는 데 목적을 둔다.

좁게 해석하면 전기를 많이 쓰는 시설이 한곳에 지나치게 몰리지 않게 막고, 친환경 재생에너지 활성화와 지역 내 전력 생산의 자립을 의미한다. 보다 넓은 시야로 보면 근본적으로 지역 균형 발전 전략이 숨어 있다. 지역에서 에너지 공급을 스스로 해결하고 과잉 생산된 전력을 타 지역으로 거래할 토양을 조성하는 데 있다. 결국 대규모 산업 단지와 택지 조성 사업을 선정할 때 전력 수급이 용이하고 저렴한 지역을 찾도록 유도하는 정책을 반영한다. 그러려면 전력 거래로 수익 창출이 가능한 사업 발굴과 육성, 소규모 발전 전력을 통제해 전기를 고르게 나누는 분전 시스템 중심의 체계로 전환이 뒷받침되어야 한다.

분산에너지에는 태양광과 풍력발전을 포함해 소형 원자력 등이 포함될 수 있는데 전기 발전량이라든지 사업자 규모에 따라 세분화된다. 수소발전 사업은 분산에너지의 한 축으로 2020년 세계 최초로 수소법(수소경제 육성 및 수소 안전관리법) 제정 후 중요 친환경 에너지 사업으로 분류되었다. 수소에너지와 분산에너지라는 개념이 사람들의 입에 오르내리고 정부가 앞장서 적극적인 대응을 하고 있다는 것만으로도 큰 변화다. 수소에너지 정책이 분산에너지 확대와 결을 함께할 수밖에 없다는 점에서 이제 어딘가 멀리 바닷가 지방에 지은 큰 발전소에서 전기가 오지 않게 될 날이 머지않았다. 아마도 전기는 '내'가 사는 이곳에서 그리 멀지 않은 곳으로부터 오게 될 확률이 높다.

도시가 스스로 에너지를 만들고 시민들이 선택해야 할 시기가 앞당겨졌다. 그래서 환경 친화적인 에너지 기술 개발이 꼭 필요하다. 발전소와 관련 시설이 유해하다 여기는 생각을 바꿔야 할 때가 왔다. 수소에너지가 만들어낸 100년 전 공동체처럼 지금의 모습도 다르지 않다. 수소에너지가 무엇인지, 분산에너지가 나의 삶을 얼마나 다르게 할지, 어떤 이익과 불편함을 초래할 것인지 알아야 하고 고민해야 할 시기가 다가온다. 우선 정부와 일부 시민단체가 나서 법을 만들고 수소도시를 출범시켰고 제주가 힘을 쏟고 있다. 정부의 역할도 있지만 나의 역할도 있다. 남의 일이 아니라 내가 결정해야 할 일이고 우리가 노력해야 할 일이다. 옛날 애스코브에서 수소를 통해 꾸렸던 공동체의 울타리가 어떤 의미인지 되뇔 만하다. 수소에너지는 기술에 관한 논쟁 속에 있으면서 동시에 이 시대의 쟁점을 투영한다.

지구과학

CHAPTER 3

나무, 다시 건축이 되다
지층이 기록한 시간을 읽는 AI
지구의 탄소순환 시스템
기후변화, 대립을 넘어설 때
구름을 좇는 법

future science trends

나무, 다시 건축이 되다

임성완 건축학

콘크리트와 철강이 주도해온 현대 건축에서 목재는 오랫동안 배제되었다. 나무는 구조적으로 불확실하고 물과 불에 약하며 장기적인 내구성을 보장하기 어렵다는 이유 때문이다. 그러나 최근 과학기술의 발전은 이러한 한계를 극복하며, 목재를 다시 건축 재료의 중심으로 불러왔다.

한때 현대식 건물에 사용 불가능하다고 여겨졌던 나무는 이제 기술을 거쳐 고층 건물의 구조체로 거듭나고 있다. 특히 CLT$_{\text{Cross-Laminated Timber}}$와 같은 공학 목재의 등장은 이러한 변화의 핵심에 있다. 여기에 BIM$_{\text{Building Information Modeling}}$이나 FEM$_{\text{Finite element method}}$가 같은 디지털 설계·해석 기술이 더해지면서, 목재 구조에 대한 예측 가능성과 안전성이 획기적으로 향상되었다. 과거에는 감각적 재료로만 여겨졌던 나무가 이제는 계산 가능한 구조 언어로 진화한 것이다.

나무는 다시 건축이 되고 있다. 그러나 이번에는 장인 손이 아닌 알고리즘과 공장에서, 감으로 쌓던 구조가 아니라 정밀한 계산과 분석을 통해 태어난다. 이 변화는 기술과 자연이 공존하는 새로운 건축 언어의 시작이다. 이제, 그 첫 장면을 함께 들여다보려 한다.

가장 오래된 재료

나무는 인류가 처음으로 선택한 건축 재료다. 동굴을 나와 지붕 아래 거주하기 시작한 이래, 나무는 오두막의 기둥이자 서까래가 되었고, 바람과 비를 막는 벽체가 되었다. 동아시아의 전통 건축에서는 목재가 단순한 구조를 넘어, 공간 철학과 세계관을 구현하는 매개체로 사용되었다. 예컨대 한국의 한옥은 땅과 하늘, 사람 사이의 관계를 조율하는 '기둥-들보-처마' 구조로 지어졌고, 일본의 사찰 건축은 목재의 연결을 통해 시간성과 윤회를 상징했다. 북유럽 지역의 통나무집, 스칸디나비아의 장식 목조 교회들도 자연환경과 재료의 특성을 정교하게 반영한 목구조의 대표적 예다. 이처럼 나무는 오래도록 지역의 기후, 문화, 생활양식에 따라 다양한 방식으로 다듬어지며 발전해왔다.

그러나 산업혁명 이후, 나무는 건축의 주요 재료에서 급격히 퇴장했다. 철과 콘크리트는 공장 생산과 대량 표준화에 적합했다. 하지만 나무는 각기 성질이 달라 예측이 어렵고 대규모 건축에는 부적합하다는 인식이 널리 퍼졌다. 특히 고층 건물에 요구되는 하중 분산, 내화성, 방습성, 내구성 등의 기준에서 나무는 기술적으로 통제하기 어려운 재료로 여겨졌다.

20세기 중반 이후 나무는 점차 주요 구조보다는 내장재나 인테리어 마감재의 위치로 밀려났고, 건축의 중심에서 멀어졌다. 하지만 그 사이에도 북아메리카와 북유럽을 중심으로 나무의 현대화를 모색하는 시도는 꾸준히 이어졌다. 핀란드의 알바 알토Alvar Aalto는 나무의 유연성과 따뜻함을 현대 건축에 결합했고, 일본의 안도 다다오Ando Tadao 역시 콘크리트 속에 나무의 감각을 병치시키는 실험을 이

어갔다. 전통의 재료를 현대의 언어로 재해석하는 시도는 늘 주변에서 계속되고 있었다.

21세기 들어 목조건축은 감각적 회귀를 넘어, 과학과 환경의 요청 속에서 새로운 건축적 전환점을 맞이한다. 산업화 이후 도시를 구성해온 콘크리트와 철은 반복적인 형태와 차가운 물성을 통해 도시 환경에 대한 정서적 피로를 누적했다. 때문에 인간은 점차 자연으로부터 멀어졌다는 감각적 단절을 인식하게 되었다. 그러나 그보다 더 심각한 것은 건축 자재가 기후위기에 미치는 실질적 영향이다. 건축 산업은 현재 전 세계 온실가스 배출량의 약 39퍼센트를 차지하고 있으며, 이 중 약 11퍼센트는 자재 생산과 운송, 시공에 드는 비운영 탄소embodied carbon에서 발생한다. 이는 건축물이 완공된 이후가 아니라, 짓기 전부터 탄소를 대량 배출하고 있다는 뜻이다.

| 구조 방식별 탄소 배출 및 저장량 비교 |

구조 방식	GWP (kgCO$_2$e/m^2)	탄소 저장량 (kgCO$_2$e/m^2)
철근콘크리트	245~296	0
철골	243~303	0
목재(CLT)	180~190	310

이러한 배경에서 나무는 탄소를 흡수하고 저장하는 생물 기반 건축 자재로 주목받기 시작했다. 나무는 생장 과정에서 대기 중 이산화탄소를 고정하고, 벌목 후에도 가공을 거쳐 건축 구조로 사용될 경우, 수십 년간 탄소를 내부에 보존하는 구조적 탄소 저장소carbon sink 역할을 수행한다. 특히 새롭게 등장한 공학 목재인 CLT는 1세제곱미터당 180킬로그램의 이산화탄소를 저장하면서도 고층 구조에

적합한 강도와 안정성으로, 탄소 문제를 해결할 대안으로 평가받고 있다.

　유럽연합은 목재 건축 확대를 위한 정책 지원을 본격화했다. 예컨대 프랑스는 2022년부터 공공 건축의 50퍼센트 이상을 목재로 시공하도록 권고하고 있으며 독일, 핀란드, 노르웨이 등은 목재 구조물에 대한 내화 기준과 안전성 평가 체계를 제도화해 시장 진입의 장벽을 낮추고 있다.

기술로 재탄생한 나무

　불균질한 재료 특성, 수분에 대한 민감성, 불에 대한 취약성 등은 목재를 예측 불가능한 재료로 만들었고, 이는 곧 철과 콘크리트에 자리를 내어주는 결과로 이어졌다. 오랫동안 불신을 받아왔던 나무가 어떻게 다시 구조재로 돌아올 수 있었을까? 그 핵심에는 새로운 공학 목재의 등장이 있다.

　CLT는 말 그대로 교차 적층 목재다. 일정한 두께로 가공한 목재 판을 결 방향이 서로 직각이 되도록 켜켜이 겹쳐 접착함으로써 만들어진다. 이러한 적층 방식은 하중이 특정 방향으로만 집중되지 않고 수직과 수평 방향으로 고르게 분산되도록 설계된 구조적 해법이다. 덕분에 CLT는 구조체의 뒤틀림, 수축, 팽창 등의 변형을 줄였고 전통적인 목재보다 훨씬 안정적인 기계적 특성을 갖는다. 내화성 및 내습성 또한 CLT의 장점 중 하나다. 겉보기엔 불에 취약해 보이는 목재지만, 두껍고 단단하게 쌓인 CLT는 불에 닿아도 표면이 탄화층을 형성하면서 내부를 보호하는 특성을 지닌다. 이는 실제로 화재 실험을 통해 입증된 바 있으며, CLT는 현재 일부 국가에서 철골이나

콘크리트를 대신하는 새로운 재료, CLT.

철근콘크리트와 유사한 수준의 내화 기준을 충족하고 있다.

또한 CLT는 산업화에 최적화된 공정을 가졌다. 각 층의 목재는 공장에서 정밀하게 절단되고, CNC_{Computer Numerical Control} 가공 기술을 통해 창문, 전기 배관, 엘리베이터 샤프트 위치까지 미리 설계된 도면에 맞춰 가공된다. 현장에서는 조립만 진행하면 되기 때문에 시공 속도가 빠르고 정확하며, 기존 공사 대비 건설 기간을 25~40퍼센트 단축할 수 있는 것으로 알려졌다.

목재를 구조체로 다시 세우기 위해서는 단지 재료만 바꾸는 것으로는 부족하다. 무엇보다 중요한 것은 재료의 성능을 정량적으로 예측하고, 그 결과를 설계와 시공에 반영할 수 있는 '기술적 언어'가 필요하다. 이것이 바로 디지털 구조 해석 도구, 즉 BIM과 FEM이다. BIM은 건축의 전 과정을 통합 관리하는 디지털 운영 체계다. 단순한 3D 모델링이 아닌 건축 자재의 물성, 연결 부위, 공정 순서, 유지 보수 정보까지 아우른다. 과거에는 정해진 도면을 기준으로 현장

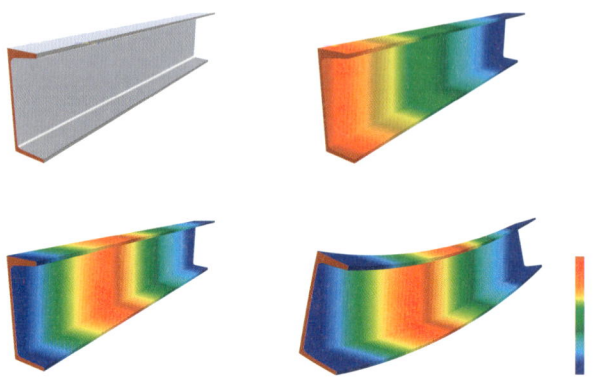

↕ 재료의 힘을 수치로 보여주는 FEM 분석.

에서 각자의 경험에 의존해 시공했다면, BIM은 디지털상에서 모든 충돌과 응력을 사전에 검토해 오류를 줄인다. 특히 공학 목재는 콘크리트보다 경량이고 조립식이기 때문에, BIM을 통해 각 부재의 배치와 연결 방식, 하중 분산 경로를 정밀하게 계획할 수 있다.

    FEM은 구조의 성능을 수치로 검증하는 해석 도구라고 할 수 있다. 목재는 조직이 일정하지 않고, 결 방향에 따라 기계적 성질이 크게 달라지는 이방성 재료다. FEM은 이러한 복잡한 성질을 미세한 요소 단위로 나누어 해석함으로써 각 부위에서의 응력, 변형, 진동 반응 등을 매우 정밀하게 예측할 수 있다. 이는 목조건축이 '느낌이 아닌 수치'로 신뢰를 얻을 수 있는 구조물로 인정받게 만든 핵심 기반이 되었다.

    CLT는 교차 적층을 통해 목재의 물성 편차를 제어하고, 고강도와 정밀 시공을 가능하게 만들었다. 나무를 감각의 재료에서 계산

가능한 구조의 언어로 끌어 올린 것이다. 하지만 CLT가 구조로 기능하기 위해서는, 그 특성을 정밀하게 해석할 기술적 기반이 함께 뒷받침되어야 한다. BIM과 FEM 같은 디지털 도구들은 CLT의 구조에 특히 적합하다. 판재의 두께, 적층 방향, 접합 방식에 따른 하중 분산과 구조 안정성을 정밀하게 시뮬레이션할 수 있기 때문이다. 이러한 기술 덕분에 CLT는 수직 적층을 넘어, 지진 하중이나 풍하중 같은 외부 요인까지 반영한 고차원 설계가 가능해졌다. 새로운 재료와 새로운 기술. 이 만남 덕분에, 비로소 나무는 건축의 구조체로 돌아온 것이다.

더 높이 자란 나무들

한때 저층 주택의 재료로 머물렀던 목재는, 이제 수십 미터에 이르는 고층 건물을 지탱하는 구조체로 진화했다. 그리고 이 변화는 더 이상 가능성이 아니라, 이미 세계 곳곳의 도시 풍경 속에 실현되고 있다. 다음은 기술과 신념, 제도와 구조가 함께 나무를 밀어 올린 사례들이다.

캐나다 브리티시컬럼비아대학 캠퍼스에 세워진 브록 거먼스 톨우드 하우스Brock Commons Tallwood House(캐나다 밴쿠버, 2017년)는 18층 기숙사 건물이고, 완공 당시 세계에서 가장 높은 목조 건축물이었다. CLT 슬래브와 글루램Glulam 기둥, 콘크리트 코어를 결합한 하이브리드 구조로, 공장에서 사전 제작한 목재 부재를 조립하는 방식을 사용해 단 70일 만에 시공을 마쳤다. 이 프로젝트는 고층 공공 건축에도 목재가 적용 가능하다는 사실을 증명하며 북아메리카 지역의 건축 법규에 변화를 촉진했다.

노르웨이 브루문달에 있는 미에스트로네Mjøstårnet(2019년)는 목재로 이룰 수 있는 수직성의 한계를 다시 정의한 건물로 평가된다. 18층, 85.4미터로, 호텔, 사무실, 수영장 등 복합 기능을 담고 있다. CLT와 글루램만으로 구조를 구성했으며, 설계는 스칸디나비아 건축 회사 볼 아르키텍터Voll Arkitekter에서 담당했다. 목재가 독립 구조재로 기능할 수 있다는 기술적 신뢰성을 유럽 전역에 각인시킨 사례로 평가된다.

현존하는 세계 최고 목조 고층 건물인 어센트 MKEAscent MKE(미국 밀워키, 2022년)는 25층, 86.6미터에 달한다. CLT와 글루램을 조합한 이 주거용 건물은 구조적 안전성과 시공 효율성뿐 아니라 감각적 쾌적성과 에너지 효율까지 모두 갖춘 사례로 주목받는다. 특히 공공 주도가 아닌 민간 프로젝트로 완공되었다는 점에서, 미국 내 고층 목조건축의 제도적 전환점이 된 상징적인 건물이다.

또한 스톡홀름 우드 시티Stockholm Wood City(스웨덴 스톡홀름, 2023년부터 진행 중)는 단일 건축물이 아닌 25만 제곱미터 규모의 목조 도시다. 2000여 개의 주거 유닛과 상업, 사무 공간이 포함된 이 복합 개발 프로젝트는 2027년 완공을 목표로 진행 중이다. CLT 기반의 대규모 모듈 시스템으로 구현되는 이 도시는, 목재가 더 이상 대안적 재료가 아니라 도시계획의 주체가 될 수 있음을 보여준다.

마지막으로 2025년 오사카 엑스포의 중심 무대인 그랜드 링 Grand Ring은 길이 2킬로미터, 높이 20미터에 이르는 세계 최대 규모의 목조 구조물이다. 목재로 만들어진 이 거대한 원형 구조는, CLT와 나무 격자 구조를 조합해 설계되었으며, 지진과 태풍 같은 극한 환경에도 견딜 수 있도록 철저한 구조 분석이 이뤄졌다. 전체 구조는 공장에서 미리 잘라 조립 가능한 형태로 제작된 뒤, 엑스포 현장에서 빠르고 정밀하게 조립될 수 있도록 계획했다. 건축가는 이 구조물이 "세계가 흩어져 있는 듯 보여도 결국 하나의 하늘 아래 연결되어 있다"는 시각의 메시지를 건축으로 구현하려 했다고 말한다.

한계는 없는가

공학 목재는 구조적 성능을 입증했고, 그 결과 도시의 스카이라인에 목재가 다시 모습을 드러내고 있다. 그러나 그렇다고 해서 모든 문제가 해결되었다고 말하긴 어렵다. 기술은 문을 열었지만, 그 안을 채우는 일은 여전히 현재 진행형이다.

대표적인 기술적 과제는 여전히 화재에 대한 불안감이다. CLT는 일정 두께 이상에서 구조적 안정성을 확보할 수 있지만, 화재 시 중심까지 연소되는 위험에 대비하려면 방화 피복이나 복합 설계가 필요하다. 이는 시공 복잡도와 비용을 함께 높인다. 또한 접합부의 응력 집중, 고습도 환경에서의 균열, 뒤틀림, 부패 등 장기 내구성에 대한 보완 역시 목조건축의 신뢰성을 높이기 위해 해결해야 할 숙제다. 기술은 목재를 구조의 언어로 끌어 올렸지만, 더 정교하게 다듬어져야 한다.

기술적 한계와 더불어, 시장 구조와 제도의 미성숙이 더욱 큰 걸림돌이다. 특히 한국의 경우에는 CLT의 수입 의존도가 높은 탓에 생산 단가가 내려가지 않는다. 또한 건축법상 고층 목조건축에 대한 기준도 미비해 설계와 인허가 단계에서부터 제약이 따른다. 여기에 더해 시공 인력과 전문 설계 경험의 부족, 소비자 인식의 한계까지 겹쳐, 기술은 있지만 시장은 움직이지 않는 상황이 반복되고 있다.

이러한 구조적 불균형은 다른 과학기술 영역에서도 되풀이되어왔다. 대표적인 사례가 수소차와 전기차다. 수소차는 이론적으로 전기차보다 빠른 충전 속도와 긴 주행 거리, 높은 에너지 밀도를 갖추었지만, 좀처럼 확산되지 못했다. 그 이유는 수소 연료의 생산, 저장, 운송을 위한 에너지 인프라가 구축되지 않았고, 수소 충전소 설치에 대한 정책적 불확실성, 차량 가격에 비해 수요가 형성되지 않는 시장 구조 때문이었다. 즉, 기술은 있었지만, 그것을 작동시킬 구조가 부재했던 것이다. 반대로 전기차는 배터리 성능에서 수소차보다 뒤처진 면이 있었음에도, 충전소 인프라 확대와 정부 보조금, 배터리 교체 서비스 같은 정책·시장·사용자 경험이 유기적으로 맞물리는 생태계가 조기에 형성되었기 때문에 빠르게 확산될 수 있었다. 기술의 우열보다 더 중요한 것은 '기술이 실제로 작동할 수 있는 환경을 얼마나 잘 설계했는가'였던 셈이다.

목조건축의 현재 상황도 이와 유사하다. CLT를 비롯한 공학 목재는 이미 기술적으로 구조적 신뢰성을 입증했고, 고층 건축물에서도 실제로 사용되고 있다. 하지만 한국에서는 그 기술이 사회적, 구조적 벽에 가로막혀 있다. 건축법 내화 기준 미비, 공공 발주에서의 사용 제한, 낮은 국산화율, 그리고 무엇보다 사용자가 그것을 선택할 수 있는 정보와 기회의 부족이 맞물려, 가능한 기술이 '불가능한 선택'이 되는 모순이 발생하고 있는 것이다.

우리는 오랫동안 기술이 자연을 훼손하고 인간의 감각을 마비시켰다고 믿어왔다. 기후위기와 도시 피로, 감각의 단절이라는 문제 앞에서 사람들은 종종 기술을 버리고 과거로 돌아가야 한다고 말한다. 그러나 목조건축의 부활은 그와는 정반대의 방향을 가리킨다. 과거에는 통제할 수 없어 외면했던 나무가, 이제는 기술 덕분에 도시 위로 다시 자라고 있기 때문이다.

그러나 기술만으로는 충분하지 않다. 기술이 작동할 수 있는 환경, 수용 가능한 구조, 살아 숨 쉴 생태계가 함께 설계되어야 한다. 새로운 숲은 나무로만 이루어지지 않는다. 제도와 감각, 기술과 철학이 같이 자라야 한다.

지금, 우리는 도시 위에 다시 숲을 짓는 것이다.

지층이 기록한 시간을 읽는 AI

문희라   지구과학

지구의 표면은 마치 오래된 책처럼 켜켜이 쌓여 있다. 겉보기엔 단순한 흙과 돌이지만, 그 안에는 수백만 년 동안 쌓인 시간의 흔적이 존재한다. 한 층 한 층 다른 색과 질감, 그리고 그 시대를 살았던 생명들의 흔적이 담겼다. 우리가 발로 밟는 땅 아래에는, 한때 바다였던 곳이 있고, 숲이었으며, 또 사라진 생명들의 기록이 깃들어 있다.

이렇게 쌓인 지층을 읽어내는 과학이 바로 층서학stratigraphy이다. 말하자면 지구의 일기를 해독하는 학문이다. 그중에서도 생물층서학biostratigraphy과 지구층서학chronostratigraphy은 '지구의 시간'을 정확히 재는 분야다. 생물층서학은 화석을 단서로 시간의 순서를 알아내고, 지구층서학은 그 시간에 절대적인 수치를 붙여주는 역할을 한다.

화석이 들려주는 시간의 이야기

생물층서학은 아주 간단한 관찰에서 출발했다. '생물은 일정한 시기에 나타나고 사라진다.' 각 생물 종은 지질학적 시간에서 한정

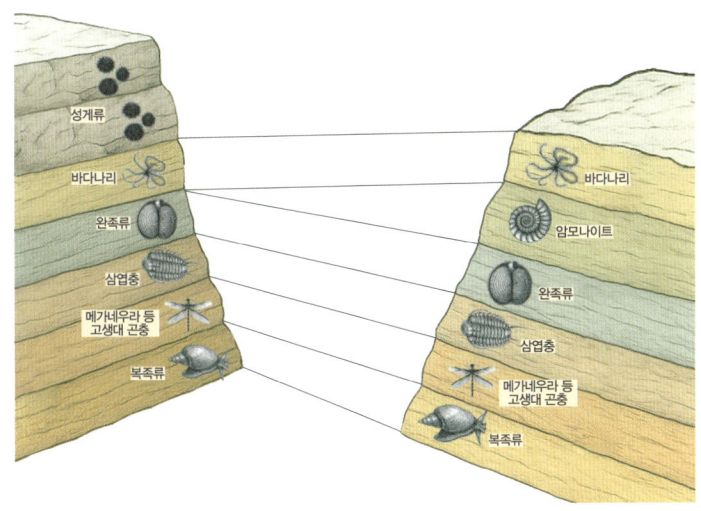

⋮ 지층의 누적과 시간의 흐름을 단면으로 표현했다.

된 시기에만 존재하며, 그 출현과 소멸은 일정한 순서를 이루며 반복된다. 200년 전, 영국의 지질학자 윌리엄 스미스 William Smith는 이 원리를 눈으로 확인했다. 그는 다양한 지역의 지층을 조사하며, 같은 화석은 언제나 동일한 순서로 등장한다는 사실을 발견했다. 그가 만든 지도는 세계 최초의 지질도였다. 지구의 시간을 색으로 표현한 첫 시도였다.

이후 과학자들은 이 원리를 더 정교하게 발전시켰다. 지층 속에서 특정 화석이 나타났다 사라지는 시기를 기록하고, 그 순서를 비교해 '생물대 biozone'라는 기준을 세웠다. 예를 들어, 어떤 암모나이트가 처음 등장한 시점과 사라진 시점을 알면, 그 화석이 발견된 지층의 대략적인 나이를 알 수 있다. 이렇게 여러 화석의 출현과 소

| 대표적인 표준화석과 생물대의 구분 |

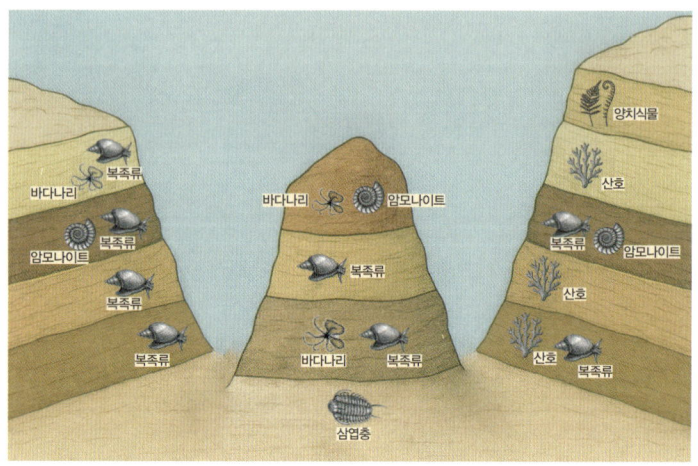

몇 시점을 겹쳐 보면, 지구의 시간이 층층이 드러난다.

지층 표준화에서 특히 중요한 것이 표준화석 index fossil이다. 표준화석은 넓은 지리적 분포와 짧은 생존 기간, 명확한 형태를 갖추어야 한다. 고생대에는 삼엽충, 중생대에는 암모나이트, 신생대에는 유공충이 이런 시간의 지표 역할을 했다. 이들은 전 세계의 지층을 연결해주는 자연의 시곗바늘이다. 예를 들어, 한 암모나이트 껍데기의 문양을 보면, 그 시기가 중생대의 어느 시점인지 대략 짐작할 수 있다. 또한 유공충의 크기와 조성은 신생대 기후를 읽어내는 정밀한 지표다.

하지만 생물층서학은 단지 연대를 정하는 학문이 아니다. 화석의 다양성과 분포, 생태적 지위를 함께 분석하면 당시의 해양 환경, 기후, 산소 농도 등을 복원할 수 있다. 예컨대 어떤 시기의 유공충이 급격히 줄어들었다면, 이는 바다 온도 하강이나 염분 변화, 혹은 생산성 붕괴를 의미할 수 있다. 이렇게 화석은 시간뿐 아니라 '환경의 목소리'도 함께 들려준다. 이런 연구는 대멸종의 흔적을 밝히는 데도 쓰인다. 백악기와 신생대의 경계에서 석회질 나노화석이 급감하고 희귀한 원소인 이리듐이 많이 발견된 것은, 운석 충돌로 인한 해양 산성화의 증거다. 한 줄의 지층이, 지구 생명의 붕괴와 회복에 대한 이야기를 담고 있는 셈이다.

최근 연구에서는 다중 지표 접근법multi-proxy approach이 확립되어, 여러 지표를 한꺼번에 비교한다. 화석뿐 아니라 동위원소 비율, 지자기 극성, 지구 자전축의 변화 주기를 함께 분석해 기후와 생태의 리듬을 재구성한다. 예를 들어, 지중해 깊은 바다에서 발견된 유공충 화석층의 주기가 산소 동위원소 변화와 같다는 것은, 지구의 자전축이 약 4만 1000년마다 기울기를 바꾸고 그 흔적이 바닷속 퇴적층에 남았다는 뜻이다. 마치 심장박동을 분석하듯, 지구의 시간을 읽는 것이다.

시간의 언어에서 데이터의 언어로

지구층서학은 생물층서학의 확장판이라 할 수 있다. 화석이 말해주는 '상대적 시간'을 넘어서, 절대적인 숫자로 시간을 정하는 과학이다. 한때는 루페와 망치로 암석을 관찰하고, 손으로 각도를 재며 현장에서 기록했다. 하지만 이제 그 역할은 전자현미경, 질량분석기, 스캐너가 대신한다. 지질학자는 바위를 직접 깎기보다, 시추코어core sample에서 얻은 수천 미터의 데이터를 분석한다.

21세기에 들어, 이 모든 데이터는 디지털로 전환되었다. 시추코어는 고해상도로 스캔되고, 그 이미지는 인공지능이 학습한다.

인공지능은 화석의 형태, 색, 입자 크기, 화학 성분의 패턴을 스스로 분류하며 '지층의 시간'을 읽어낸다. 과거 과학자가 몇 달 걸려 하던 분석을, 이제는 하루 만에 끝낼 수 있다.

이런 연구의 대표적인 사례가 있다. 2025년 《마린 마이크로팔레온톨로지Marine Micropaleontology》에 발표된 한 논문에서는 조기 백악기Early Cretaceous의 라디올라리아Radiolaria 화석을 다층 퍼셉트론Multi-Layer Perceptron 모델로 학습시켰다. 수백 장의 이미지를 벡터 데이터로 변환해 학습시킨 결과, AI의 분류 정확도는 전문가보다 10퍼센트 이상 높았다.

또 다른 연구는 2024년 《컴퓨터 앤드 지오사이언스Computers & Geosciences》에 실렸다. 이 연구에서는 플랑크톤성 유공충 단면을 CNN(합성곱 신경망)으로 학습시켜 90퍼센트 이상의 정확도로 자동 분류했다. 수작업으로는 며칠이 걸리던 분석이 불과 몇 시간 만에 끝났다. 이런 연구들은 인공지능이 단순한 보조자를 넘어, 지층 해석의 핵심 도구로 진화하고 있음을 보여준다.

한국에서도 이런 변화가 일어나고 있다. 제주도의 화산재층volcanic ash layer, VAT은 수차례의 분화 활동을 기록한 천연 타임캡슐로, 최근엔 AI 기반 이미지 분석을 통해 각 화산층의 성분 차이를 자동 식별하는 연구가 진행 중이다. 이 데이터는 향후 한라산과 백두산의 분화 주기 예측 모델에 기초 자료로 활용될 예정이다.

또한 포항 해저 코어에서는 신생대 퇴적층 내 유공충 화석과 동위원소 자료를 통합 분석하여, 한반도 주변 해역의 해수면 변동이 전 지구적 빙기–간빙기 주기와 동일하게 움직였음을 밝혀냈다. 더불어 단양 도담삼봉층군의 석회암 코어에서는 석회조류algal limestone 화석을 분석해, 약 4억 년 전 고생대 얕은 바다의 생태계를 복원했다. 이는 생물층서학적 기법이 한국의 고지질 환경 연구에도 직접 적용될 수 있음을 보여준다. 한국의 지층은 더 이상 '지역적 기록'이 아니라, 인류세 시대 지구 연구의 중요한 데이터베이스로 자리 잡고 있는 것이다.

지층은 여전히 같은 속도로 쌓이지만, 그것을 읽는 방식은 시대에 따라 진화한다. 루페와 망치로 대표되던 고전적 지질학은 이제 고해상도 데이터와 인공지능 분석으로 확장되고 있다. 그러나 변화의 본질은 달라지지 않는다. 지층은 지구의 시간 언어이며, 인간은 그 언어를 해석하는 독자다. 미래의 층서학은 AI, 빅데이터, 원격탐사 기술이 결합된 통합과학으로 발전할 것이다. 이때 중요한 것은 기술의 속도가 아니라, 데이터를 통해 '시간의 의미'를 해석하려는 과학적 태도다. AI는 데이터를 읽을 수 있지만, 시간의 흐름을 이해하는 것은 인간의 일이다. 기술을 다루되 시간의 질서를 잊지 않는 것, 그것이 우리가 미래를 맞이하는 가장 자연스러운 자세가 아닐까.

지구의 탄소순환 시스템

정원영   지구과학

플라스틱 오염 종식을 위한 노력들,
#BeatPlasticPollution

매년 6월 5일은 지구 환경 보전을 위한 국제적인 노력과 실천을 다짐하며 정한 '세계 환경의 날World Environmental Day'이다. 1972년 6월 스웨덴 스톡홀름에서 개최된 유엔 인간환경회의United Nations Conference on the Human Environment에서 제정되어 매년 전 세계에서 기념하고 있다. 당시 이 회의는 환경을 주요 이슈로 삼은 최초의 국제회의였으며, 이를 계기로 환경 분야의 국제협력을 담당하는 유엔환경계획United Nation Environment Programme, UNEP이 설립되고, 인간의 환경권과 책임감 등을 명시한 유엔 인간환경선언이 채택되기도 했다. 또한 지속가능 발전sustainable development이라는 용어가 처음 언급되기도 하는 등 여러 의미를 가지는 역사적 사건이다.

해마다 국가를 정해 세계 환경의 날 기념 행사를 개최하는데, 2025년은 대한민국이 유치하여 제주에서 행사가 열렸다. 우리나라에서 세계 환경의 날 행사가 열린 것은 1997년 서울에 이어 두 번째

다. 매년 행사의 주제가 정해져 있는데, 이번에는 바로 '플리스틱 오염 종식'이었다. 행사를 맞아 개최지인 제주는 2040년까지 플라스틱 오염을 종식시키겠다고 선언했고, 멕시코는 5년 안에 해안의 플라스틱 쓰레기를 100퍼센트 제거하는 것을 목표로 삼은 국가 전략을 세웠다.

유엔환경계획을 사무국으로 하는 '플라스틱 오염 및 해양 쓰레기에 관한 글로벌 파트너십 Global Partnership on Plastic Pollution and Marine Litter, GPML'은 관련 지식과 데이터 공유, 협력과 조정을 위한 커뮤니티 플랫폼 제공 등을 위한 '글로벌 플라스틱 허브'를 출범하기도 했다. 그런데 사실 플라스틱 오염을 주제로 삼은 것은 이번이 처음은 아니다. 2023년 코트디부아르, 2018년 인도에서 열린 세계 환경의 날 행사에서도 플라스틱 오염을 해결하기 위한 논의와 캠페인이 진행된 바 있다. 최근 들어 플라스틱 오염에 대응하기 위한 국제적 노력이 반복되는 것은 기후위기, 지속 가능한 생산과 소비, 해양 오염과 해양 생태계 위협 등과 관련해 플라스틱 오염이 지구 환경과 생명에 큰 위험 요소가 된다는 것이 점점 더 명확하게 밝혀지고 있기 때문이다.

한편, 플라스틱 오염 종식을 내세운 2025년 세계 환경의 날 행사 전후로 열린 '글로벌 플라스틱 조약 Global Plastics Treaty'의 정부 간 협상 위원회는 끝내 결렬되고 말았다. 지난 2022년 유엔환경총회 United Nation Environment Assembly, UNEA에서 플라스틱 오염에 관한 법적 구속력을 가지는 국제적 협약을 2024년 말까지 마련하기로 결의하고 이에 따라 유엔환경계획 주도하에 여러 차례에 걸쳐 정부 간 협상 위원회가 개최되어왔다.

2024년 11월 부산에서 제5차 위원회가 열렸으나 협상에 실패하여 2025년 8월 스위스 제네바에서 재협상을 진행했는데, 플라스틱의 생산량 자체를 줄이고 생산 과정에서 독성 물질 사용을 제한하자는 주장과 플라스틱의 생산과 소비는 유지하되 플라스틱 폐기물 관리와 재활용을 강화하면 된다는 주장이 계속 대립되었다. 이에 결과적으로는 합의를 도출하지 못했고 글로벌 플라스틱 조약은 목표 시한까지 결국 마련되지 못했다. 플라스틱 오염을 해결해야 한다는 공감대는 형성되었지만 플라스틱이 주는 유용성과 편리함, 경제성 등으로 인해 쉽사리 플라스틱과의 작별을 고할 수는 없는 상황이다. 이미 우리는 일상 생활과 산업 전반 모두에 걸쳐 깊이 침투해 다양하게 사용되는 플라스틱에 상당히 의존하고 있기 때문이다.

지구 시스템 곳곳을 점령한 플라스틱

플라스틱은 가볍고 튼튼하면서도 가공이 쉬워 대량생산도 용이하다. 하지만 튼튼하다는 장점은 자연에서 잘 분해되지 않는다는 단점으로도 작용하며, 대량생산이 쉽다는 장점은 어마어마한 양을 만들어 사용하고 쉽게 버린다는 단점으로도 이어진다. 유엔환경계획에 따르면, 인류는 매년 4억 3000만 톤 이상의 플라스틱을 생산하고 있고 2040년까지 생산량이 2배로 증가할 것으로 예상하며 2060년까지는 연간 플라스틱 소비량이 약 12억 톤 이상에 달할 것으로 본다. 하지만 생산량의 3분의 2 정도는 폐기물로 버려지고 9퍼센트만이 실제로 재활용되고 있다. 경제적으로 재활용 가능한 플라스틱도 전체의 21퍼센트밖에 되지 않는 데다가 현재 플라스틱의 절반 이상은 주로 일회용품으로 사용되기 때문에 폐기 비중이 높을 수밖에 없는 형편이다.

이렇게 버려진 플라스틱들은 땅속에 묻히거나 바다로 흘러 들어가고, 소각을 통해 형태를 바꿔 대기 중으로 유입되기도 하며, 아주 작게 분해되어 인간을 비롯한 생명체의 몸에 축적되기도 한다. 플라스틱 쓰레기를 처리하는 가장 일반적인 방식은 매립이다. 땅속에 묻힌 플라스틱이 분해되는 데는 500년쯤 걸리는데, 매년 토양에 축적되는 플라스틱이 약 1300만 톤에 이른다. 플라스틱 쓰레기가 암석화된 플라스티글로머레이트$_{plastiglomerate}$가 인류세를 상징하는 암석이 될 것이라는 목소리를 그저 흘려들을 수만은 없는 현실이다.

매립 다음으로 많이 플라스틱 쓰레기를 처리하는 방식은 소각이다. 플라스틱을 태우면 온난화의 주범인 이산화탄소가 배출되고 독성 물질이자 내분비교란물질(일명 환경호르몬)인 다이옥신이 발생한다. 플라스틱은 화석연료로부터 만들어지는데, 그 생산 과정에서도 상당량의 이산화탄소를 내보낸다. 플라스틱 생산으로 인해 배출되는 온실가스가 전 세계 배출량의 3.4퍼센트에 달한다. 기후행동의 일환으로 플라스틱의 생산과 소비, 폐기를 줄여야 한다는 주장은 바로 이 대목과 직접 맞닿는다.

사실 플라스틱 오염의 가장 큰 피해는 바다에서 나타난다. 매년 900만 톤 이상의 플라스틱이 바다로 유입되며, 심지어 인간의 접근이 거의 불가능한 약 11킬로미터 깊이의 바다 밑 마리아나 해구에서까지도 플라스틱이 발견되고 있다. 북태평양의 한가운데에는 한반도 면적의 7배가 넘는 크기의 거대한 쓰레기섬이 버젓이 존재하는데, 그 대부분이 플라스틱 쓰레기들로 이루어져 있다. 바다를 떠다니며 햇빛을 쬐고 파도를 맞으며 부서진 플라스틱은 우리 눈에 보이지 않을 정도로 작은 입자가 되어 어느덧 생태계 안으로 들어왔다.

그리고 이제 이 미세플라스틱은 지구의 생태계에서 최상위 포식자 지위를 가지는 인간의 몸속에서까지 발견된다. 미세플라스틱은 그 자체로도 문제가 되지만 독성 물질들과 흡착하여 2차적인 문제를 일으킬 위험이 있다. 이처럼 플라스틱은 인류의 문명에서 고작 120여 년 전부터 만들어져 사용되었지만, 그 전 주기 과정에서는 대기, 해양, 토양, 그리고 생명체에 이르기까지 지구의 거의 모든 곳에 영향을 미치고 있다.

지구의 탄소순환 시스템

이렇게 플라스틱이 지구 전역에서 발견되는 것은 이 지구가 하나의 거대한 시스템으로 연결되어 있기 때문이다. 플라스틱 오염뿐 아니라, 현재 우리가 직면한 기후위기에서도 지구 시스템을 이해하는 것은 매우 중요하다. 대기 중 이산화탄소 농도가 상승하는 패턴과 똑같이 지구의 평균기온이 올라가는 그래프 하나만으로 기후변화를 이해하고, 기후위기를 해결할 수는 없다는 뜻이다. 이산화탄소나 메테인 같은 기체 형태로 대기 중에 존재하는 탄소뿐 아니라, 지구 시스템 곳곳에서의 탄소 분포와 순환을 파악해봄으로써 보다 포괄적이면서도 기초 원리적인 관점에서 다양한 기후위기 대응 방안을 고민해볼 수 있다.

탄소는 우주에서 네 번째로 풍부한 원소다. 탄소 원자의 가장 바깥 껍질에 있으면서 화학반응에 참가하는 전자(원자가전자)의 수가 총 4개로, 다른 원소들과 다양한 결합을 하기에 유리한 구조를 가졌다. 그래서 흑연, 다이아몬드와 같이 탄소만으로 구성된 물질도 있지만, 수소나 산소 등 다른 원소와 결합하여 여러 화합물을 이루기도 한다. 앞서 이야기한 플라스틱도 탄소와 수소가 결합한 고분자 화합물이고, 우리 몸을 이루는 탄수화물, 단백질, 지방도 모두 탄소

| 탄소순환 시스템 |

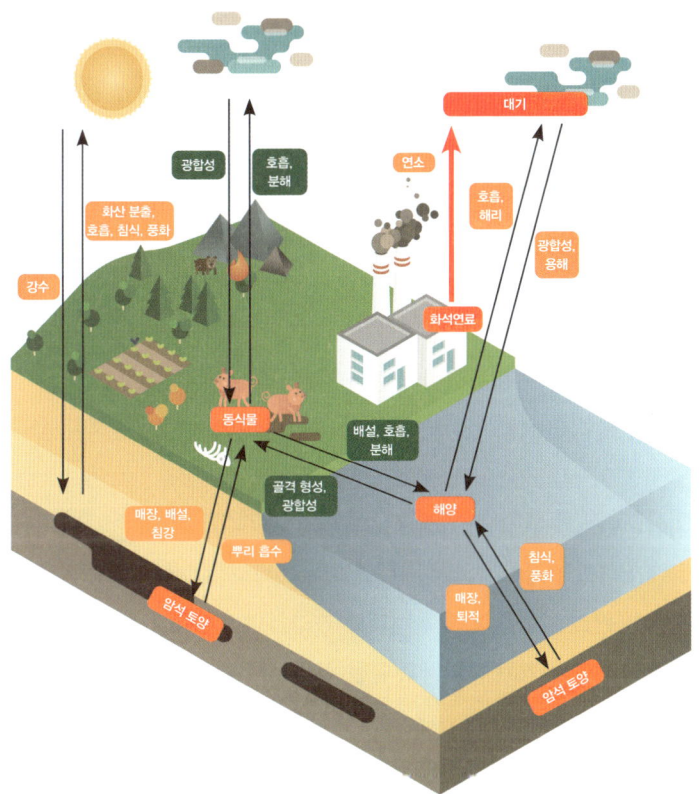

화합물의 일종이다.

    탄소와 산소가 결합한 이산화탄소, 탄소와 수소가 결합한 메테인은 비교적 간단한 구조를 가지지만 일상적인 조건에서 안정적인 상태로 존재하는 탄소화합물이다. 이렇게 여러 형태를 가질 수 있는 탄소는 대기, 해양, 땅, 빙하 등 여러 환경 속에 다양한 모습으로 저장되어 있으며, 식물과 동물의 몸을 이루거나 에너지원으로 사용되는 등 생태계 안에서도 중요한 역할을 하며 존재한다. 그리고 이러한 시스템 안에서 탄소는 각 저장소 사이를 이동하며 순환하고 있다.

대기 중에 있던 이산화탄소가 빗물에 녹으면 탄산$_{H_2CO_3}$을 형성하고 땅으로 떨어진다. 탄산으로 인해 약한 산성을 가지는 빗물은 암석에 화학적 풍화를 일으키고, 그로 인해 암석에 있던 칼슘 이온$_{Ca^{2+}}$ 등이 바다로 흘러 들어간다. 한편, 대기에 접한 해양의 표면에서는 이산화탄소 농도의 차이에 의해 대기에서 해양으로 이산화탄소가 이동하고, 바닷물에 녹아 중탄산염$_{HCO_3^-}$의 형태로 존재한다. 바다로 흘러든 칼슘 이온이 중탄산염과 만나면 탄산칼슘$_{CaCO_3}$을 형성하는데, 이는 해양 생물들이 골격이나 껍데기를 만드는 데 이용된다.

또한 대표적인 해양 생물인 고래는 몸속에 지방과 단백질 등의 형태로 어마어마한 양의 탄소를 저장하는데, 일생에 걸쳐 흡수하는 이산화탄소가 무려 약 33톤으로 나무 한 그루가 연간 흡수하는 이산화탄소량의 1500배에 달하는 값이다. 이렇게 여러 생물의 몸으로 이동한 탄소는 생물이 죽어 해저로 가라앉아 퇴적되고 오랜 시간 지질학적 과정을 거쳐 석회암과 같은 암석으로 다시 돌아간다. 바다에서는 이처럼 생물들에 의해 탄소가 저장되고 이동할 뿐 아니라, 바다 자체도 상당량의 탄소를 품고 있다. 바다의 탄소 저장 능력은 대기에 비해 무려 50배나 더 높을 정도다.

수온이 낮을수록 기체의 용해도가 높아지므로 특히 극지의 차가운 바닷물에는 상대적으로 더 많은 이산화탄소가 녹아 있다. 2021년에는 인위적으로 배출된 이산화탄소의 40퍼센트 이상을 남극해가 흡수하고 있다는 연구가 발표되기도 했다. 지구의 거대한 해양 컨베이어에 의해 극지의 해수는 심층으로 가라앉게 되는데 그러면서 표층에서 품은 이산화탄소가 심해로 이동되기도 한다.

한편, 극지는 차가운 해수뿐 아니라, 빙하와 영구동토층에도 탄소를 가두고 있다. 빙하는 추운 지역에서 눈이 내리고 쌓임을 반복하며 압축되어 형성된 얼음덩어리인데, 이 과정에서 당시의 대기가 함께 얼음 속에 갇히곤 한다. 그래서 빙하 코어를 시추하여 연구함으로써 우리는 인류의 역사 기록보다 오래된 수만 년 전의 과거 대기 조성 및 이산화탄소 농도를 알아낼 수 있는 것이다. 또한 메테인이 물과 결합하여 고체인 얼음과 같은 형태로 만들어진 메테인하이드레이트는 주로 심해저나 영구동토층 아래에 매장되어 있다. 이처럼 극지가 지구에서 차지하는 비율은 상대적으로 적지만 대기나 땅속에 있던 탄소를 얼음의 형태로 가두는 독특한 저장소의 역할을 하고 있다.

흔히 대기 중 이산화탄소를 흡수하는 대표적인 저장소로 떠올리는 것은 바로 식물이다. 식물은 햇빛을 이용해 물과 이산화탄소를 가지고 포도당과 산소를 만들어내는 광합성을 통해 영양과 에너지를 얻는다. 실제로 1958년 이후 꾸준히 대기 중 이산화탄소 농도를 측정해 만든 그래프인 킬링 곡선 keeling curve 을 살펴보면, 여름철에는 식물의 광합성이 활발해져 대기 중 이산화탄소 농도가 줄어들고, 반대로 겨울철에는 광합성 효과가 떨어져 대기 중 이산화탄소 농도가 높아지는 계절적 변동성이 명확히 나타난다. 이는 곧 식물의 광합성이 대기 중 이산화탄소 농도에 영향을 미칠 만큼 중요한 역할을 하고 있다는 증거가 된다.

대기 중에 있던 탄소는 이렇게 광합성을 통해 식물 안으로 이동하는데, 바다에서는 식물성플랑크톤이 이 역할을 한다. 그리고 습지와 갯벌은 인간에게 유용하지 않은 땅으로 여겨지곤 하지만, 사실 그 안에 사는 식물성플랑크톤이나 염·수생식물들을 비롯한 습지 및 연안 생태계는 탄소 흡수 능력이 매우 뛰어난 것으로 알려져 있다. 생태계 내에서 생산자 역할을 하는 식물에 저장된 탄소는 초식동물, 육식동물로의 먹이사슬을 거치며 점차 상위 포식자로도 전달된다. 이 와중에 동물들은 호흡을 통해 이산화탄소를 대기 중으로 되돌리거나 배설을 통해 토양이나 바다로 탄소를 내보내기도 한다. 그리고 이 생물들이 수명을 다하고 나면 그 사체는 분해되고 생물체의 몸을 이루던 탄소는 다시 땅으로 돌아가는데, 이때 그 잔해가 아주 오랜 시간에 걸쳐 깊은 땅속에서 열과 압력을 받으며 특수한 조건이 갖추어지면 석탄, 석유 등의 화석연료로 만들어진다.

화석연료를 포함해 암석과 토양 등으로 이루어진 지각은 지구에서 탄소를 가장 많이 저장하고 있는 곳이며, 지질학적 시간 단위로 매우 느리고 오랜 기간에 걸쳐 저장된다는 특징을 가진다. 이렇게 땅속에 저장된 탄소가 다시 대기 중으로 이동되는 과정은 바로 화산에 의해서다. 지구 내부에서 암석들이 용융해 만들어진 마그마가 지표 밖으로 나오는 화산 폭발 시에 땅속에 있던 이산화탄소가 화산가스에 포함되어 대기 중으로 방출된다.

이렇게 지구 곳곳에 존재하는 탄소는 46억 년 지구의 역사 속에서 총량을 유지하며 지구 시스템 내를 자연적으로 순환한다. 그런데 이 탄소순환의 균형이 무너지면서 지구온난화와 기후위기에 직면하게 되었다. 화석연료를 꺼내어 태움으로써 땅속에 저장되어 있던 탄소가 대기 중에 이산화탄소 형태로 이동하는데, 그 속도와 양이 대기 중의 탄소를 다른 저장소로 순환시키는 속도와 양에 비해 훨씬 빠르고 크기 때문에 대기 중에 탄소가 몰려 있게 된다. 이것이 온난화의 근본적인 원인이다.

여기에 더해 빙권에서는 빙하와 영구동토층 아래에 갇혀 있던 이산화탄소와 메테인 등의 온실가스가 대기 중으로 빠져 나오고, 수온이 높아진 바다는 이산화탄소를 용해시킬 능력이 점차 떨어지고, 벌목이나 매립 등으로 사라져버린 숲과 습지 때문에 이산화탄소는 흡수 및 저장될 곳을 잃게 되었다. 결국 탄소가 있던 자리에 그대로 저장되어 있거나 균형을 이루기 위해 적절한 속도로 이동 및 순환되지 못하고 대기 중으로 몰리기만 하는 형국이다.

지구의 이웃 행성인 금성은 극단적으로 대기 중에 탄소가 모여 있는 상태다. 물이 없기 때문에 대기 중의 이산화탄소가 바다나 땅으로 이동하지 못하고 온실효과를 계속 일으켜 섭씨 460도가 넘는 뜨거운 표면을 가지게 되었다. 그 어떤 생명도 발견되지 못할 혹독한 환경 조건을 가진 금성과 달리, 지구는 물과 대기, 땅 등 다양한 순환 시스템을 갖추어 생명체가 탄생하고 살아가기에 적합한 환경을 조성해왔다. 인류도 그 덕분에 이 지구를 누리며 살고 있는 것이다. 그런데 인간이 누비는 지구 곳곳마다 플라스틱과 같은 인공 물질이 섞여 들어가고, 화석연료를 찾아내 사용하면서는 탄소순환의 균형을 일그러뜨리며 자연을 오염시키고 기후를 급격히 변화시켜 수많은 생명이 위협받고 있다.

플라스틱과 화석연료 자체의 문제를 넘어 이것이 지구 시스템에 작용하는 방식과 원리를 살펴보았으니, 보다 다양한 시각과 접근에서 이 주제를 바라보고 각자의 자리에서도 충분히 효과적인 대응 행동을 모색할 수 있을 것이다. 나아가 이러한 문제들이 비단 어느 한곳에서만 해결할 수 있는 것이 아님을 알고 지구 시민으로서 모두가 서로를 감시 및 독려하며 정치, 경제, 사회적 구조를 통해 이 지구 시스템을 함께 지켜나가길 바란다.

기후변화, 대립을 넘어설 때

정원영　　　　　　　　　　　　　　　　　　　　　　지구과학

COP29, 여전히 좁혀지지 않는 대립

2024년 11월 11일부터 24일까지 아제르바이잔 바쿠Baku에서는 제29차 기후변화협약 당사국총회COP29가 열렸다. 총회가 열린 바로 첫날, 국제 탄소 시장 이행 지침이 승인되어 2015년 파리협정(COP21)에서 타결되었던 제6조Article 6에 따라 국가 간 탄소 크레딧carbon credit 거래가 활성화될 것으로 기대된다. 탄소 크레딧은 기존에 사용하던 화석연료를 재생에너지로 전환함으로써 탄소 배출을 줄이고, 숲을 가꾸거나 탄소 포집 및 저장 기술을 통해 대기 중의 탄소를 흡수하는 등의 노력으로 달성한 탄소 감축 실적을 새로운 환경적 통화로 환산한 것이다.

1톤의 탄소 감축 실적이 1탄소 크레딧으로 인정된다. 탄소 크레딧을 국제시장에서 사고팔아 거래하면서 각국에 부여된 탄소 감축 목표량을 달성할 수 있으며, 선진국이 저개발국에 비용을 지불하는 수단으로도 이용될 수 있다. 파리협정 제6조에서는 국가 간 탄소 크레딧을 거래할 수 있고 이를 국가 온실가스 감축 목표Nationally

Determined Contribution, NDC에 반영할 수 있음을 다루지만, 그동안 구체적인 운영 기준이나 객관적인 심사 기준에 대한 합의가 도출되지 못해 유명무실한 상황이었다. 하지만 COP29에서 이행 지침이 합의됨으로써 이제 유엔이 지원, 주도하는 국제 탄소 시장이 보다 활발해질 것으로 보인다.

한편, 예정되었던 폐막일을 이틀이나 넘기면서까지 최종 합의 도출에 치열했던 이번 COP29에서는 신규 기후 재원 목표New Collective Quantified Goal on Climate Finance, NCQG를 수립한 것이 가장 주목할 만한 성과로 꼽힌다. 기후변화 대응과 피해 복구 등을 위해 사용될 기후재원을 2035년까지 연간 1.3조 달러씩 마련하기로 합의했고, 이 중 3000억 달러는 선진국 부담으로 조달하기로 했다. 앞선 2010년 멕시코 칸쿤에서 열린 COP16에서 2020년까지 선진국이 연간 1000억 달러를 조성하여 녹색기후기금Green Climate Fund, GCF을 만들기로 합의한 이후, 2015년 파리협약(COP21)에서는 2025년까지로 그 기한을 연장하고 신규 기후 재원 목표를 설정하기로 한 바 있다. 이를 이어 이번 COP29에서 신규 기후 재원 목표에 대한 향상된 성과가 이뤄진 것이다.

한편, 제27차 기후변화협약 당사국총회COP27에서는 '기후변화로 인한 손실과 피해 대응을 위한 기금Fund for Responding to Loss and Damage, FRLD' 마련을 합의했고, 이에 제28차 기후변화협약 당사국총회(COP28)에서 기금이 공식 출범하기도 했다. 이처럼 현재까지도 상당한 온실가스 배출로 기후변화에 대한 책임이 큰 선진국들이 기후변화로 인해 막대한 피해를 입고 있는 저개발국들에 보상을 하기 위한 다양한 재정적 시도를 모색하는 중이다.

그럼에도, 기후변화를 둘러싼 선진국과 저개발국의 대립은 여전하다. 선진국은 자신들이 최선을 다해 기금을 공여하고 있다고 어필하지만, 저개발국들은 여전히 재원 부족을 호소한다. 지구의 기온이 가파르게 오르고 기후재난들이 닥쳐오는 속도에 비해 인류가 대응책을 마련하고 실행하는 속도가 더디니, 당연히 나타나는 차이인 듯싶다. 그리고 최근 기후변화협약이 연이어 산유국에서 개최되며 화석연료로부터의 전환을 시도하는 와중에, 전 세계에서 가장 많은 탄소 배출을 하고 있는 나라 중 하나인 미국은 트럼프 2기 행정부에 들어서며 또다시 기후변화협약 탈퇴를 선언했다.

이번 COP29에서는 전 세계 환경 단체 연합체 CAN(Climate Action Network)이 발표하는 '오늘의 화석연료상'에 대한민국이 무려 1위에 올랐는데, 2024년 COP28에서 오늘의 화석연료상 3위로 선정된 데 이어 연속적으로 불명예를 안았다. 탄소 배출량으로 세계 10위 안에 드는 대한민국이 국가 온실가스 감축 목표를 소극적으로 수립하고 있는 터에 OECD 국가들의 화석연료 투자 제한 협상에 홀로 반대하고 있었기 때문이다. 근본적으로 기후변화 대응 노력에 협조하지 않는 듯한 태도는 수억 달러에 달하는 기금 공여를 무색하게 할 뿐이다.

팔레필리 연합, 호주와 투발루의 협력

한편, 매번 기후변화협약 당사국총회에서 꾸준하게 국가적 침수 위험을 호소하며 기후위기에 대한 대응과 보상을 호소해온 투발루는 최근 호주와 연합 조약을 맺고 기후변화에 따른 국가 위기를 헤쳐 나가고 있다. 2023년 8월 투발루가 호주에 제안하여 시작된 이 연합은 2024년 8월에 발효되었는데, 양국의 기후 협력 및 안보 등을 다루는 조약으로 구성되어 있다. 이 연합의 명칭인 팔레필리fale pili는 투발루어로 좋은 이웃, 돌봄, 상호 존중의 의미를 내포한 말이다. 팔레필리 연합은 기후위기를 둘러싸고 세계 최초로 법적 구속력을 가지는 국가 간의 협력 사례로 주목받고 있는데, 사실 기후변화는 그 복잡하고 거대한 시공간적인 특성상 특정 국가나 주체만이 대처할 수 있는 게 아니라 이처럼 적극적인 파트너십에 기반한 협력을 통해 대응할 필요가 있다.

    이 연합에 의해 침수로 국토 보존을 위협받는 투발루는 법적 구속력이 있는 조약에 따라 지속적인 국가 지위를 인정받게 되었고, 투발루 국민들은 특별 비자를 통해 호주로 이주해 살 수 있게 되었다. 현재 인구가 1만 1200명 정도인 투발루에서 매년 최대 280명이 호주 영주권을 발급받아 교육, 의료, 보험 등을 호주 국민과 똑같이 누리며 지낼 수 있는데, 첫 해인 2024년에 신청 인원이 무려 4000명이 넘었다고 한다.

    이렇게 투발루 국민에게 이주의 기회를 보장하는 것뿐 아니라, 호주는 기후 재해나 공중 보건, 안보에 대응해 투발루에 다양한 경제적 지원도 제공하기로 했다. 해안 방파제 건설, 해저 케이블 설치, 국가 안보 조정 센터 설립 등 투발루 내 인프라 구축을 위한 자금 투입 등이 그 예다. 한편, 투발루는 향후 국방과 안보에서 다른 국가 등과 파트너십을 체결할 때 호주와 상호 합의를 하기로 했는데, 이로써 호주는 남태평양 지역에서 주도적인 리더십을 가지는 데 유리함을 얻었다.

    투발루와 호주 간의 팔레필리 연합은 그저 두 나라의 외교적 성과만으로 보이지는 않는다. 온실가스 배출은 세계 최하위 수준인 남태평양의 섬나라가 지구온난화로 인한 기후재난의 최대 피해국으로 고통 받는 이 불공정한 현실 속에서, 저개발국들에 기후변화에 따른 피해를 보상하기 위한 기금 마련 협상에만 수년이 걸리고 막상 세계 최상위 온실가스 배출국은 그 협상의 자리를 쉽게 떠나버리는 현실 속에서, 팔레필리 연합의 사례는 향후 기후변화 대응을 위한 국가 간 협력이 어떤 방식으로 이루어질 수 있을지를 실제로 실행 및 시도해보는 첫 단추로서 의미가 크게 와닿는다.

물론 이 연합에 대해서도 우려의 목소리가 전해지고 있다. 예를 들어, 호주에 이주한 투발루 국민이 과연 정말로 동등한 권리를 누리고 차별 없이 지내도록 건전한 공동체 문화가 형성될 것인가, 또 투발루 국민으로서의 정체성과 문화가 타국에서도 고유하게 보존될 것인가 등 법적, 행정적 조치를 넘어서 향후 사회적 적응에 대한 걱정이 있다. 또 근본적으로는 온실가스 배출량을 줄이기 위한 실천들이 동반되어야 한다는 지적도 보인다. 하지만 이제 첫걸음을 뗀 만큼 관심을 가지고 지켜보며 긍정적인 성취를 위한 모니터링이 우선되어야 하겠다.

해수면 상승으로부터 국가를 지키려는 투발루

앞서 여러 번 언급되었듯이 투발루는 기후변화의 최전선에서 고군분투하며 국제 무대에서도 꾸준히 위기와 도움을 호소해온 나라다. 1978년 영국으로부터 독립했지만 2000년에야 유엔에 가입했고, 9개의 주요 섬 등으로 구성된 국토 총면적은 전 세계 195개국 중 191위로 매주 작다. 또한 국토 전체가 해발고도 5미터 이하로 아주 낮아 해수면 상승으로 인한 침수 위기에 직면해 있다. 2001년에는 기후변화로 인한 해수면 상승 때문에 투발루는 곧 국토를 포기해야 할지도 모른다고 한 과학자들의 경고가 투발루의 국토 포기 선언으로 오해받은 해프닝도 있었지만, 이와 달리 투발루는 주권국가로서 인정받고 자신들의 정체성을 지속하기 위한 노력에 최선을 다하고 있다.

'퓨처 나우Future Now'는 투발루가 기후변화 적응을 위해 수립한 국가적 계획으로, 해수면 상승이 일어나도 나라를 존속시킬 수 있도록 하기 위한 다양한 전략이 포함되었다. 현재의 온난화 추세라면 수십 년 안에 국토의 상당 부분이 해수면 상승에 의해 침수될 위험에 놓인 만큼, 최악의 경우 국토가 없어지더라도 국가로서 존속하기 위한 방안을 구상한 것이다.

국토가 사라지면, 주권국가의 조건 중 하나인 영토가 없어지므로 현행 국제법상으로는 국가의 자격을 잃게 된다. 영토 없이는 영해를 인정받을 수도 없고, 주권국의 지위가 사라지면 국제사회에서 목소리를 내거나 권리를 행사하지 못하게 된다. 이에 투발루는 물리적인 형태의 영토가 없이도 주권국가로서 지위를 유지하기 위한 제안과 시도를 진행 중이다. 호주와의 팔레필리 연합에서 국토 침수가 지속된다 할지라도 투발루를 주권국으로서 인정하겠다는 조항이 포함된 것도 이러한 맥락을 반영한 것이다.

투발루는 2022년 COP27에서 '최초의 디지털 국가the First Digital Nation'가 되겠다고 선언한 바 있다. 디지털상에 영토를 재창조하고 역사와 문화 자료를 아카이빙하며, 디지털 공간으로 모든 국가적 기능을 이관하겠다는 것이었다. 이를 위해 투발루의 모든 영토를 3차원 스캔하여 디지털화하고, 통신망 구축을 위해 해저 케이블을 설치 및 업그레이드하며, 블록체인을 이용한 디지털 ID 시스템을 탐색했다. 또한 투발루의 문화적 정체성을 아카이빙하기 위해 시민들로부

↑ 투발루의 국가 홈페이지(https://www.tuvalu.tv/).

터 콘텐츠를 기부받는 등 디지털 국가로서 필요한 인프라를 구축하기 시작했다. 그리고 투발루의 주권을 영속적으로 인정하겠다는 서명을 다른 국가들로부터 받고 있는데, 현재 약 25개국이 이에 동의했다.

    이러한 투발루의 노력은 창의적이면서도 처절해 보인다. 발을 딛고 살 땅이 줄어들고, 그 터전마저 경제적 활동을 하기에는 턱없이 부족한 형편에 처했다. 그러다 보니 국민은 일자리와 학교 등을 찾아 다른 나라로 이주를 결심하지만, 투발루인으로서 정체성을 지키고 나라를 존속시키려는 고군분투는 계속되고 있다. 그리고 이 모든 상황의 원인은 바로 선진국들이 그간 누적하며 배출해온 온실가스로 인한 온난화와 해수면 상승에 있다.

    투발루의 국가 홈페이지 첫 화면에는 디지털 국가 선언 이미지와 함께 기후행동을 독려하는 배너가 있다. 그리고 그 배너를 누르면 각국의 지도자에게 기후행동을 촉구하는 메일을 보낼 수 있도록 양식이 나타나는데, 그 메시지의 마지막 즈음에 이런 문구가 있다.

단지 투발루의 운명을 위해서가 아니라,
우리 모두의 운명을 위해.

이는 현재NOW 남태평양의 작은 섬나라가 겪는 안타까운 기후위기 상황이 곧 우리 모두의 미래FUTURE가 될 수 있다는 경고로도 여겨져, 투발루의 퓨처 나우Future Now 프로젝트는 매우 굵직한 울림을 전한다.

2025년 COP30은 브라질의 벨렘에서 열린다. 최근 기후변화협약 당사국총회마다 투발루가 인상적으로 기후위기 상황을 알리면서 국제사회에 책임과 행동을 촉구하며 해수면 상승으로 인한 남태평양 섬나라들의 실상이 주목을 받아온 터이지만, 이번 COP30이 열리는 벨렘은 아마존 유역에 있는 삼림 지역인 만큼 이제 아마존 열대우림의 기후위기에 대해서도 다시 관심이 집중될 것으로 예상된다.

그러고 보면 이 넓고 다양한 지구 환경과 생태계에 그 어디도 기후위기로부터 자유롭고 안전한 곳은 없다. 하지만 이렇게 방대한 기후변화 이슈에 관심을 늘 집중하기는 어려울 테니, 매년 열리는 기후변화협약 당사국총회를 계기로 삼아서라도 우리가 고민해야 할 기후 의제와 실천할 만한 기후행동을 찾아보는 것은 어떨까?

구름을 좇는 법

박은지   지구과학

혹시 오늘 하늘을 올려다봤다면, 어떤 구름이 떠 있었는지 기억하는가? 대개는 바쁜 일상 가운데 잠시 여유를 찾고 싶을 때 하늘을 올려다볼 것이다. 그리고 티 없이 맑고 드높은 하늘이 보이면 좋아할 수도 있다. 하지만 때로는 홀로 떠 있는 조각구름 한 점이, 또 어떨 때는 폭신한 솜뭉치 같은 뭉게구름이, 또 다른 때는 금방이라도 비를 쏟아낼 듯 낮게 드리운 먹구름이 그 순간 우리의 마음을 대변한다고 느끼기도 한다.

이런 구름의 매력에 푹 빠진 전 세계 구름 관찰자들이 '구름감상협회'라는 모임을 만들고 구름 사진을 모아두는 웹사이트도 마련했다고 한다. 구름 관찰이 얼마나 진지한 취미인지를 짐작할 수 있다. 사실 오래전부터 수많은 예술가가 구름을 그림에 담거나 노래로 읊어온 점을 생각하면 그리 새삼스러울 게 없다.

더 나아가 최근에는 과학계에서도 '구름물리학'이라는 학문을 통해, 각종 기후위기 현상을 이해하고 기후재난 대응 과학기술을 발전시키고자 다양하고 정밀한 실험과 관측을 활발히 수행 중이다. 과거에는 단지 건조기후 지역에 수자원을 확보하고 농업 생산량 증가

를 위해 인공강우를 만들고자 구름 생성 과정을 연구했다. 그러나 지구온난화의 가속화와 함께 구름이 지구 시스템에 미치는 영향이 예상보다 훨씬 크다는 사실이 드러나며 연구의 필요성과 방향도 새롭게 바뀌었다. 예를 들어, 기온이 높아지면 지구 전체 구름의 양도 감소하게 되고, 구름이 태양 빛을 반사하는 알베도 기능마저 줄어들게 되어 지표면의 고온 현상이 더욱 심화하는 악순환이 이어질 수 있다는 것이다. 따라서 구름의 생성과 소멸 과정은 더욱 심층적으로 탐색해야 할 중요한 연구 대상이 되었다.

과연 구름 관찰은 우리에게 어떤 의미가 있는 것일까? 여기서는 몇몇 최신 연구 뉴스와 함께, 일상생활에서부터 전문 과학 분야에 이르기까지, 다양한 영역에서 구름 관찰이 주목받는 배경과 그 의의를 짚어볼까 한다.

구름 관찰의 시작, 구름 알아보기

구름마다 정식 이름이 있다는 것은 꽤 알려진 사실이다. 그때그때 닮은 모양을 떠올리며 보이는 대로 이름을 붙이면 된다고 생각할 수도 있다. 하지만 전 세계적으로 정리된 바에 따르면 구름을 구별하는 이름은 크게 높이와 모양에 따라 나뉜다.

먼저 구름이 생성되거나 존재하는 높이로는 하층운(지표 0~높이 2km), 중층운(높이 2~6km), 상층운(높이 6~13km)으로 나눌 수 있다. 또 구름의 모양으로는 위로 쌓아 올린 덩어리 모양의 적운(쌘구름)cumulus, 넓게 퍼지는 모양의 층운(층구름)stratus, 머리카락이나 깃털 모양의 권운(털구름)cirrus으로 나눌 수 있다. 이 두 가지 기준으로 구분되는 구름은 총 여덟 가지이며, 그 밖에 비를 동반하기 쉬운

높이 구분	이름(우리말, 학명)	모양 특징
상층운 (6~13km)	권운(털구름), Cirrus(Ci)	연달아 있는 새털 모양
	권적운(털쌘구름), Cirrocumulus(Cc)	작은 잔물결과 연기 모양
	권층운(털층구름), Cirrostratus(Cs)	반투명한 베일 모양
중층운 (2~6km)	고적운(높쌘구름), Altocumulus(Ac)	흰색부터 짙은 회색까지 보이는 연기나 잔물결 모양
	고층운(높층구름), Altostratus(As)	흰색부터 회색까지 고르게 하늘을 덮은 모양
하층운 (0~2km)	적운(쌘구름), Cumulus(Cu)	편평한 밑바닥을 가진 덩어리 모양
	층운(층구름), Stratus(St)	회색으로 하늘을 고르게 덮은 모양
	층적운(층쌘구름), Stratocumulus(Sc)	옅은 회색의 덩어리 모양

높이 구분	이름(우리말, 학명)	모양 특징
상층운 (6~13km) 중층운 (2~6km) 하층운 (0~2km)	적란운(쌘비구름), Cumulonimbus(Cb)	지표 근처에서 하늘 높이까지 커다랗게 부풀거나 심지어 꼭대기가 옆으로 뻗어 나왔으며 바닥에는 비가 쏟아질 듯한(또는 쏟아지는) 상태로 흰색부터 검정색까지 보이는 거대한 덩어리 모양
	난층운(비층구름), Nimbostratus(Ns)	편평한 밑바닥에서 곧 비가 쏟아질 듯한 (또는 쏟아지는) 짙은 회색의 큰 덩어리 모양

기본 운형 10종.

난층운(비층구름)Nimbostratus과 적란운(쌘비구름)Cumulonimbus까지 더해서 총 열 가지의 기본 구름(운형)이 존재하며 여기서 파생된 변형 구름은 더 많이 존재한다.

이렇게 구름이 서로 구분되는 이름을 가질 수 있었던 것은 영국의 제약사이자 아마추어 기상학자, 즉 구름 관찰자였던 루크 하워드Luke Howard 덕분이다. 그는 어린 시절부터 하늘을 관찰하는 취미가 있었는데 전하는 바에 따르면, 1783년 아이슬란드 남부에서 일어난 라키Laki 화산 폭발로 영국의 날씨와 기후에 변화가 많았던 것이 영향을 끼쳤을 것이라고 한다. 오랜 관찰 끝에 그는 구름의 모양과 존재 위치가 우연이나 멋대로 결정되는 게 아니라 생성 조건과 원리에 따라 달라지며, 각각 명확히 구분되는 존재라기보다는 생성과 소멸을 거치는 과정 중에 포착되는 것으로 여겼다.

그는 이 같은 생각을 가지고 정리한 내용을 과학자들의 토론 모임인 아스케시안 학회Askesian Society에 참여하며 1802년에 '구름의 변형(분류)에 관하여On the Modification of Clouds'라는 연구 내용을 발표하고 이듬해인 1803년에는 〈구름의 변형(분류)에 관한 논문Essay on the Modifications of Clouds〉을 출판했다. 이 논문에서 이미 세 가지 기본 형태의 구름이 적운, 층운, 권운이 등장했고, 권적운 같은 중간 형태의 이름도 만들어졌다. 특히 하워드는 칼 폰 린네Carl von Linné의 생물 분류 체계를 본떠서 공용어인 라틴어로 이름을 짓는 한편, 종과 속으로 나뉘는 구름 분류 체계를 제안했다.

게다가 그는 사람들이 이름과 설명만으로는 어떤 구름인지 이해하기 어려울 것이라 생각해 각 구름을 직접 수채화로 그리고 다시 목판화로 옮겨 책에 수록했다.* 결국 이 체계를 바탕으로 1896년 세계기상기구World Meteorological Organization, WMO에서는 150종의 구름을 분류한 《국제구름도감International Cloud Atlas》을 발간했다. 이처럼 루크 하워드는 구름을 단순히 상상하거나 감상하는 대상이 아닌, 과학적인 탐구의 대상으로 새롭게 정립했고 이로써 오늘날 '기상학의 아버지'라고 불린다.

그렇다면 실제 하늘에서는 어떻게 구름을 구별하면 좋을까? 《국제구름도감》이 제공하는 150여 가지의 구름 이름과 모양을 모두 외우기는 어려울 테니 앞서 소개한 기본 열 가지 구름 모양을 중심으로 찾는 것이 가장 기본이라고 할 수 있겠다. 구름 관찰자들은 구름을 쉽게 알아보거나 구분하기 위해 편평한 판의 테두리에 구름의 모양과 종류를 기입하고 가운데 구멍을 뚫어 하늘을 관찰할 수 있는 구름관찰틀cloud viewer을 이용하기도 한다. 물론 최근에는 앞서 언급했던 기록보관소archive 또는 자료저장소database 성격의 웹사이트^{••}를 통해 각자 관찰하고 기록한 구름 사진을 게시하여 서로 비교하거나 분류하고 저장하는 것도 가능하며, 같은 기능을 스마트폰 애플리케이션으로도 체험할 수 있다. 여기서 한 가지 명심해야 할 점은 모든 구름이 정확히 어떤 이름의 구름 모양으로 만들어졌다가 사라지는 것이 아니고 앞서 하워드가 알아냈던 것처럼 시시각각 모양과 위치를 달리한다는 점이다. 알려진 바에 따르면, 구름은 보통 평균 10분간 특정 모양을 유지할 수 있으며, 그 이후에는 다른 모양으로 변

- 하워드는 직접 관찰한 구름에 대해서는 세밀하게 그릴 수 있었지만 풍경이나 인물을 그리는 데는 솜씨가 부족하여 풍경화를 잘 그리던 화가 에드워드 케니언Edward Kennion의 도움을 받아 그림을 완성할 수 있었다. 또한 이런 그의 영향을 받아 화가 존 컨스터블John Constable도 '구름 연구Cloud Study'라는 제목으로 100여 점의 작품을 남겼다.
- •• 구름감상협회와 국제구름도감 등의 웹사이트에서는 직접 찍은 구름 사진을 올리고 분류해볼 수 있으며 여러 다른 구름 자료도 확인할 수 있다.

하거나 위치를 바꾸거나 아예 사라져버릴 수도 있다. 따라서 언제 어디서 어떻게 관찰하느냐에 따라 같은 구름 덩어리가 다른 이름으로 관찰될 수 있고 정확히 하나의 이름으로 구별되기보다 두 가지 이상 이름 사이에서 헷갈리는 때도 많다.

한편, 구름이 위치한 높이를 구별해서 구름을 알아보는 것도 꽤 어려운 편이다. 주변에 비교할 만한 지형지물이 있다면 괜찮겠지만 그렇지 않다면 떼 지어 있는 구름 무리가 고적운인지 권적운인지, 뿌옇게 하늘을 덮은 구름층이 층운인지 고층운인지 권층운인지도 구별하기 어려울 수 있다. 구름의 높이를 구별하는 방법 가운데 하나는 손으로 대략의 각거리를 재는 것이다. 가령 자신의 손을 눈앞으로 곧장 뻗으면 손가락 세 마디 정도에 해당하는 너비로 대략의 각거리를 구할 수 있는데 약 5도에 해당한다. 이 정도의 각거리를 기준으로 삼으면 머리 위로 떼 지어 놓인 구름 무리가 고적운인지 권적운인지 정도는 구별할 수 있다.

즉, 구름 조각 하나가 세 손가락 안에 들어오면 높이 떠 있는 권적운이라 할 수 있고, 그보다 더 넓게 바깥으로 삐져나온다면 다소 낮게 뜬 고적운이라 할 수 있다. 구름의 높이를 구별하는 또 다른 방법은 구름의 그림자를 확인하는 일이다. 보통 구름 밑바닥에 그림자가 짙게 드리워 어두운 회색을 띨수록 구름이 낮게 깔린 것으로 생각할 수 있다. 따라서 비슷하게 떼 지어 있는 구름 무리라 할지라도 권적운이 고적운에 비해 높게 떠 있기 때문에 그림자도 상대적으로 밝거나 희미하게 보인다.•

• 구름의 모양과 높이를 구별하는 방법 중에는 지표 근처 사람의 눈이 아니라 지구 밖 인공위성의 능력을 빌리는 방법도 있다. 인공위성의 가시광선 영상은 복사에너지가 많이 방출될수록 밝은 흰색으로 보이고, 적외선 영상은 그 반대로 복사에너지가

기상요소로서 구름

구름을 구별하고 알아봐야 하는 이유는 무엇일까? 루크 하워드가 주장했던 바와 같이, 구름의 정체를 안다는 것은 곧 그 구름이 어떤 조건에서 어떻게 생성된 것인지를 안다는 뜻이고, 그렇다면 이를 통해 앞으로 펼쳐질 날씨가 어떨지를 예상할 수 있기 때문이다. 특히 강수의 양과 지속 시간 등이 그렇다. 따라서 구름은 하나의 기상 현상이자 날씨의 결과일 뿐 아니라 그와 동시에 다음 날씨와 전체 기후 시스템에까지 영향을 미치는 또 다른 기상·기후요소이자 날씨의 주체라고 할 수 있다.

이 같은 맥락에서 구름이 발생하고 소멸할 때까지 전체 과정과 그중 비나 눈이 형성되는 과정까지 체계적으로 이해하고자 연구하는 학문이 바로 구름물리학cloud physics*이다. 구름물리학의 시초는 루크 하워드의 등장 이전, 17세기 독일의 과학자 오토 폰 게리케Otto von Guericke가 압축 공기의 팽창과 냉각 실험으로 구름의 형성을 증명한 때부터라는 의견도 있고 19세기 영국의 과학자인 아우구스투스 월러Augustus Waller가 거미줄을 이용해 구름 물방울을 현미경으로 관찰한 것이나 프랑스의 폴 장 쿨리에Paul-Jean Coulier와 스코틀랜드의 존

적게 방출될수록 밝은 흰색으로 보인다. 가시광선 영상에서 적운은 층운에 비해 위아래로 두껍게 발달하기 때문에 더 많은 복사에너지를 방출하여 흰색으로 나타난다. 한편, 적외선 영상에서 상층운은 하층운에 비해 높이 떠 있으므로 지구 복사에너지를 적게 품었다가 방출하여 흰색으로 나타난다. 따라서 인공위성 영상의 가시광선 영역에서 밝은 구름은 적운, 어두운 구름은 층운이라 할 수 있고, 적외선 영역에서 밝은 구름은 상층운, 어두운 구름은 하층운이라 할 수 있다.

• 구름물리학뿐 아니라 구름의 화학적 특성을 연구하는 구름화학cloud chemistry도 존재한다.

앳킨John Aitken 등이 먼지 입자가 구름 물방울을 형성하는 데 필수적임을 증명한 것부터라는 의견도 있다.* 그러나 이런 선구자들을 거쳐 1930년대**에 이르러서야 비로소 본격적인 현대 구름물리학의 시대가 열렸다고 할 수 있다.

이때부터 구름물리학은 대규모 순환 체계에서 구름의 발달 과정에 집중하는 거시물리학과 구름 내부에서 구름 입자의 미세한 형성 기작에 집중하는 미시물리학 사이에서 균형을 이루며 발달해왔다. 1644년 이탈리아 피렌체에서 기압계가 발명된 이래로 1910년대까지만 해도 기압이 떨어지면 구름이 생기고 비가 올 가능성이 높아진다는 것은 잘 알려져 있었다. 하지만 누구도 기압과 구름과 강우 사이의 정확한 연관성을 파악하거나 그에 따른 예측을 해내지는 못하고 있었다. 그러던 중 노르웨이의 빌헬름 비야크네스Vilhelm Friman Koren Bjerknes가 이끄는 베르겐 학파는 성질이 다른 두 기단의 상호작용 결과, 즉 찬 기단과 더운 기단이 서로 부딪힌 결과 이동성 저기압 형태의 온대저기압이 발생하고 이때 기압의 하강과 함께 구름이 만들어질 수 있음을 주장하며 한대전선이론(한대전선설)을 제시했다. 이는 전 지구의 대기를 하나의 거대한 열기관이 작동하는 것처럼 여기는 거시적인 유체역학에 기반을 둔 것으로, 구름물리학 분

- • 참고로 스코틀랜드 물리학자 찰스 톰슨 리스 윌슨Charles Thomson Rees Wilson은 1894년 구름 사이로 빛이 깨져 보이는 브로켄 현상Brocken spectre을 실험하고자 공기를 단열팽창시켜 구름을 만들 수 있는 구름상자 또는 안개상자Cloud chamber를 고안했는데, 브로켄 현상을 다시 보는 데는 실패했지만, 방사선이나 전자와 같은 눈에 보이지 않는 입자들이 만든 구름 또는 안개 현상을 관찰하며 원자물리학의 발전을 이끌었다.
- •• 구름물리학이 과학의 한 분야로서 공식화된 것은 1957년 영국의 존 메이슨Basil John Mason이《구름의 물리학The Physics of Clouds》이라는 저서를 출판하면서부터다.

야의 첫걸음이나 마찬가지였다.

이후 미국의 한스 프루파셔Hans R. Pruppacher가 이 이론을 다시 대기열역학 차원에서 연구하며 구름미시물리학 분야를 개척했다. 그는 구름과 강수의 형성 과정 및 양적 이해를 위해 1964년 캘리포니아대학에 세계 최고의 구름물리학 실험실을 설립하고 구름터널Cloud Tunnel을 설치했으며 수치모델링을 적용하여 이론과 실험을 모두 선도했다. 특히 구름을 만드는 조건 중 구름 씨, 즉 응결핵Cloud Condensation Nuclei, CCN에 대한 연구를 많이 수행했는데, 기원에 따라 여러 화학 성분을 가진 입자들이 구름의 발달에 각각 어떤 영향을 주는지를 정확한 실험 측정으로 알아내고자 했다. 한편, 이를 역으로 응용하여 대기오염 물질이 구름과 강수에 의하여 제거되는 과정인 강수정화precipitation scavenging 과정도 연구하며 수치모델링에 크게 이바지했다.

오늘날에는 이렇게 발달한 구름물리학 지식을 바탕으로, 하늘에서 구름이 발생하고 사라지는 일련의 과정, 즉 패턴도 알아챌 수 있다. 가령 151쪽 그림과 같이 어느 지역에 온대저기압이 통과하는 중에는 기온이 서서히 올랐다가 다시 급하게 내려가는 과정을 거치게 되는데 이때 나타나는 구름도 연속적으로 변하는 것을 확인할 수 있다. 먼저 찬 기단이 머무는 지역을 따뜻한 기단이 천천히 다가오면서 권운, 권층운, 고층운, 난층운(넓은 지역에 강우 현상 동반), 층적운 등의 형태로 구름이 생겼다가 사라지며 기온이 서서히 오른다. 뒤이어, 또 다른 찬 기단이 급격히 다가오며 권운이나 권층운, 고적운, 적란운(좁은 지역에 강한 강우 현상 동반), 다시 적운 순서로 구름이 나타났다가 사라지며 기온은 다시 뚝 떨어진다. 이 같은 현상은 베르겐 학파가 주장한 이래로 다수 관측된 사실이 되었으나, 아직도

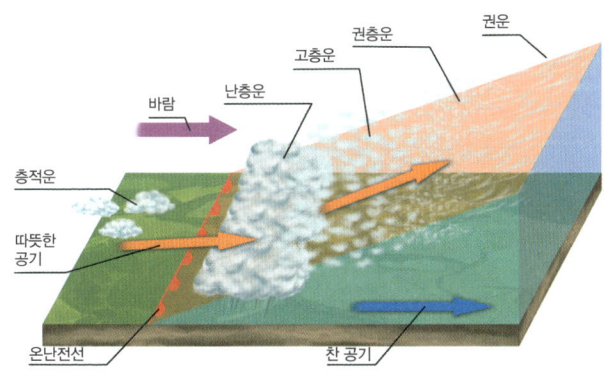

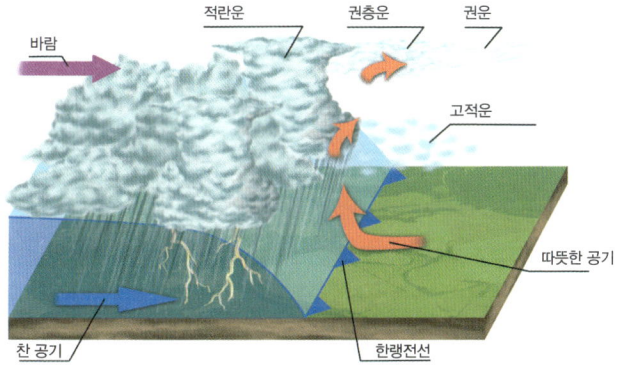

온대저기압 내 온난전선과 한랭전선의 이동에 따른 구름의 변화.

더 많은 구름 생성 조건과 과정에 관한 연구가 필요하다.

구름이 알려주는 기후

오늘날 구름물리학에서 가장 활발히 연구 중인 주제를 꼽자면

에어로졸 등에 의한 구름 발생 정도에 관한 연구, 구름 분포에 따른 알베도 효과와 지구 평균기온과의 관계에 관한 연구를 들 수 있다. 이 연구들은 지구온난화와 기후변화라는 전 지구적 문제에 대응하기 위한 과학기술 발전과 연결되어 더욱 중요시되고 있다. 사실 구름은 대부분 물방울과 얼음 결정(빙정)으로 이루어진 만큼 지구로 들어오는 태양 복사에너지를 반사하며 거울이나 양산과 같은 역할을 하는 한편, 지구에서 우주로 나가는 지구 복사에너지를 흡수했다가 다시 지표면으로 보내 온실효과를 일으키며 이불이나 보온병 같은 역할도 한다(연구자들은 대기의 복사평형에 이산화산소의 온실효과보다 구름에 의한 효과가 더 크다고 본다). 따라서 어떤 구름이 얼마나 어디까지 만들어져 있는지는 지구의 열수지 또는 복사평형 등 기후에 큰 영향을 미치는 주요 요인이라 할 수 있다. 그리고 이때 구름을 잘 발달시킬 수 있는 구름 씨의 문제도 함께 다루어진다.

가령 대기오염 물질 중 하나인 에어로졸*이 구름 씨로 작용함은 이미 1880~1890년대에 존 앳킨이 밝힌 것처럼 꽤 오래전부터 알려져 있었으나** 본격적인 에어로졸과 기후에 관한 연구는 1990년대부터 시작하여 현재까지 꾸준히 이어지고 있다. 에어로졸이 대기오염 물질이라고만 생각하면 무조건 제거되어야 한다고 볼 수 있으나

- 에어로졸aerosol은 'aero-solution'의 준말로 대기 중에 떠 있는 고체 또는 액체 상태의 작은 입자(약 0.001~100μm)를 뜻한다. 연무, 황사, 안개, 구름 등의 기상 현상과 관련 있는 것은 물론 자연적인 요인, 예를 들어 바람에 의한 비산(황사), 화산 폭발(화산재), 바닷소금, 산불 등과 인위적인 요인(산업 활동, 자동차 운행 등 인간 활동의 결과)에 의해 모두 발생할 수 있다.

- 그의 대표 논문으로는 1880년 〈먼지, 안개, 구름에 관하여On dust, fogs, and clouds〉, 1889년 〈대기 중 먼지 입자 계수 장치의 개선에 관하여On the number of dust particles in the atmosphere〉, 1898년 〈일부 구름 응결핵에 관하여On some nuclei of cloudy condensation〉 등을 에든버러 왕립학회지에 발표한 바 있다.

구름 씨의 기능도 담당하므로 그냥 제거해서는 안 되는 면도 있다.

따라서 에어로졸, 구름과 태양 복사에너지나 지구 복사에너지 사이의 복잡한 관계를 잘 파악할 여러 연구가 필요하다.• 실제로 2023년, 우리나라 극지연구소의 연구진이 남극에서 바다나 빙산(바다 얼음), 심지어 펭귄의 배설물에서 발생한 지름 1마이크로미터 미만의 극초미세먼지가 구름 씨로 작용하는 과정을 관측하는 데 성공하기도 했다.•• 한편, 국립기상과학원에서는 2022년 제주도에 세계 1위의 실험 규모(21세제곱미터)를 가진 '구름물리실험체임버Korea Cloud Physics Experimental Chamber, K-CPEC'를 구축하여 직접 만든 구름 씨로 구름과 눈·비가 생성되는 과정을 관찰하는 실험을 수행 중이다. 대기 상층의 각종 빙정(얼음 결정) 형태를 관찰하는 것은 물론 다양한 실험 조건을 재현할 수 있는 게 장점인데, 이를 이용해서 친환경 성분의 구름 씨도 실험해보고 있다.•••

한편, 인공 구름으로 알베도를 증가시켜 기온을 낮추고자 하는 '해양구름표백' 또는 '바다구름밝히기Marine Cloud Brightening, MCB' 기술도 최근 크게 주목받고 있다. 호주와 영국, 미국 등의 연구진에 따르면, 바다 위에서 소금 입자를 구름 씨로 쓰면 기존 구름 입자보다 더

• 심지어 에어로졸 자체도 빛의 산란 효과를 일으켜 지구의 복사평형에 영향을 줄 수 있다. 일본 규슈대학 연구팀은 2021년 연구 결과에서, 이산화탄소 농도가 높은 상황에서 에어로졸만 제거된다면 오히려 지구온난화는 가속될 수 있다고 주장한다.

•• 여기서 연구진이 남극에 주목한 이유는 남극의 구름이 햇빛을 반사해 온도를 낮추면 전 지구적인 기후변화에도 영향을 미칠 수 있는 점과 향후 극초미세먼지가 기후변화에 미치는 영향을 파악하는 데도 도움을 줄 수 있기 때문이다.

••• 이 시설은 세계에서 아홉 번째, 아시아에서는 두 번째로 구축되었으며, 크게 '구름 체임버'와 '에어로졸 체임버'로 나뉘어 있다. 단순히 구름을 재현하는 것을 넘어 기후변화와 기상현상의 비밀을 밝혀내고 더 나아가 기후변화 대응과 기상 재해 예방 기술의 고도화를 위한 연구를 수행 중이다.

작은 입자가 생겨 조밀한 구성의 밝은 구름을 만들 수 있다. 이런 밝은 구름이 더 많은 태양 빛을 반사(산란)시켜 지표면에 닿는 복사에너지를 줄일 수 있으므로 결국 기온을 낮추는 효과가 있다는 것이다.

그러나 다른 연구자들에 의하면 이 기술이 국지적으로 특정 지역의 기온을 떨어뜨릴 수 있을지 몰라도, 전 지구적으로 다른 지역에서는 어떤 기후변화를 초래할지 모르기 때문에 아직 함부로 적용할 단계가 아니라고도 한다. 게다가 본격적인 실험에 대규모 예산이 필요하기도 하다. 그래서 이제까지 나온 다른 날씨 조작 기술의 선례를 고려할 때 좀 더 신중해야 한다는 반대 의견과 어떤 조치라도 취해야 할 만큼 기후위기가 심각한 상태이기 때문에 더 이상 미룰 수 없다는 찬성 의견이 아직 팽팽하게 맞서는 중이다.

이제까지 일상 속 구름 관찰 방법에서부터 학계 계 내 구름물리학의 역사와 위상, 그리고 그 의미까지 구름과 관련된 각 분야의 여러 면모를 짧게나마 살펴보았다. 사실 구름 자체는 지구에만 존재하는 것은 아니어서 다른 행성이나 우주 공간에서도 얼마든지 만날 수 있다. 다만 그 구성 성분이 우리 지구와 같이 물이 아닌 경우가 많고, 특히 큰 시스템 안에서 상태변화를 동반한 순환과정을 거치지 않는 경우도 많다. 즉 구름 자체로만 분포할 뿐, 그렇다고 해서 반드시 비를 내리거나 바다를 이루거나 다시 구름이 만들어지는 과정을 거치는 게 아니라는 뜻이다. 그래서 어쩌면 구름은, 우리가 물의 행성인 지구에 살고 있는 한, 좀처럼 떼려야 뗄 수 없는 운명 공동체 같은 존재가 아닐까 싶다. 그러니까 우리가 구름을 관찰하고 감상하고 관측하는 것은 단순히 취미를 넘어 지구인으로서 지구의 기후변화에 대한 인식과 환경문제 해결에 관한 관심을 높이는 첫걸음일 수 있겠다.

우주과학

CHAPTER 4

우주를 읽는 AI
사라진 연결 고리, 중간질량블랙홀
제임스웹 우주망원경이 전해온 소식들

future science trends

우주를 읽는 AI

김예은   천문학

2025년 3월, 미국 캘리포니아 패서디나에 사는 18세 고등학생 마테오 파즈Matteo Paz가 천문학계를 발칵 뒤집어놓았다. 이 젊은 과학자는 AI 알고리즘을 개발해 150만 개의 새로운 천체를 발견하는 놀라운 성과를 이뤄내며, 미국에서 가장 권위 있는 과학경시대회인 '리제네론 사이언스 탤런트 서치Regeneron Science Talent Search 2025'에서 1등을 차지하고 25만 달러(약 3억 6000만 원)의 상금을 받았다.

마테오는 NASA의 근지구천체 광역 적외선 탐사NEOWISE 데이터 200테라바이트를 분석해 2000억 개의 데이터 항목을 처리했다(이는 개인이 평생에 걸쳐도 분석할 수 없는 엄청난 양의 데이터라고 할 수 있다). 그가 발견한 천체 중에는 시간이 지나면서 밝아지거나 어두워지는 '변광천체'가 포함되어 있는데, 이들은 우주의 비밀을 향해 윙크하는 퀘이사, 식쌍성, 초신성 등의 후보다.

마테오의 성과는 단순히 새로운 천체를 대량으로 발견한 것을 넘어서, 우리 삶에 스며든 AI가 천문우주 분야에서 얼마나 혁신적인 도구가 될 수 있는지를 보여주는 상징적 사건이라고 할 수 있다. 갈릴레오가 천체망원경으로 하늘을 바라본 순간처럼, 사진 건판에 밤

하늘의 기록을 남기던 때처럼, 전파망원경으로 우주 최초의 빛을 맞이한 순간처럼 우리는 지금, 하늘을 읽어주는 새로운 도구 AI와 함께 우주를 누리고 있다. 그럼 AI가 우주를 탐색하는 과정을 어떻게 변화시키고 있는지 살펴보자.

새로운 천체 발견이 몇 초 만에?

칠레 안데스산맥에 자리 잡은 베라루빈 천문대Vera C. Rubin Observatory는 현재 천문학에서 AI 활용의 최전선에 서 있다. 이곳 천문대는 LSSTLegacy Survey of Space and Time라는 야심 찬 프로젝트를 진행 중인데 이는 '시공간 유산 탐사'라는 뜻으로, 10년에 걸쳐 남반구 하늘을 매일 밤 관측해 우주의 변화하는 모습을 기록하는 것이다. 루빈 천문대는 날마다 우주를 관측하며 20테라바이트의 데이터를 생성한다. 이는 스마트폰으로 찍은 고화질 사진 약 400만 장에 해당하는 양이다. 10년간 총 60페타바이트의 데이터를 수집할 예정인데, 이는 전 세계 모든 도서관의 책을 디지털화한 데이터보다도 많다. 그야말로 별빛 파도가 우리에게로 밀려오고 있는 것이다.

이처럼 엄청난 양의 데이터를 처리하기 위해 루빈 천문대는 '루빈 사이언스 파이프라인Rubin Science Pipeline'이라는 AI 기반 데이터 처리 시스템을 개발했다. 이 시스템의 핵심은 '컨볼루션 신경망Convolutional Neural Network, CNN'이라는 기술이다. CNN은 인간의 시각 시스템을 모방한 AI로, 이미지의 패턴을 층층이 분석한다. 첫 번째 층에서는 이미지의 가장 기본 요소인 점, 선, 모서리 등을 감지한다. 마치 한글 공부의 첫 번째 미션으로 자음과 모음을 배우는 것처럼, 이 층은 이미지의 모든 시각적 정보를 아주 단순한 단위로 쪼개어 이해한다.

두 번째 층에서는 첫 번째 층에서 감지한 점과 선을 조합하여 원, 삼각형, 사각형 같은 더 복잡한 도형이나 패턴을 만들어낸다. 모음과 자음을 조합해 단어를 만드는 단계라고 볼 수 있다. 마지막 층에서는 앞선 층에서 만들어진 복잡한 도형과 패턴을 분류하고 인식하여 최종적으로 이것이 별, 은하, 행성 등 어떤 천체인지 판단한다. 단어로 연결된 문장의 의미를 파악하듯 최종 결과물을 얻게 된다.

루빈 사이언스 파이프라인 시스템의 가장 놀라운 점은 속도인데, 사진 촬영이 끝나고 단 60초 이내에 다음과 같은 복잡한 과정을 모두 완료한다.

- 사진 촬영 완료: 30초 노출로 하늘의 한 영역(9.6제곱도) 촬영.
- 데이터 전송: 3200메가픽셀 이미지를 컴퓨터로 전송.
- 기준 이미지 불러오기: 같은 하늘 영역의 과거 이미지를 데이터베이스에서 검색.
- 차분 이미지 분석: 오늘과 어제 사진을 픽셀 단위로 비교.
- 변화 감지: 5시그마_{5-sigma}* 이상(99.9999퍼센트 확률) 밝아지거나 어두워진 천체 발견.
- 노이즈 판별: 발견한 천체가 진짜 천체인지 단순 노이즈인지 판단.
- 경보 발생: 진짜 천체라고 판단한 경우 전 세계 천문대에 즉시 알림 전송.

---

* 5시그마는 통계학적 유의성을 나타내는 척도로, 관측된 신호가 우연한 배경 잡음일 확률이 350만 분의 1보다 낮다는 것을 의미한다.

이는 마치 초고속 사진 현상소에서 사진을 인화하고, 수십 명의 전문가가 돋보기로 변화를 찾고, 전 세계에 소식을 전하는 모든 과정이 1분 만에 이뤄지는 것과 같다. 이 과정에서 루빈 사이언스 파이프라인 시스템은 '이미지 차이점 분석Difference Imaging Analysis'이라는 방법을 먼저 사용한다. 어젯밤 촬영한 하늘 사진과 오늘 밤 촬영한 같은 영역의 사진을 픽셀 단위로 비교해서, 밝기가 달라진 부분을 찾아내는 방법이다. 만약 어떤 별이 어제보다 10배 밝아졌다면, 이것은 초신성 폭발일 가능성이 있다!

특히 주목할 만한 것은 영국에서 개발된 '라세어Lasair'다. 라세어는 루빈 천문대에서 매일 밤 생성되는 약 1000만 개의 변화 감지 알림을 필터링하고 분류하는 AI 기반 중개 시스템이다. 과학자들은 라세어의 웹 인터페이스Web Interface•나 APIApplication Programming Interface••를 통해 자신이 관심 있는 천체 유형(예를 들면 Ia형 초신성)에 대한 필터를 설정할 수 있으며, 해당 조건에 맞는 알림이 발생하면 실시간으로 이메일로 통보받는다. 이 시스템은 개인화된 우주 관측을 가능하게 하며, 머신러닝 모델과 연동해 희귀한 천체를 자동으로 분류하고 분석하는 기능도 갖추고 있다.

이는 바로 이미지 차이점 분석으로 변화가 감지된 천체들에 대해, '광도곡선 분석'•••을 사용할 때 '랜덤 포레스트Random Forest'라는 머신러닝 알고리즘을 사용하는 것이다. 수백 명의 전문가가 동시에

- • 스마트폰이나 컴퓨터에서 인터넷 창(브라우저)을 열어 직접 눈으로 보고 클릭하며 알림을 설정할 수 있는 화면.
- •• 컴퓨터가 코드를 통해 자동으로 데이터를 요청하고 받아오는 통신 방식.
- ••• 광도곡선은 시간에 따른 천체의 밝기 변화를 나타내는 그래프로, 초신성은 급격히 밝아졌다가 서서히 어두워지는 패턴을, 변광성은 규칙적으로 밝기가 변하는 패턴을 보인다.

같은 천체를 보고 투표하는 것과 같은 원리다. 각각의 '결정 트리'가 '이건 초신성이다', '이건 변광성이다', '이건 소행성이다'라고 판단하면, 최종 결과는 가장 많은 표를 받은 것으로 결정된다. AI는 이런 패턴을 반복적으로 학습해서 새로운 천체 현상을 몇 초 만에 분류할 수 있게 된다.

AI가 예측하는 우주의 날씨

우주에도 날씨가 있다. 태양에서는 끊임없이 강력한 에너지와 입자가 분출되고, 이에 따라 '우주 날씨'가 변화한다. 우주 날씨는 지구의 통신, GPS, 전력망에 심각한 영향을 준다. 2024년 5월에 발생한 대규모 지자기 폭풍*은 전 세계 GPS 시스템을 마비시키고 항공기 운항을 중단시키기도 했다.

우주 날씨를 예측하기 위해 NASA, ESA, 그리고 여러 연구 기관이 AI 기반 예측 시스템을 개발하고 있다. 시스템의 핵심은 '시계열 분석Time Series Analysis'을 사용하는 것이다. 시계열 분석은 시간 순서대로 나열된 데이터에서 패턴을 찾는 방법인데, NASA는 시계열 분석에 'LSTMLong Short-Term Memory'이라는 특별한 신경망을 사용한다. LSTM은 인간의 기억처럼 작동해서, 며칠 전의 태양 활동이 지금의 지자기 폭풍에 어떤 영향을 주는지 기억하고 학습할 수 있다. 마치 숙련된 기상 예보관이 과거 날씨 패턴을 기억해서 내일 날씨를 예측하는 것과 같은 원리다.

- 태양에서 날아온 고에너지 입자들이 지구 자기장과 충돌해 일어나는 현상으로 이때 발생하는 전자기 교란은 인공위성을 손상시키고, 송전선에 과전류를 일으켜 대규모 정전을 일으킬 수 있다.

이 시스템은 실제로 2024년 5월 지자기 폭풍을 성공적으로 예측해냈다. AI는 태양 표면의 자기장 변화, 태양 코로나 질량 방출 CME* 그리고 태양풍 속도 등 수십 가지 변수를 동시에 분석해서 72시간 전에 위험한 우주 날씨를 예고했다.

한국에서도 인공지능을 활용한 획기적인 연구가 진행되고 있다. 2019년, 경희대학교 문용재 교수팀은 세계 최초로 태양의 측면과 후면 자기장을 복원하는 기술을 개발했다. 기존의 관측 장비로는 태양의 앞면만 볼 수 있었지만, 이 연구는 보이지 않는 영역까지 인공지능으로 예측할 수 있게 만든 것이다. AI는 전 세계 태양 관측소에서 수집된 방대한 데이터를 분석하고, 과거 수년간의 태양 자기장 변화 패턴을 학습한다. 이를 바탕으로 태양 앞면의 자기장 변화만을 보고도 보이지 않는 뒷면의 자기장 상태를 추론할 수 있게 된다. 실제로 시간대별 태양 전면 자기장 영상과 AI가 예측한 후면 영상을 비교한 결과, 태양 흑점의 위치와 형태가 놀라울 정도로 정확히 재현되었다.

이 기술은 태양 자전에 따라 곧 지구를 향하게 될 태양 뒷면의 활동을 미리 예측한다. 태양 뒷면을 직접 보지 않고도, 태양 활동을 분석하여 지구에 영향을 미치기도 하는 우주 날씨를 사전에 예보할 수 있게 해준다. 이는 우주 날씨 예보의 정확도를 획기적으로 높일 가능성을 보여주며, 인공지능이 천문학적 관측의 한계를 뛰어넘는 도구로 활용될 수 있음을 입증한 사례다.

2023년부터는 이 기술을 더욱 고도화하기 위한 '딥러닝 기

---

* 태양에서 방출된 고에너지 플라스마가 우주 공간으로 퍼지며 지구 자기장에 영향을 주어 위성 통신 장애나 GPS 오류, 전력망 이상 등을 유발할 수 있는 현상.

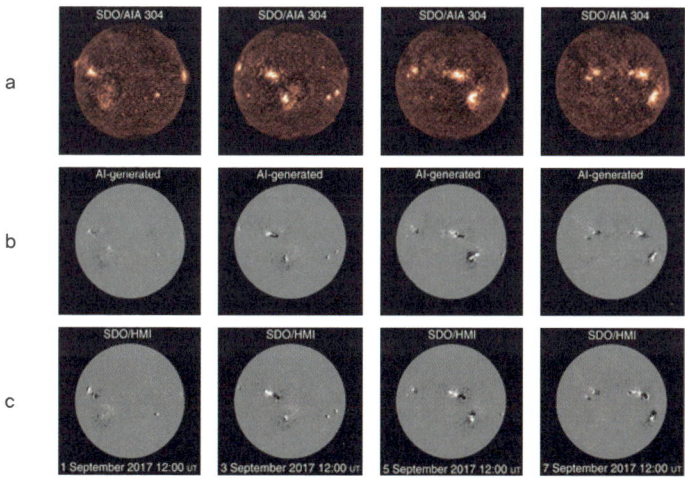

태양 관측 위성SDO의 태양 자기장 영상과 인공지능이 생성한 태양 자기장 영상 비교. 태양 관측 위성이 촬영한 태양 대기 영상(a)을 기반으로, 인공지능이 생성한 태양 자기장 영상(b). 실제 자기장 관측 영상(c)과 비교했을 때, AI가 예측한 자기장 구조가 매우 유사하게 재현됨을 확인할 수 있다.

반 태양 종합 자기장 지도 개발' 프로젝트가 시작되었다. 이 연구는 태양의 전면, 측면과 후면까지 포함한 전천적 자기장 지도synoptic magnetogram를 생성하는 것을 목표로 하며, 향후 우주 날씨 예측 모델의 정확도를 크게 향상시킬 기반 기술로 주목받고 있다.

진짜 중력파의 신호를 찾아라

2015년, 인류는 처음으로 중력파를 검출했다. 중력파란 아인슈타인이 100년 전에 예측한 '시공간의 잔물결'로, 블랙홀이나 중성자별 같은 극도로 무거운 천체들이 충돌할 때 발생하는 시공간의 미세한 진동이다. 이 진동은 너무나 미약해서 지구 크기의 물체가 원자핵 크기만큼 진동하는 정도에 불과하다.

LIGO(레이저 간섭계 중력파 관측소)는 이런 극미세한 진동을 검출하는 장비다. 길이 4킬로미터의 터널 2개를 L자 모양으로 배치하고, 각 터널에 레이저를 쏘아 중력파가 지나갈 때 발생하는 길이 변화를 측정한다. 하지만 이 신호는 너무 약해서 지진이나 자동차 소음, 심지어 나무가 바람에 흔들리는 소리까지도 방해 요소가 된다.

이런 문제를 해결하기 위해 AI를 활용하는 '그래비티 스파이Gravity Spy' 프로젝트가 등장했다. 이 프로젝트는 CNN을 사용해 중력파 신호와 잡음을 구별한다. 또한 CNN은 중력파 데이터를 이미지로 변환한 뒤 그 패턴을 분석해 진짜 신호를 찾아낸다. AI가 스스로 잡음을 구분하는 훈련을 하기 전, 시민 참여를 통해 글리치• 이미지를 분류하는 선작업이 진행된다. 이는 시민 과학••이라는 방식으로 진행되는데, 사람은 컴퓨터가 놓칠 수 있는 미묘한 패턴이나 새로운 유형의 글리치를 식별하는 데 능숙하기 때문이다. 하나의 이미지를 여러 명의 시민이 분류하며, 이들의 분류를 모아 다수결로 최종적인 학습 데이터를 완성한다. 이 과정을 통해 AI 모델의 정확도를 높일 수 있다.

더 놀라운 것은 AI가 직접 복잡한 과학 장비를 설계하는 연구에서 찾아볼 수 있다. 독일 막스플랑크 광과학 연구소의 마리오 크렌Mario Krenn 연구팀은 '유전자 알고리즘Genetic Algorithm'과 '진화적 알고리즘Evolutionary Algorithm'이라는 AI 기술을 사용해 중력파 검출기를 설

- • 중력파 검출기에서 발생하는 일시적인 비정상 잡음이나 교란 신호.
- •• 시민 과학자가 되는 방법은 간단하다. 주니버스Zooniverse의 그래비티 스파이 프로젝트 페이지에 접속해 'Neutron Star Mountain' 버튼을 클릭하면, 튜토리얼을 거친 후 바로 분류 작업에 참여할 수 있다.

계했다. 이는 마치 생물이 진화하는 것처럼 설계안을 발전시킨다. 먼저 수십, 수백 개의 무작위 검출기 설계안을 만들고, 이들을 결합하거나 돌연변이를 일으켜 더 좋은 성능을 가진 새로운 설계안을 만들어낸다. 마치 다윈의 진화론이 작동하듯, AI는 이 과정을 수백 세대 반복하며 기존에 인류가 생각하지 못했던 최적의 설계안을 찾아냈다. 그 결과, AI가 설계한 검출기는 인류가 구상한 것보다 훨씬 뛰어난 성능을 보여주고 있다.

AI가 제안한 중력파 검출기는 기존의 L 자 모양을 벗어나 삼각형, 오각형, 심지어 복잡한 나선 모양까지 다양했다. 이는 인간 설계자들이 전혀 생각하지 못한 혁신적인 구조로, 중력파 신호를 더 민감하게 잡아낼 수 있는 잠재력을 보여주었다.

암흑물질의 분포를 예측하다

한국천문연구원의 홍성욱 박사는 AI를 활용한 우주 연구 분야에서 세계적인 성과를 거두고 있다. 홍 박사팀은 약 1900개의 외부 은하 정보에 딥러닝 기술을 적용해 우리은하로부터 1억 광년 내 암흑물질 분포를 예측하는 연구를 주도했다. 이 연구의 결과로 기존 연구 대비 3배 이상 정밀한 암흑물질 분포 지도를 제작할 수 있었다.

암흑물질은 우주 물질의 약 27퍼센트를 차지하지만 빛을 내지도, 흡수하지도 않아서 직접 관측할 수 없는 신비로운 물질이다. 투명 인간처럼 보이지 않지만 중력으로 그 존재를 알 수 있는데, 홍성욱 박사팀의 AI는 은하들의 분포와 움직임을 분석해서 보이지 않는 암흑물질이 어디에 얼마나 있는지 추측해낸다.

'호라이즌 런 5 Horizon Run 5'는 한국천문연구원과 KISTI(한국과학

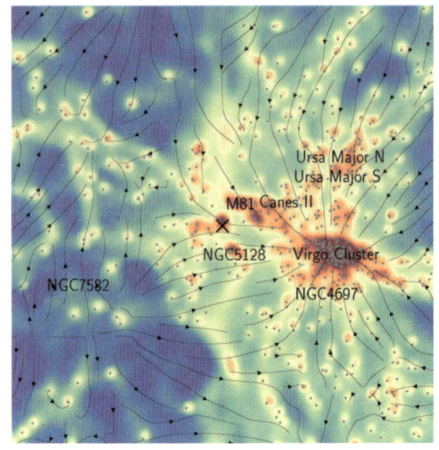

우리은하를 중심으로 해서 약 1억 3000만 광년 지역의 암흑물질 분포를 3차원으로 시각화한 이미지. 점은 밝은 은하들을, 색깔은 암흑물질의 밀도 차이(붉을수록 암흑물질이 많이 모여 있다)를, 화살표는 물질이 중력에 의해서 어디로 끌려가고 있는지 운동 방향을 나타낸다.

기술정보연구원), 고등과학원이 공동으로 수행한 세계 최대 규모의 우주론적 유체역학 시뮬레이션이다. 이 프로젝트는 세계 3대 우주 시뮬레이션 중 하나로 인정받고 있으며, 138억 년 우주 역사를 컴퓨터로 재현해서 은하가 어떻게 탄생하고 진화하는지 연구한다. 호라이즌 런 5는 마치 '우주의 타임머신'과 같다. 빅뱅 직후부터 현재까지 우주의 진화 과정을 초고속으로 돌려 보면서, 암흑물질이 어떻게 뭉쳐서 은하를 만드는지, 별들이 어떻게 태어나고 일생을 마무리하는지 관찰할 수 있다.

이때 AI는 방대한 시뮬레이션 데이터의 잠재력을 극대화하는 핵심 도구로 활약한다. AI는 시뮬레이션에서 '보이는 은하'와 '보이지 않는 암흑물질' 사이의 규칙을 학습한다. 마치 문제와 정답이 함께 있는 교과서처럼, 완벽하게 계산된 시뮬레이션 데이터를 통해 은하의 분포를 보며 암흑물질이 어디에 얼마나 있는지 예측하는 능력을 익히는 것이다. 이렇게 학습을 마친 AI는 실제 관측 데이터에 적용되어 은하의 분포만으로도 우주에 숨겨진 암흑물질 지도를 그려낸다. AI는 시뮬레이션이라는 가상 우주에서 배운 지식을 현실 우주에 적용하여, 인간의 눈으로 볼 수 없는 우주의 비밀을 밝혀내는 데 기여하고 있다.

미래의 천문학

혁신적인 AI 기술이 등장하는 시대에 맞춰, 한국에서도 천문우주 분야에 AI 기술을 본격 도입하는 연구개발 프로그램이 시작되었다. 한국천문연구원이 주도하는 '스페이스AI$_{SpaceAI}$ 프로그램'이 그 주인공이다. 이 프로그램은 우주과학 분야에 AI를 연결해 해당 기술 활용을 확대하기 위해 기획된 종합 연구개발 프로젝트로, 주제 발굴부터 전문가팀 구성 지원, 빅데이터와 AI 모델 개발을 위한 플랫폼 제공까지 다양한 활동을 포괄한다.

스페이스AI 프로그램의 대표적인 성과 중 하나는 바로 '천문우주 AI 경진대회'다. (천문학자 꿈나무들 주목!) KAIST와 한국천문연구원이 공동으로 주최하는 이 대회는 2024년 처음 시작되었으며, 제1회가 7월에 개최되어 총 176개 팀, 287명이 참가했다. 2025년에는 '태양 코로나 물질 방출을 탐지하는 자동화 기술'을 주제로 제2회가 열렸다. 이 경진대회는 대학생 및 대학원생으로 구성된 팀을 대상으로 하며, 우주 분야 연구를 수행할 인공지능 전문가 인력을 양성하고, 우주 AI 데이터 활용 체계를 마련한다는 명확한 목표를 가지고 있다. 또한 천문 지식 퀴즈와 천문 데이터 레이블링(천체 이미지나 관측 데이터를 분석해 별, 은하, 혜성 등의 특징을 식별하고 분류하는 작업) 과제로 참가자들의 실력을 평가하며, 젊은 과학자들이 천문우주

AI 분야에서 역량을 발휘할 실질적인 기회를 제공한다.

제임스웹 우주망원경은 이미 적외선 관측을 통해 우주 초기의 은하들을 발견하고 있으며, AI가 이 방대하며 인간의 눈으로 볼 수 없는 데이터를 분석해 우주의 기원에 대한 새로운 통찰을 제공하고 있다. 2030년대 건설될 약 1제곱킬로미터의 유효 면적을 가진 초대형 전파망원경 스퀘어 킬로미터 어레이 Square Kilometre Array, SKA(우주의 기원과 은하 진화, 중력파, 외계 생명체 탐색 등 현대 천문학의 주요 과제를 해결하기 위해 국제적으로 구축 중인 관측 시설이다)는 현재보다 50배 더 민감한 전파망원경으로, AI 없이는 그 데이터를 처리하는 것이 불가능할 정도라고 여겨진다.

미래의 천문학은 완전히 자동화된 관측 시스템을 갖추게 될 것이다. AI가 스스로 관측 계획을 세우고, 흥미로운 천체를 발견하면 자동으로 다른 망원경들에 알려 집중 관측을 요청할 것이다. 심지어 우주탐사 미션까지도 AI가 계획하고 실행하는 시대가 올 수 있다.

하지만 한계는 있다. AI는 기존 데이터에서 학습하기 때문에, 완전히 새로운 유형의 현상은 놓칠 수 있다. 또한 AI의 판단 과정이 '설명서는 없지만 뭐든지 만들 수 있는 요술 레고'와 같아서, 우리에게 완벽한 결과물을 보여주더라도 수많은 조각을 어떻게 조합했는지 그 과정을 알려주지 않는다. 마찬가지로 AI는 시뮬레이션에서 규칙을 스스로 학습하지만, 그 추론 과정을 인간이 논리적으로 설명하기는 매우 어렵다. 이런 문제들을 해결하기 위해 과학자들은 더 논리적이고 설명 가능한 AI 개발에 노력을 기울인다.

우리는 AI를 활용해 새로운 발견을 이어갈 예정이며, 그 과정에서 우주에 대해 지금보다 훨씬 더 많은 정보를 알게 될 것이다. AI가 열어가는 우주탐사의 새로운 문 앞에서, 우리는 인류가 우주를 이해하는 방식이 완전히 바뀌는 역사적 순간을 목격하고 있다. 앞으로 AI와 천문학의 만남이 어떤 놀라운 발견을 가져다줄지 기대해보자!

사라진 연결 고리, 중간질량블랙홀

이재욱   천문학

양극단 사이의 공백

　블랙홀은 오늘날 천문학을 상징하는 대표적인 존재 중 하나다. 우리는 더 이상 블랙홀을 이론적 산물로만 여기지 않는다. 2019년, 전파망원경 초장기선 간섭계Very Long Baseline Interferometry, VLBI를 활용한 사건의 지평선 망원경Event Horizon Telescope, EHT 프로젝트는 M87 은하 중심의 초거대질량블랙홀을 시각화하며, 인류가 최초로 블랙홀을 눈으로 확인하는 역사적인 순간을 열었다. 또한 2015년 레이저 간섭계 중력파 관측소 LIGO는 블랙홀 한 쌍의 충돌로 인한 시공간의 뒤틀림, 즉 중력파를 직접 포착해 블랙홀을 현실 속 천체로 한 걸음 더 다가오게 했다.

　이처럼 블랙홀은 이제 관측과 실험의 대상이 되었다. 하지만 블랙홀에 대한 전체 그림은 아직 완성되지 않았다. 인류는 이제 막 블랙홀 탐구를 향한 첫걸음을 내디뎠을 뿐이다. 블랙홀에 대한 수많은 의문점 중에 가장 큰 미스터리는 질량의 공백이다. 지금까지 확인된 블랙홀은 크게 두 그룹으로 나눌 수 있다. 첫 번째는 태양보다

| 블랙홀 질량 분포도 |

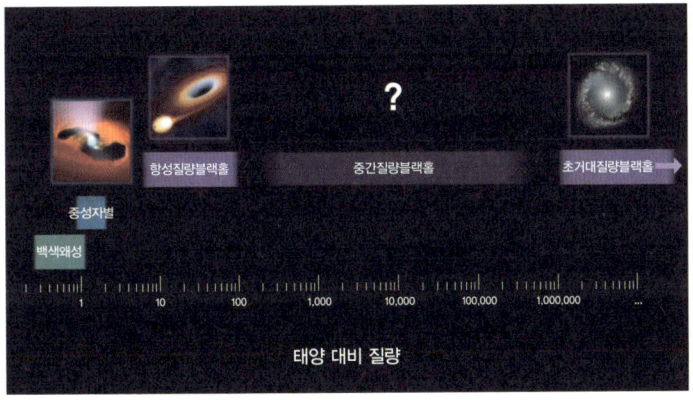

 몇 배에서 수십 배 무거운 별이 죽은 후 만들어지는 항성질량블랙홀 Stellar Black Hole, 두 번째는 태양보다 수백만에서 수십억 배 무거운 질량을 가진, 대개 은하 중심에 존재하는 초거대질량블랙홀 Supermassive Black Hole, SMBH이다. 여기서 천문학자들은 한 가지 의문을 가진다. 그렇다면 태양질량의 수백에서 수십만 배에 해당하는 중간질량블랙홀 Intermediate-Mass Black Hole, IMBH은 왜 보이지 않을까?

 블랙홀 질량 분포도를 살펴보면 항성질량블랙홀과 초거대질량블랙홀 사이의 빈칸을 확인할 수 있다. 이는 단순한 공백 이상의 의미를 지닌다. 만약 블랙홀이 서로 충돌하여 병합하고 주변 물질들을 빨아들이면서 질량이 점차 커진다면, 중간질량블랙홀은 반드시 거쳐야 하는 진화 단계다. 하지만 그 연결 고리는 보이지 않는다. 그렇기에 천문학자들은 중간질량블랙홀을 '잃어버린 고리 missing link'라고 부른다. 이들의 존재는 블랙홀의 진화, 은하의 형성, 더 나아가 우주 탄생 초기의 비밀을 푸는 핵심 퍼즐 조각이다.

이처럼 중간질량블랙홀의 존재는 이론적으로 자연스럽게 예측되지만, 실제 관측으로 확인된 사례는 극히 드물다. 항성질량블랙홀과 초거대질량블랙홀은 다양한 관측 수단으로 실체가 확립된 반면, IMBH는 오랫동안 존재할 수는 있지만 잡히지 않는 대상이었다. 그 이유는 이들이 내는 방출 신호가 미약하고, 은하 중심부가 아닌 성단이나 외곽 영역에 있을 가능성이 크기 때문이다. 그럼에도 지난 수십 년간 일부 천문학적 현상들은 IMBH의 존재 가능성을 암시하는 단서를 제공해왔다.

대표적인 예가 초고광도 엑스선원Ultra-Luminous X-ray sources, ULX이다. 이는 일반적인 항성질량블랙홀로는 설명하기 어려운 강력한 엑스선을 방출하는 천체로, IMBH 후보로 오랫동안 주목을 받아왔다. 하지만 이후 일부 ULX는 극도로 강한 자기장을 가진 중성자별(마그네타)로도 설명될 수 있음이 밝혀지면서, IMBH의 직접적 증거로 받아들이기에는 한계가 있었다. 또 다른 사례로는 은하 중심부에서의 별 궤도 교란이나, 은하 병합 잔해에서 발견되는 특이한 동역학적 구조 등이 있었지만 대부분은 통계적 추정 수준에 머물렀다.

이러한 배경 속에서 2024년, 막시밀리언 헤버리Maximilian Häberle와 동료 연구진이 보고한 오메가 센타우리ω Centauri 관측 결과는 IMBH 탐색에서 의미 있는 진전을 보여주었다. 연구팀은 유럽 남방 천문대ESO의 초대형 망원경VLT에 장착된 MUSEMulti-Unit Spectroscopic Explorer를 사용하여, 성단 중심부에 위치한 수천 개 별들의 운동을 정밀하게 측정했다. 특히 중심부에서 비정상적으로 빠른 속도로 움직이는 별들이 확인되었는데, 이는 단순한 성단 내부의 질량 분포로는 설명하기 어려웠다.

분석 결과, 오메가 센타우리의 중심에는 태양질량의 8200배

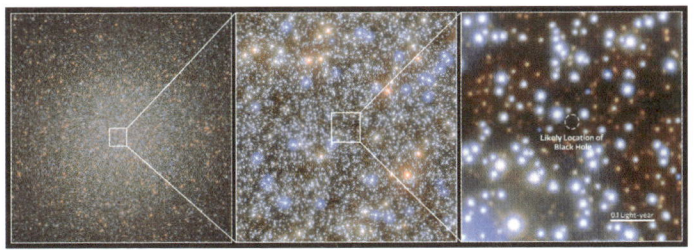

↑ 허블 우주망원경으로 관측한 오메가 센타우리 성단.

정도에 해당하는 보이지 않는 강력한 중력원이 존재해야 한다는 결론이 도출되었다. 이는 전형적인 중간질량블랙홀의 질량 범위에 해당하며, 기존에 제시되었던 구상성단 내 IMBH 후보들보다도 훨씬 더 구체적이고 정량적인 추정치였다. 더 중요한 점은 이 연구가 개별 항성의 운동학적 데이터를 바탕으로 IMBH를 도출했다는 점이다. 지금까지 많은 후보는 엑스선 방출이나 전체 질량 분포의 간접 추정을 통해 제안된 경우가 많았으나, 이번 사례는 별의 궤도 역학이라는 보다 직접적인 방법으로 접근했다는 점에서 의의가 크다. 이처럼 점차 구체화되는 관측 증거들은 IMBH가 실제로 존재할 수 있음을 강하게 뒷받침하며, 블랙홀의 전 생애적 진화를 설명하는 데 중요한 연결 고리를 제공한다.

중력파와 '질량 공백'의 종말

2015년 이후, LIGO를 포함한 중력파 관측소들은 항성질량 블랙홀이 존재할 수 없을 것이라고 예측되었던 질량 공백 mass gap(태양질량의 60~130배)을 채우는 충격적인 발견을 이어가고 있다. 특

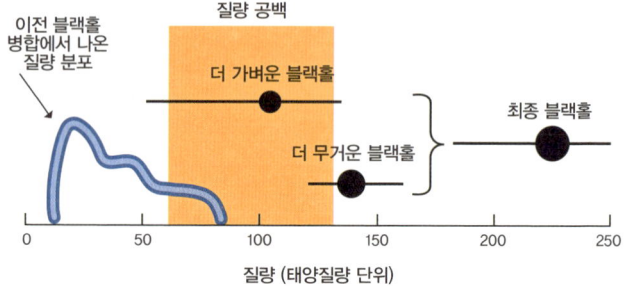

질량 공백에 위치한 블랙홀의 병합. 두 블랙홀이 병합되어 더 큰 블랙홀을 형성했다(검은색 원은 질량을, 가로선은 불확실성을 나타낸다). 이 블랙홀들의 질량은 별이 죽으면서 직접적으로 형성되지 않는다고 여겨지는 '질량 공백(노란색)'과 겹쳐 있다. 또한 이 블랙홀들은 지금까지 관측된 다른 블랙홀들보다 더 큰 질량을 가진다. 이전 블랙홀 병합에서 결정된 블랙홀 질량 분포(파란색 선)는 더 낮은 질량 범위를 포함한다.

히 2020년에는 태양질량의 140배와 100배인 두 블랙홀이 합쳐져 225배에 달하는 블랙홀을 탄생시키는 사건이 포착되었는데, 이는 기존의 항성 붕괴 이론으로는 설명할 수 없는 질량이다. 이와 더불어 LIGO 데이터의 재분석을 통해 태양질량의 100~300배 범위에 해당하는 블랙홀을 생성한 5건의 충돌이 확인되었다.

이러한 발견들은 IMBH가 가설이 아닌 실제 천체 집단임을 시사한다. 특히 ESA의 가이아Gaia 위성은 새로운 차원의 발견을 가능하게 했다. 가이아는 '천체 측정법astrometry'이라는 고유한 방식으로 주변 별의 미세한 흔들림wobble을 정밀하게 측정하여, 물질을 흡수하지 않아 빛을 내지 않는 '휴면 블랙홀'을 찾아낸다. 2024년, 가이아는 우리은하에서 발견된 항성질량블랙홀 중 가장 무거운 '가이아 BH3Gaia BH3'를 발견했다. 이 블랙홀은 태양질량의 33배에 달하는 놀라운 질량을 가지고 있으며, 이는 중력파 관측이 시사했던 고질량 블

↑ 스바루 망원경 초광시야 주초점 카메라Hyper Suprime-Cam로 찍은 중간질량블랙홀 후보. 질량이 증가하는 순서대로 나열되어 있다.

랙홀 집단이 우리은하에도 존재한다는 것을 최초로 증명한 사례다.

또한 미국 국립 광학-적외선 천문학 연구소NOIRLab의 암흑에너지 분광 장비DESI는 무려 300개의 새로운 IMBH 후보를 발견하며 이 분야 연구에 혁명을 일으켰다. 이는 기존에 알려진 후보의 수를 3배로 늘린, 가장 광범위한 IMBH 통계적 표본이다. DESI의 작은 광섬유fiber는 은하 중심의 미세한 신호를 포착하는 데 결정적인 역할을 했다. 흥미로운 점은 IMBH가 주로 왜소은하에 존재할 것이라는 예상과는 달리, 새로 발견된 후보 중 70개만이 왜소은하에 속한 활동성 은하핵active galactic nucleus, AGN(활발하게 물질을 흡수하는 초거대질량블랙홀이 중심에 있으며, 엄청난 양의 에너지를 복사와 제트를 통해 방출하는 은하의 중심 영역)으로 확인되었다는 점이다. 이는 IMBH의 존재가 반드시 활발한 AGN 활동과 직결되는 것은 아님을 시사하며, 블랙홀과 숙주 은하의 진화에 대한 새로운 의문을 제기하고 있다.

이제 자연스럽게 떠오르는 질문은, 이러한 중간질량블랙홀이 어떻게 형성되며, 나아가 블랙홀의 계층적 진화 과정에서 어떤 위치를 차지하는가 하는 점이다. 항성질량블랙홀이 초거대질량블랙홀로 성장하기 위해서는 중간 단계가 필요하다는 논리적 연속성을 고려할 때, IMBH는 단순한 관측상의 희귀한 천체가 아니라, 우주 구조 형성의 큰 퍼즐을 맞추는 핵심 조각일 수 있다. 이제 블랙홀 형성 및 성장의 주요 시나리오를 살펴보며, IMBH가 그 과정 속에서 어떤 의미를 지니는지 탐구하고자 한다.

블랙홀 진화 시나리오

블랙홀이 언제, 어떻게 태어났는가 하는 질문은 우주론에서 가장 오래된 수수께끼 중 하나다. 지금 우리가 관측하는 은하 중심의 초거대질량블랙홀은 태양질량의 수십억 배에 이르지만, 우주가 탄생한 지 불과 수억 년 뒤에 이미 존재했다는 사실이 밝혀지면서 과학자들은 깊은 의문을 품게 되었다. 짧은 시간 안에 어떻게 그렇게 큰 괴물이 만들어질 수 있었을까? 이 궁금증을 풀기 위해 천문학자들은 블랙홀의 '씨앗'이 어떻게 뿌려졌는지를 설명하는 여러 가지 시나리오를 제시했다.

최신 연구에 따르면, 블랙홀의 씨앗seeds은 크게 두 가지 유형으로 나뉜다. 비교적 흔하게 형성되지만 질량이 작은 가벼운 씨앗Light Seeds과, 형성 조건이 까다롭지만 태생적으로 질량이 큰 무거운 씨앗Heavy Seeds이다. 그리고 이 두 유형을 연결하는 새로운 형성 경로가 주목받고 있다.

첫 번째는 가벼운 씨앗 모형인데, 초기 우주에 존재했던 금속 성분이 거의 없는 거대한 별들(제3세대 별)의 잔해로 형성된 블랙홀이다. 이들은 비교적 흔하지만 질량이 1000태양질량 미만으로 작기 때문에, 단기간에 초거대질량블랙홀로 성장하려면 '에딩턴 한계'•를 초과하는 비현실적인 속도로 물질을 빨아들여야 한다는 난제가 있다. 또한 이들은 흔히 물질 밀도가 낮은 은하 헤일로(은하 원반의 주위를 둘러싸는 구 모양의 영역) 외각에 흩어져 존재해 '굶주림 starvation'을 겪을 수 있다.

두 번째는 무거운 씨앗 모형이다. 거대한 가스 구름이 별 진화 단계를 건너뛰고 곧장 블랙홀로 붕괴하여 형성된다. 이들은 형성 당시부터 태양질량의 수만에서 수십만 배에 달하는 거대한 질량으로 시작하기 때문에, 짧은 시간 안에 초거대질량블랙홀로 성장하는 데 매우 유리하다. 그러나 이 모형은 강한 자외선 배경과 같은 특정 환경 조건이 매우 희귀하다는 문제가 있다.

세 번째는 동역학적 형성 모형이다. 이는 성단 내 연속적 중력 작용 모형을 확장한 개념이라고 할 수 있다. 젊고 밀집된 성단에서 별들이 반복적으로 충돌하거나, 작은 블랙홀들이 끊임없이 합쳐지면서 점차 IMBH 질량으로 성장할 수 있다는 것이다. 특히 LIGO의 중력파 관측은 이러한 반복된 병합이 현실에서도 가능함을 보여주며, 항성질량블랙홀의 한계를 넘어선 블랙홀이 '가족 나무family tree'처럼 여러 세대에 걸쳐 형성될 수 있음을 증명했다. 이처럼 다양한 형성 경로는 블랙홀 씨앗이 가볍거나 무겁다는 이분법적 선택이 아

• 블랙홀이 주변 물질을 빨아들일 때, 강착 원반accretion disk에서 발생하는 강력한 복사에너지는 바깥쪽으로 향하는 압력을 만들어낸다. 이 복사압이 블랙홀의 중력보다 강해지면, 블랙홀은 더 이상 주변 물질을 흡수하지 못하고 오히려 물질을 외부로 밀어낸다. 에딩턴 한계는 이처럼 중력과 복사압이 균형을 이루는, 블랙홀이 이론적으로 최대로 방출할 수 있는 광도를 의미한다. 이 한계 때문에 가벼운 씨앗이 단기간에 초거대질량블랙홀로 성장하는 것은 물리적으로 매우 어렵다고 여겨진다.

니라, 연속적인 스펙트럼으로 존재함을 시사한다.

IMBH는 블랙홀의 진화에만 기여하는 것이 아니다. 이는 우주 구조의 형성과 깊이 연관되어 있다. 왜소은하들은 종종 IMBH를 품고 있는데, 이 왜소은하들이 더 큰 은하들에 흡수되면 IMBH는 중력적 상호작용으로 인해 은하 헤일로를 떠돌다가 결국 중심부의 초거대질량블랙홀을 향해 나선형으로 진입하게 된다. 이러한 과정을 중간 질량비 나선 운동Intermediate-Mass Ratio Inspiral, IMRI이라고 부른다. 최신 시뮬레이션은 이러한 IMRI가 초거대질량블랙홀 성장 방식의 절반 가량을 차지할 만큼 중요하다고 밝혀냈다.

또한 IMBH와 숙주 왜소은하 간의 복잡한 '피드백 고리'에 대한 연구도 진행 중이다. 시뮬레이션 결과, IMBH가 주변 물질을 흡수하며 내는 에너지는 자신의 성장을 억제할 수 있지만, 초거대질량블랙홀이 은하 전체의 항성 형성을 조절하는 것과는 달리 IMBH는 그 영향이 매우 국지적이라는 점이 밝혀졌다. 이는 블랙홀과 은하의 관계가 질량에 따라 달라지는 복잡한 공진화 과정임을 보여준다.

미래를 향한 탐사

중간질량블랙홀을 향한 탐구는 앞으로의 관측 기술 발전과 함께 본격적인 궤도에 오를 전망이다. 이론적 측면에서는 별의 운동 궤적 분석과 N-체 시뮬레이션을 통해, 블랙홀의 중력 영향권을 정밀하게 추적하는 연구가 확대되고 있다. 오메가 센타우리 성단 연구는 그 출발점일 뿐이며, 앞으로 더 많은 구상성단과 왜소은하에서 유사한 보이지 않는 중력원의 흔적이 포착될 가능성이 있다.

관측적 측면에서는 제임스웹 우주망원경이 핵심 역할을 할 것으로 기대된다. 적외선 영역에서의 초고감도 관측은 먼 은하의 중심부를 관통해 블랙홀의 신호를 포착할 수 있다. 또한 ESA의 가이아 위성이 제공하는 별의 운동 데이터는, 성단 중심의 미세한 중력적 교란까지 감지할 수 있어 IMBH 후보 탐색에 중요한 기초 자료를 제공한다.

2030년대에 발사될 레이저 간섭계 우주 안테나LISA는 IMBH 연구의 판도를 바꿀 핵심 도구로 기대를 모은다. LISA는 IMBH와 다른 블랙홀들의 병합, 특히 왜소은하의 IMBH가 초거대질량블랙홀로 병합되는 IMRI 과정에서 발생하는 저주파 중력파를 감지하도록 설계되었다. 이는 우주 초기의 '암흑기'에 존재했을 IMBH들을 직접 관측하고, 초거대질량블랙홀 씨앗이 어떻게 형성되었는지에 대한 근본적인 질문에 답할 열쇠가 될 것이다.

기존의 IMBH 탐색은 주로 엑스선이나 전파 관측에 의존해왔지만, 최신 모델들은 IMBH의 방출 스펙트럼이 적외선에서 정점을 찍을 것으로 예측한다. 이에 따라 제임스웹 우주망원경은 '제안서 4343Proposal 4343'을 통해 오메가 센타우리 성단에서 독특한 적외선 색상을 가지지만 광학적 대응물이 없는 IMBH 후보를 찾는 탐사를 진행 중이다. 이는 IMBH 탐색이 단순히 다른 메신저를 사용하는 것을 넘어, 전자기 스펙트럼 내의 다른 파장을 활용하는 방향으로 진화하고 있음을 보여준다.

결국 중간질량블랙홀은 그저 블랙홀의 스펙트럼에서 빠진 공백이 아니다. 그것은 우주가 별과 은하를 어떻게 빚어왔는지, 그리고 우리가 살고 있는 이 거대한 구조가 어떤 경로를 거쳐 오늘에 이르렀는지를 밝히는 핵심적인 '사라진 연결 고리'다. 2026년, 미래 과학은 이 미지의 블랙홀을 향해 한 발짝 더 다가설 준비를 하고 있다.

제임스웹 우주망원경이 전해온 소식들

한명희 우주과학

　지구와 태양이 서로 잡아당기는 중력이 상쇄되어 고요한 곳, 지구로부터 15만 킬로미터 떨어진 제2라그랑주점$_{L_2\ point}$에서는 인류가 만들어낸 최고의 우주망원경, 제임스웹 우주망원경$_{James\ Webb\ Space\ Telescope,\ JWST}$이 우주를 관측하고 있다. 2021년 12월 25일 남아메리카 기아나에서 발사되어 2022년 7월 첫 관측 이미지를 공개한 이후 3년 동안 수많은 관측을 통해 우리가 우주를 이해하는 데 많은 도움을 주고 있다.

　제임스웹 우주망원경은 적외선으로 우주를 관측하는데, 우리가 눈으로 볼 수 있는 가시광선이 아닌 다른 영역을 관측하게 된다. 우리로부터 아주 멀리 떨어진(우주가 만들어진 초기에) 천체에서 오는 가시광선은 우주 팽창으로 파장이 늘어나 적외선으로 변한다. 이를 관측하면 빅뱅 이후 탄생한 최초의 별이나 초기 은하들의 모습을 살펴볼 수 있어 우주의 진화 과정 연구가 가능해진다. 우주의 가스와 먼지가 뭉쳐 있는 영역은 가시광선이 뚫고 지나갈 수 없지만 적외선은 이곳을 통과한다. 따라서 두꺼운 가스와 먼지로 감싸인 아기 별의 탄생 모습이나 수명이 다해 우주로 가스를 방출하는 죽음을 앞둔

별을 관측하여 별의 진화 과정을 살펴볼 수 있다.

생명체의 흔적을 찾을 때도 적외선은 유용하다. 생명체를 구성하는 또는 생명 활동으로 만들어지는 고분자 화합물은 우주의 뜨거운 영역에서 분해되기 때문에 온도가 낮은 영역에서 찾아야 한다. 즉, 별과 행성이 만들어지는 차가운 성운이나 별에서부터 적당히 떨어져 있어 액체 상태의 물이 존재하는 외계 행성의 대기에서 생명체의 기원과 흔적을 찾는 일 또한 적외선으로 할 수 있는 것이다.

이러한 능력을 지닌 제임스웹 우주망원경은 3년의 시간 동안 860여 개 이상의 과학 프로그램을 수행했다. 이에 따라 1600편이 넘는 논문이 발표되었는데 연구된 내용 중 흥미로운 것을 소개하려고 한다.

작고 붉은 점

2022년 12월, 제임스웹 우주망원경은 지금까지 볼 수 없었던 작고 붉은색으로 빛나는 수많은 새로운 천체를 관측했다. 천문학자들은 별이라고 하기에도, 은하라고 하기에도 무언가 이상한 이 천체를 '작은 붉은 점Little Red Dots, LRD'이라 부르며 연구를 진행했다. LRD는 빅뱅 이후 6억 년이 지난 시점부터 나타나기 시작해서 15억 년이 지난 시점에는 그 수가 줄어드는 경향을 보이는데 최근 이 천체가 무엇인지에 대한 실마리를 찾게 되었다.

분광 관측을 진행한 LRD 중 약 70퍼센트에서 주변을 빠르게(초속 1000킬로미터) 공전하는 가스의 흔적을 발견했다. 이러한 가스는 거대 블랙홀의 강착 원반(블랙홀로 물질이 끌려 들어갈 때 만들어지는 원반)에서 볼 수 있기 때문에 LRD가 우주 초기 초거대질량블랙홀을

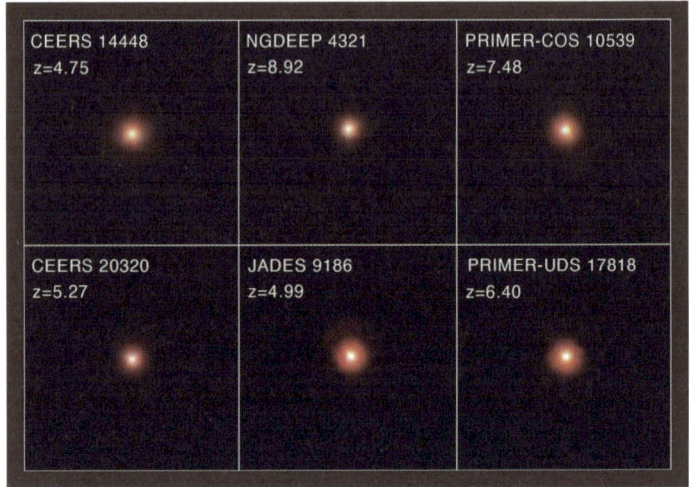

↑ 작은 붉은 점LRD의 근적외선카메라NIRCam 이미지.

가진 활동성 은하핵AGN일지도 모른다는 의견이 있다. 하지만 활동성 은하핵은 주변의 가스를 흡수하면서 블랙홀의 축 방향으로 막대한 에너지가 제트 형태로 방출되는 모습이 관측되어야 한다. 즉, 엑스선이나 자외선 등 다른 파장의 빛들로도 관측할 수 있어야 하는데 LRD는 왜 적외선에서만 보이는지 그 이유를 정확히 알지 못한다. 또한 LRD가 활동성 은하핵이라고 하기에는 크기와 질량이 작은 문제점도 존재한다.

최근 몇몇 가설에서 블랙홀별Blackhole Star이라는 새로운 형태의 천체 모델이 제시되었다. 중심에 거대 블랙홀이 존재하고 그 주변을 아주 짙은 가스가 고치처럼 블랙홀을 감싸고 있어, 블랙홀에서 방출되는 짧은 파장의 빛들은 이들 가스에 흡수된다. 가스를 가열하는 데 빛이 사용되어 결국 관측하지 못하게 되고, 가열된 가스에서 외부로 방출되는 적외선으로 인해 붉은 별처럼 보이는 상태인 천체를 블랙홀별이라 일컫는다. 만약 LRD가 블랙홀별이라면 적외선으로만 관측되는 문제뿐 아니라 활동성 은하핵이라고 하기에는 크기와 질량이 작아 보이는 문제도 해결할 수 있다고 하는데, 앞으로 후속 관측을 통해 LRD가 어떤 천체로 밝혀질지 기대해본다.

두꺼운 원반과 얇은 원반

우리은하는 나선 팔을 가진 원반 형태다. 여름철 밤하늘의 은하수는 우리은하의 옆모습을 보고 있는 것이다. 이를 통해 우리은하가 납작한 원반 모양이라는 것을 알 수 있다. 우리는 은하수를 보며 '우리은하가 하나의 원반으로 이루어져 있다'라고 생각할 수 있지만 실제로는 원반 2개를 가지고 있다. 주로 젊은 별이 모인 은하 중심을 가로지르는 얇은 원반과 나이 든 별로 이루어진, 주변을 감싸는 두꺼운 원반으로 나뉜다. 천문학자들은 시간이 지남에 따라 은하의 모습과 구성이 변하는 것을 진화라고 표현하는데 원반 은하의 진화 과정 중에 '어떤 원반이 먼저 만들어지는가'는 논쟁이 있는 주제다.

첫 번째로 가스가 몰려 있는 은하의 중심에서 별이 계속 태어나며 얇은 원반이 먼저 만들어지고 주변 은하의 중력이나 여러 역학적인 원인으로 별들이 흩어지면서 두꺼운 원반이 자라난다는 주장이 있다. 두 번째 가설로는 두꺼운 원반 형태로 별들이 먼저 태어나고 남은 가스들이 중심으로 모여 나중에 별들이 태어나 얇은 원반이 생성된다는 의견도 있다.

제임스웹 우주망원경은 지금으로부터 110억 년 전 우주 초기부터 다양한 시기의 원반 은하 111개를 관측하고 두꺼운 원반만 있

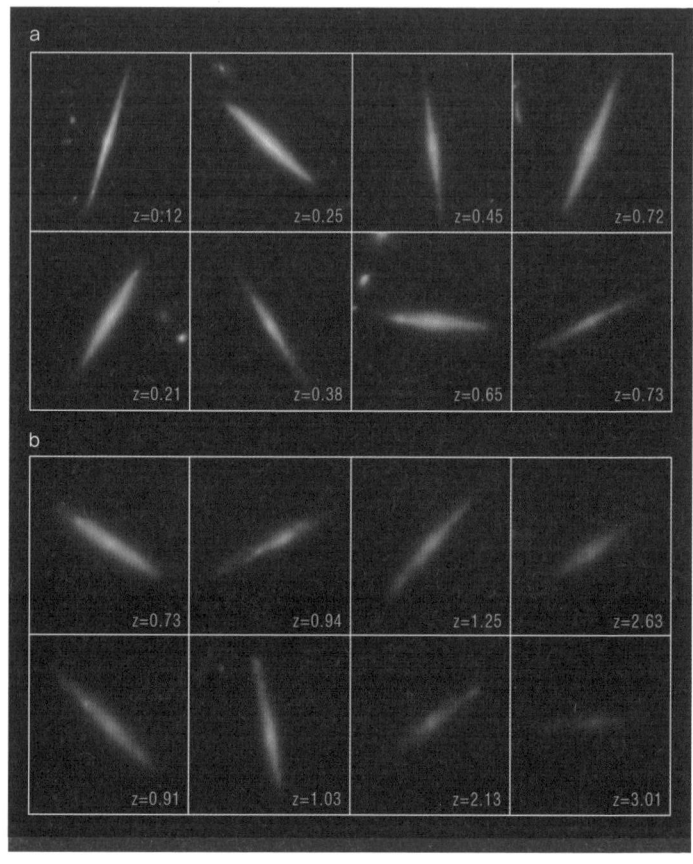

↑ 얇은 원반과 두꺼운 원반을 모두 가진 은하(a), 두꺼운 원반만 가진 은하(b). 오래된 은하들은 두꺼운 원반만 가지는 것을 확인할 수 있다.

는 은하와 얇고 두꺼운 2개의 원반을 모두 가진 은하를 분류했다. 그리고 다음과 같은 결과를 얻었는데 멀리 있는 오래된 은하는 두꺼운 원반만 가지고 있고, 2개의 원반을 가진 은하들이 나중에 나타난다는 것이다.

이는 앞서 원반 은하의 진화 과정 가설 중 두꺼운 원반이 먼저 만들어지고 얇은 원반이 나중에 자라난다는 것을 의미한다. 또한 얇은 원반이 생성되는 시점이 은하의 질량에 따라 다르다는 점도 확인했는데 이는 무거운 은하들은 약 80억 년 전부터, 가벼운 은하들은 40억 년 전에 얇은 원반을 만들었다는 이야기다. 그리고 그 이유를 찾기 위해 ALMA 전파망원경Atacama Large Millimeter/submillimeter Array으로 추가 관측을 진행했다. 무거운 은하는 그 안의 가스의 요동이 심해 별들이 두꺼운 원반 형태로 빠르게 만들어지고 남은 가스들이 안정화되어 얇은 원반이 이른 시기에 만들어지는 반면, 가벼운 은하는 가스의 안정화가 늦어져 얇은 원반이 생성되는 시기가 늦어진다는 것을 확인했다.

이는 우리가 자연을 이해하는 과정에서 중요한데, 특별한 하나가 아닌 보편적인 것을 파악하고 적용하는 데 필요한 결과이기 때문이다. 우리은하의 얇은 원반도 대략 80억 년 전에 형성된 것으로 보인다. 즉 우리은하만의 특징이라기보다 우주의 여러 원반 은하가 공통적으로 겪는 현상이라는 알게 된 것이다. 우리은하의 진화 과정을 연구하는 과정에서 우주 속 은하들의 진화까지 이해가 확장된다는 점을 다시금 깨닫게 해주는 관측이었다.

별의 탄생과 생명의 흔적

제임스웹 우주망원경은 별들이 탄생하는 영역도 관측하고 있다. 우리로부터 525광년 떨어진 황소자리의 별 탄생 지역에 존재하는 IRAS 04302+2247은 원시별의 모습을 잘 보여준다. 이 원시별은 지름 650억 킬로미터의 가스와 먼지 원반으로 둘러싸여 있는데

↑ IRAS 04302+2247 원시별. 제임스웹 우주망원경의 근적외선카메라, 중적외선 관측 장비 MIRI, 허블 우주망원경(가시광선)의 이미지를 합성한 것이다.

위 사진 속 위아래로 길게 그어진 선이 바로 이 원반이다. 이 안에서 행성들이 만들어지고 별이 가스와 먼지를 우주로 밀어내기 전까지 원반은 크기를 키워나갈 수 있게 된다. 이 가스 먼지 원반은 별에서 나오는 빛을 차단하는데 그래서 오히려 수직적으로(원반의 회전축 방향) 분포하는 가스와 먼지의 구조를 더 잘 관측할 수 있게 해준다. 양 옆으로 뻗어 나오는 것처럼 보이는 가스는 원시별에서 나오는 빛을 반사하여 볼 수 있는 반사성운으로, 나비 모양과 비슷하다. (그래서 '나비별'이라는 별명이 지어지기도 했다.) 이렇게 제임스웹 우주망원경은 별들이 탄생하는 지역을 관측하여 별과 행성의 탄생의 과정을 연구하고 있다.

2025년 4월, 전 세계를 놀라게 한 관측 결과가 발표되었다. 187쪽 자료는 K2-18b라는 행성의 대기 관측 결과다. 이 행성은 지

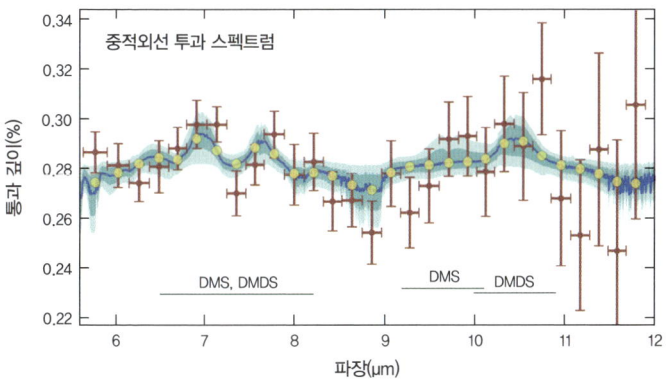

⋮ K2-18b에서 검출된 DMS. 중적외선 분광 관측 결과다.

구로부터 120광년 떨어진 거리에 있는데 지구보다 2.6배 크고 8.6배 무겁지만 해왕성보다는 작고 가벼운 하이션$_{Hycean}$ 행성, 즉 물로 이루어진 행성으로 여겨진다. 지난 2023년 제임스웹 우주망원경 관측으로 대기 성분 중에 DMS$_{Dimethyl\ Sulfide}$(디메틸황화물)라는 성분이 검출되어 논란이 있었던 행성이다. 그 당시 연구팀은 제임스웹 우주망원경의 또 다른 관측 장비를 이용해 다른 파장 영역에서 추가 관측을 진행했는데 이곳에서도 DMS가 높은 농도로 발견되었다고 주장했다.

DMS은 우리 지구에서는 생명체(식물성 해양 플랑크톤)만이 생성해내기 때문에, K2-18b에서도 미생물 같은 생명체가 우리 지구의 초기와 비슷하게 폭발적으로 번성하여 DMS를 만들 것이라고 말했다. 이후 우주에서는 DMS를 생명체만 만드는 것이 아니고, 다른 곳에도 존재하기 때문에(우리 지구상에서만 생명체가 만든다) 생명체의 흔적이 아닐 수 있다는 의견이 나왔다. 또한 과연 분석 결과가 신뢰

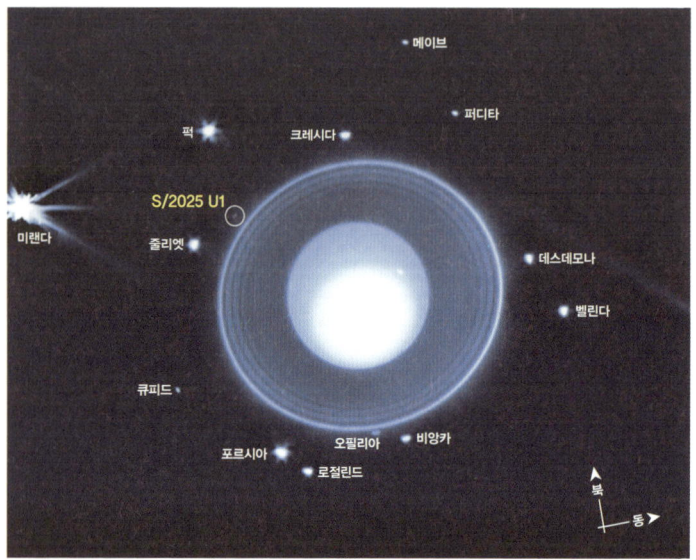

↕ 근적외선카메라로 관측한 천왕성의 새로운 위성과 총 28개의 위성 중 13개.

할 수 있는 것인지에 대한 논란이 커져 검증을 위한 추가 관측이 진행 중이다. 최근 DMS가 발견되지 않았다는 결과가 발표되기도 했는데 과연 해프닝으로 끝날지 실제로 외계 생명체가 존재하는 것인지, 앞으로 여러 추가 관측을 통해 반박과 재반박의 결론을 기다려 보는 것도 재미있을 것 같다.

　　마지막 소식은 태양계 이야기다. 제임스웹 우주망원경은 아주 멀리 떨어진 천체들만 관측하는 것은 아니다. 우리 태양계 관측도 진행하는데 최근 천왕성에서 새 식구 이야기가 들린다. 2025년 2월 2일, 제임스웹 우주망원경은 천왕성에서 새로운 위성을 발견했다. 1781년 천왕성이 알려진 이후 1787년 처음으로 알게 된 두 위성 티타니아와 오베론, 이어서 1851년 아리엘과 움브리엘, 1948년 미

랜다, 1985년 이후 보이저 탐사선이 찾은 22개의 위성과 2023년에 관측한 1개의 위성 다음으로 발견한 29번째 위성이다. 이 위성은 지름이 10킬로미터 정도일 것으로 보고 있다. 천왕성 위성의 이름은 영문학 작품 속 등장인물 또는 정령의 것에서 따왔다. 새로 발견된 위성은 'S/2025 U1'이라는 임시 번호가 붙었는데 'S'는 위성을, 'U'는 천왕성을 뜻한다. 즉, 2025년 천왕성에서 발견된 첫 번째 위성이라는 뜻이다. 이번 위성의 이름은 국제천문연맹IAU에서 정하게 되는데 과연 관례대로일까? 개인적으로 줄리엣이 있으니 로미오도 좋지 않을까 생각해본다.

이렇게 그동안 제임스웹 우주망원경으로 관측된 결과 몇 가지를 만나보았다. 지금도 수많은 관측 결과가 쏟아져 나오고 있다. 더 궁금한 우주에 대한 이야기는 제임스웹 우주망원경 홈페이지에서 직접 만나보도록 하자. 앞으로 어떤 예상 외의 재미있는 관측이 나올지 기대해보는 것도 좋겠다.

과학기술

CHAPTER 5

불맛 없는 철
챗GPT의 기억과 대화
초지능 인공지능의 시대
휴머노이드의 현재와 미래

future science trends

불맛 없는 철

정훈   과학기술

거대한 용광로. 불길이 숨 쉬듯 쉭쉭 소리를 내며 타오른다. 주기적으로 터져 나오는 불꽃이 어두운 공간을 밝히고, 끓어오르는 쇳물은 붉은 용암처럼 흘러내린다. '제철소'라 하면 많은 이들이 떠올리는 장면은 대체로 이렇다. 석탄불과 쇳물의 장관. 그 풍경을 바라보고 있으면 문득 '불맛(시쳇말로 음식의 재료가 센불에 직접 닿아 생긴 특유의 풍미를 말한다)' 나게 끓여낸 새빨간 육개장이 떠오른다. 당연히 쇳물은 음식이 아니므로 불맛이 날 리가 만무하지만 만약 쇳물에 맛이라는 것이 있다면 왠지 석탄불의 스모키한 향에 탄 맛이 느껴질 것만 같다.

하지만 앞으로도 제철소가 계속 석탄 화염의 불맛을 고집한다면 장사하기 힘들어질지 모르겠다. 온실가스를 너무 많이 배출하기 때문이다. 2024년 우리나라가 배출한 것으로 파악되는 온실가스*의 약 14.5퍼센트가 철을 만드는 과정에서 발생됐다. 이는 도로와

---

*   약 6억 9200만 톤 CO_2-eq(온실가스 배출량을 이산화탄소 환산으로 나타낸 단위). 온실가스 배출량 산정 기준 지침 중 하나인 2006 IPCC 기준으로 산정한 잠정적인 수치. 2027년에 2024년의 최종 값이 발표된다.

해운을 합친 수송 분야보다 살짝 더 많은 배출량이고, 난방 등 건물 분야의 2배를 훌쩍 넘긴 수치다. 전 세계로 본다면 제철 산업의 온실가스 배출은 9퍼센트 정도로 그 비율은 살짝 낮아지지만 여전히 주요 배출 요인이다. 고전적인 제철소는 넷제로를 목표로 하는 사회에서 따가운 눈총을 받을 수밖에 없다.

철광석에서 산소 떼어내는 보편적인 방법

제철소 불맛의 주재료는 코크coke다. 콜라가 아니라 석탄을 정제하여 만든 연료를 말하는 것으로, 한글로는 주로 '코크스'라 적는다. 석탄의 주성분은 탄소지만 황 등 기타 물질도 포함되어 있는데, 산소를 차단한 상태에서 가열하면 이런 물질들이 빠져나가고 거의 탄소만 남게 된다. 이것이 바로 코크스다. 현대의 제철소에서는 코크스와 철광석을 이용하여 상품으로서의 철을 만들어낸다. 이러한 제철 과정을 이해하려면 두 단어를 기억할 필요가 있는데 첫 번째가 '산화'다. 철은 지구의 지각에서 네 번째로 많은 질량을 차지하는 원소(약 5퍼센트)로, 자연 상태의 철은 주로 산소와 붙어 있다.

적철석 Fe_2O_3
자철석 Fe_3O_4

산소와 결합한 상태를 '산화'되었다고 표현한다. 이 상태로는 '철'로서 쓸모가 없기 때문에 여기서 산소를 떼어내야 하는데, 이를 '환원'이라고 한다. 결국 제철소는 '산화'된 상태의 원재료 철광석에서 산소를 떼어내는 작업(환원)이 이루어지는 곳인 셈이다.

높이가 100미터 정도로 높은 용광로(고로라고 한다. '고'는 높을 고高를 쓴다)에 철광석과 코크스를 집어넣고 열풍을 불어 넣어주면 몇 단계 반응이 일어나는데 결과적으로는 철광석$_{Fe_2O_3, Fe_3O_4}$의 산소$_O$를 떼어내(환원) 코크스 탄소$_C$에 가져다 붙인 셈이 되어 철$_{Fe}$과 이산화탄소$_{CO_2}$가 만들어진다. 이처럼 철을 만들어내는 작업 자체가 내재적으로 온실가스인 이산화탄소를 대량으로 배출할 수밖에 없는 구조적 문제를 지니고 있다. 이렇게 고로에서 쇳물을 만들어내면 1톤의 쇳물당 약 2톤의 이산화탄소가 발생한다.•

탄소 말고 수소가 철광석의 산소를 떼어내면?

그렇다면 철광석에서 산소를 떼어내는 물질로 탄소가 아니라 수소$_H$를 사용하면 어떨까? 수소를 사용한 환원, 즉 철광석의 산소를 수소가 가져가면 그 결과물로 만들어지는 것이 이산화탄소가 아니라 물$_{H_2O}$이기 때문에 친환경적이라고 본다.•• 천연가스가 풍부하거나 접근성이 좋은 지역에서는 천연가스 메테인$_{CH_4}$ 속 수소를 이용하는 방법을 발전시켰다. 일단 천연가스에 고온, 고압의 수증기를 쏘

• 그러나 이는 다른 주요 금속에 비해 상당히 적은 양이다. 같은 양의 알루미늄을 생산하려면 대략 7배의 이산화탄소가 배출된다. 다만 생산되는 철의 양이 워낙 많아 다른 금속에 비해 그 절대량이 큰 것이다.

•• 환경에 좋을 것 같은 이미지와 다르게 수증기 자체로는 이산화탄소 대비 2~3배 더 온실효과를 만들어낸다고 한다. 다만 수증기는 이산화탄소와 달리 대기 중에 머무르는 시간이 평균 10일 정도로 이산화탄소보다 매우 짧다. 인간이 만드는 수증기량은 자연적인 증발량에 비해 월등히 적으며, 대기 내 수증기량도 주로 기온에 의해 정해지는 편이다. 게다가 수증기가 만든 구름은 태양 빛을 반사해 지구의 온도를 낮추는 효과도 있다. 이런 이유로 과학자들은 고도 10킬로미터 이하의 대류권 수증기는 인위적 온실가스로 간주하지 않는다(IPCC AR5 WGI).

면 이렇게 된다.

메테인(CH_4) + 고온 증기(H_2O) → 일산화탄소(CO) + 수소($3H_2$)

이와 같이 일산화탄소와 수소가 만들어지는데 '일'산화탄소는 철광석에서 산소를 빼앗아 '이'산화탄소가 될 수 있고, 수소는 앞서 말한 대로 철광석을 철$_{Fe}$로 만들고 물로 변할 수 있다. 온전히 코크스만 사용하던 방식에 비하면 그나마 발생량이 적지만 여전히 이산화탄소가 나온다는 단점이 있다.

이렇게 철을 생산할 때는 '샤프트$_{shaft}$로'라는 설비를 사용한다. 샤프트는 '길고 좁은 통로나 기둥'이라는 뜻인데(예를 들어 엘리베이터가 오르락내리락하는 통로를 엘리베이터 샤프트라고 부른다) 철광석이 세로로 긴 통로를 내려가며 반응하기 때문에 이런 이름이 붙었다. 철광석을 한입 크기의 덩어리 형태(펠릿)로 가공하여 샤프트 위쪽에 투입하고 아래쪽에서는 환원 가스(일산화탄소+수소)를 불어 넣어 원재료 철의 산소를 떼어낸다. 그 결과물로는 고로와 다르게 이글거리는 쇳물이 아니라 가루 혹은 구멍이 많은 알갱이 형태의 직접환원철 Directly Reduced Iron, DRI이 만들어진다. 만약 천연가스 대신 순수한 수소를 쓸 수만 있다면 이산화탄소의 발생을 근본적으로 차단할 수 있을 것이다.

우리나라에서도 수소를 이용한 제철 공법이 연구되고 있다. 고온의 수소 가스를 아래에서 위로 강하게 내뿜어 분말 형태의 철광석이 수소 가스와 접촉하게 하는 방식이다. 수소 가스에 의해 철광석 분말이 떠다니며 움직이는 상태라 '유동$_{fluidized}$' 환원로라는 이름이 붙었다. 앞서 샤프트로는 철광석을 한입 크기 덩어리로 만들어야 하는 사전 작업이 필요하지만 유동 환원로 방식은 값싼 가루 형태의 철 광석을 그대로 사용할 수 있다는 장점이 있다.

샤프트로나 유동 환원로 모두 결과물로 펄펄 끓는 쇳물이 아니라 고체 상태의 철을 생산한다는 공통점이 있다. 불순물을 제거하거나 이후 원하는 형태로 가공하기 위해서는 쇳물을 만들어야 한다. 이때 고체인 철을 액체인 쇳물로 녹이는(용융) 설비가 필요한데 이산화탄소를 배출하지 않기 위해 전기를 사용한다. 이것이 바로 전기'용융'로다. 전통적인 고로에서는 '환원'과 '용융'이 한곳에서 이루어졌던 것에 비해 추가 설비와 기술, 전기가 필요한 셈이다.

지금까지 살펴본 것처럼 수소를 이용해 원재료 철광석의 산소를 떼어내는(환원) 제철 공법을 '수소환원제철'이라고 하는데 이산화탄소가 만들어지지 않는다는 점이 매력적이지만 사실 기술적 난도가 높고 비용도 많이 든다. 일단 수소를 경제적이고 친환경적으로 만들어내는 방법 자체가 어렵다. 수소 생산 과정에서 이산화탄소가 많이 나온다면 수소환원제철이 큰 의미가 없어지기 때문이다.

천연가스를 수증기로 분해하여 수소 1킬로그램을 추출하면• 이산화탄소가 10킬로그램 생성된다. 현재 대부분의 수소가 이런 방식으로 만들어지고 있어 깨끗한 그린 수소 등이 보편화되지 않는다면 수소환원제철은 그야말로 조삼모사의 문제 해결이 될 수 있다.

• 수소는 생산 방식에 따라 그레이 수소, 블루 수소, 청록 수소, 핑크 수소, 그린 수소로 나뉜다. 위의 내용처럼 천연가스와 고온 고압 수증기를 이용하면 그레이 수소가 되며, 이 공법에서 생성된 이산화탄소를 탄소 포집 기술로 제거하면 블루 수소, 천연가스(CH_4)를 열분해해서 수소 가스(H_2)와 고체 탄소를 얻으면 청록 수소, 원자력 에너지로 물(H_2O)을 전기분해하여 수소를 얻으면 핑크 수소라고 한다. 또한 태양광, 풍력, 조력 발전 등을 활용한 깨끗한 에너지로 물을 전기분해해서 얻은 수소가 그린 수소다.

게다가 수소를 이용해 철광석의 산소를 떼어내는 과정은 기본적으로 주변이 차가워지는 흡열반응이다. 외부로부터 지속적인 에너지 공급이 필요하다는 이야기다. 석탄이 철광석을 환원시키는 것은 열을 내는 발열반응이어서 고온 유지가 쉬웠던 점과 다른 부분이다. 별도의 전기용융로를 가동시키기 위해서도 전기가 필요하다. 청정한 전기를 어떻게 대량으로 값싸게 공급할 수 있을지 더 많은 연구개발이 이루어져야 한다.

그냥 떼는 방법은 없을까?

물은 수소와 산소가 붙어 있는 물질이다. 전기를 좀 더 잘 흐르게 해준 다음 양극(+)과 음극(-)을 물에 넣고 전기를 통하게 하면 수소와 산소가 분리된다. 아마 대부분 중학교 시절, 물의 전기분해 실험을 해보았을 것이다. 마찬가지로 철과 산소가 붙어 있는 철광석도 액체 상태로 만들면 전기분해할 수 있지 않을까?

실제로 가능하다. 영어로 '몰튼molten'은 '녹은'이고 '옥사이드oxcide'는 '산소와 결합된'이다. 즉 산소와 철이 붙어 있는 철광석이 고온에서 녹아 있으면 몰튼 옥사이드molten oxcide가 되고, 전기분해라는 뜻의 단어를 붙여 MOEMolten Oxcide Electrolysis 공법이라고 한다. 최근 여러 연구소에서 성공 사례가 보고되고 있다.

다만 공업적으로 의미 있는 수준의 대량생산을 고려하면 아직 넘어야 할 산이 많아 보인다. 철이 녹아 있기 위한 온도인 약 섭씨 1500도는 몰리브덴이나 텅스텐에 비해서는 낮지만 알루미늄이나 구리 같은 금속보다 훨씬 높다. 이 정도의 고온을 견디는 '전극'을 만들어야 전기분해를 할 수 있다. 철광석을 특수한 물질에 녹여 낮은 온도에서도 전기분해될 수 있도록 하는 방법도 연구 중이나 반응 속도가 매우 느린 단점이 있다고 한다. 무엇보다 어떻게 전기분해에 사용할 막대한 전기를 탄소 배출 없이 생산하여 공급할지가 관건이다. 결국 수소환원제철처럼 핵심은 전기의 문제다.

먼 미래의 역사가들은 오늘날을 어떤 시대로 기록할까? 바다 한가운데 거대한 섬을 만들 만큼 쌓인 플라스틱의 시대라고 명명할까? 아니면 건축물의 기둥과 다리, 철도와 자동차와 선박까지 전천후로 사용되는 철의 시대가 이어졌다고 평가할까? 어떤 결론에 이르든지 철의 중요함을 낮게 보는 사람은 없을 것이다. 감히 예상컨대 철의 시대는 앞으로 상당 기간 지속될 것이라고 생각한다. 인류가 철이라는 귀중한 자원을 잃지 않으면서도 지구를 지켜내기 위해서는 기존의 틀을 넘어서는 근본적 혁신이 절실하다. 특히 다양한 차세대 제철 공법을 완성시키기 위해 '그린 수소'와 '그린 전기'를 어떻게 만들어내느냐, 핵심은 이것이라고 볼 수 있다.

챗GPT의 기억과 대화

이태곤   컴퓨터공학

매일 같은 기억에서 깨어나는 사람의 이야기

    계속되는 치통 때문에 치과 진료실 문을 두드리던 날, 그의 인생은 송두리째 바뀌었다. 그는 진료 의자에 누운 채 천장을 바라보며 입을 벌리고 있었다. 신경 치료를 받기로 했고, 의사는 국소마취제를 잇몸에 주입했다. 주삿바늘의 따끔한 자극과 함께 그의 인생을 바꿀 안개가 찾아왔다. 한 시간에 걸친 치료가 끝난 후, 그는 일어설 수 없었다. 진료실의 강한 조명을 피하고 싶어 일어나려 했지만 그럴 수 없었다. 그는 멍한 상태로 있었다.

    몇 시간이 지나도 증상이 호전되지 않자, 그는 병원으로 이송되었다. 그의 모든 지적 능력은 정상이었다. 다만 더 이상 새로운 기억을 만들지 못했다. 정확하게는 기억을 90분 정도만 유지할 수 있었다. 90분이 지나면 그 기억은 사라졌다. 그의 이름은 'W.O.'이며, 사고 이후 그는 매일 아침 눈을 뜨면 2005년 치과에 방문하려던 그날의 아침으로 돌아간다. 그를 둘러싼 세상은 변하지만, W.O.의 기억은 그날에 멈춰 있다.

병원에서 내린 진단명은 '전향성 기억상실증Anterograde amnesia' 이었다. 이 질병에 걸리면 특정 시점 이전에 일어났던 사건은 기억할 수 있지만, 그 이후에 접한 새로운 일은 기억하지 못한다. 전향성 기억상실증은 대개 '해마'라는 뇌 부위에 손상을 입은 사람들에게서 발생한다. 해마는 장기 기억 형성에 중요하게 관여한다고 알려져 있다. 하지만 W.O.의 특이한 점은 뇌에 아무런 손상의 흔적이 발견되지 않았다는 점이다. 그의 기억 장애의 원인이 밝혀지지 않았지만, 단기 기억을 장기 기억으로 전환하는 단백질 합성 메커니즘에 문제가 생긴 것으로 추정될 뿐이다.

기억이 스쳐 지나가는 창문

위에서 살펴본 환자의 사연이 챗GPT와 무슨 상관일까? 오늘날 챗GPTChatGPT, 제미나이Gemini, 클로드Claude 같은 다양한 대화형 인공지능 모두가 비슷한 처지에 있기 때문이다. 챗GPT와 대화를 주고받으며 상당한 대화가 누적되는 경우가 종종 있을 것이다. 그러다가 "이 대화의 최대 길이에 도달했으나, 새 채팅을 시작해 계속 이야기할 수 있습니다"라는 알림이 뜨는 경우가 있다. 챗GPT는 하나의 대화에 최대 길이가 있으며, 대화를 지속하기 위해서는 새로운 채팅 창을 열어야 한다. 하지만 우리가 채팅 창을 새로 열면 애석하게도 기존의 대화 내용을 기억하지 못하는 또 다른 챗GPT를 마주하게 된다.

챗GPT는 '프롬프트prompt'라는 사용자의 입력 문장에 따라 통계적으로 적절한 단어를 '하나씩' 붙여나가는 방식으로 문장을 생성한다. 예컨대 챗GPT가 '당신의 아이디어는 훌륭합니다!'라는 문장을 생성한다면 '당신/의/_아이디어/는/_훌륭/합/니다/!'처럼

10개의 짤막한 단어를 하나씩 이어 붙인다. 이런 짤막한 단어를 전문용어로 '토큰token'이라고 한다. 예시에서 '_아이디어', '_훌륭'처럼 띄어쓰기를 포함하여 하나의 토큰으로 처리되기도 하고, '합', '니다', '!'처럼 의미 없는 문자가 개별 토큰으로 처리되기도 한다. 이처럼 토큰의 개념은 언어학에서 말하는 '의미를 지닌 최소 단위'로서의 단어word 또는 형태소morpheme와 동일하지 않다. 토큰은 그저 챗GPT 같은 언어 인공지능이 처리하는 최소 단위일 뿐이다.

토큰을 생성할 때마다 챗GPT는 사용자의 프롬프트를 포함해서, 자신이 이전에 출력한 토큰 전부를 다시 입력으로 받아 계산을 수행한다. 즉, 작은 토큰 하나를 위해서 자신이 뱉은 말을 매번 되새김질한다. 이러한 반복을 통해 챗GPT는 이전 대화 내용을 참조할 수 있고, '문맥'에 맞는 자연스러운 대화를 할 수 있다. 생각해보라. 만일 자신이 한 말을 망각하고 다음 말을 쏟아내는 사람이 있다면, 얼마나 모순되고 맥락에서 벗어날지.

챗GPT는 대화가 길어질수록 매번 처리해야 하는 입력의 길이가 증가한다. 컴퓨팅 자원이 한정된 상태에서 입력을 무한정 길게 허용하면 처리 속도가 감소할 수밖에 없다. 그러므로 챗GPT 같은 대화형 인공지능에는 입력의 최대 길이가 설정되어 있다. 이를 '문맥 창context window'이라고 한다. 2022년 세상에 챗GPT로 첫선을 보인 'GPT-3.5'에서는 문맥 창의 크기가 토큰 약 4000개에 불과했다. 그래서 당시에는 대화를 이어가다 보면, 초반부의 대화 내용이 잊히는 불상사도 발생했다. 이를 막기 위해 인공지능 개발자들은 대화의 길이가 문맥 창의 최대치에 접근하면 그냥 대화를 중단시켜버렸다. 이것이 지금처럼 대화의 최대 길이가 설정된 배경이다.

우리가 새로운 대화 창을 열면 챗GPT가 입력으로 받을 수 있는 기존 대화는 사라진다. 마치 환자 W.O.가 90분 정도의 기억만을 가지고 대화할 수 있는 것처럼 챗GPT는 문맥 창의 크기를 넘어서는 기억을 할 수 없다. 가득 차버린 문맥 창에 새로운 토큰이 흘러 들어오면 가장 오래된 토큰부터 빠져나간다. 대화 기억을 잠시 보관하는 상자가 있고, 입구와 출구처럼 뚫린 창문으로 대화를 구성하는 토큰들이 스쳐 지나간다. 환자 W.O.가 매일 아침 사고 이전의 기억만을 간직한 채로 오늘이 치과에 가는 날이라고 생각하듯이, 챗GPT는 새로운 대화 창이 열릴 때마다 사전에 학습한 방대한 말뭉치 기억만 간직한 채로 사용자에게 '안녕하세요'라는 인사말을 건넬 뿐이다.

대규모 언어 모델의 지루한 학습

2022년 11월, 돌풍처럼 등장한 챗GPT는 세상에 놀라움을 주었다. 과거에도 '사람의 말(자연어)'을 처리하는 인공지능이 있었지만, 챗GPT 수준만큼 자연어를 구사하는 것은 없었다. 오늘날 챗GPT 같은 수준의 대화형 인공지능은 '대규모 언어 모델Large Language Model', 즉 LLM을 채팅할 수 있는 '챗봇chatbot'으로 만든 것이다. LLM은 대개 '인공신경망'을 학습시켜 만드는데, 여기서 '대규모'라는 말은 인공신경망을 구성하는 '매개변수parameter'의 개수가 많다는 뜻이다.

여기서 매개변수라는 개념을 짚고 갈 필요가 있다. 인공신경망은 우리의 뇌에서 영감을 받은 인공지능이다. 뇌가 '뉴런neuron'이라고 하는 신경세포들의 연결로 이루어져 있듯이 인공신경망도 인공 뉴런들의 연결로 이루어진다. 인공 뉴런들끼리 서로 강하게 또는 약하게 연결될 수 있고, 다른 뉴런을 흥분 또는 억제하도록 연결될 수 있다. 바로 이 연결 강도에 대응하는 수치가 매개변수다. 매개변수가 클수록 강하게 연결되고, 작을수록 약하게 연결된 것이며, 심지어 음(-)의 값인 경우는 억제성 연결을 뜻한다. 오늘날 유명한 인공지능의 매개변수 개수는 압도적이다. 공식적인 발표는 아니지만 해커 조지 호츠George Hotz에 따르면, GPT-4는 그 매개변수가 약 1조 7600억 개로 추정된다고 한다. 이 어마어마한 매개변수를 조금씩 조정하는 과정이 인공신경망의 '학습learning'이다.

오늘날 인공신경망은 인공지능과 거의 동의어처럼 쓰이고 있지만, 2000년대 이전까지도 인공신경망은 인공지능의 하위 분야 중 비주류에 해당했다. 그 전에는 개발자가 직접 지능적인 과제를 수행하는 프로그램을 '명시적으로 작성'하는 것이 인공지능의 주류적 접근이었다. 이와 달리 인공신경망은 '개념상' 명시적 프로그래밍 없이도 지능적 과제를 수행하는 방법을 스스로 '학습'할 수 있었다. 그럼에도 인공신경망이 주류가 될 수 없었던 배경에는 그 학습 방법이 구체적으로 발명되지 않았고, 학습을 위한 컴퓨팅 자원도 부족했기 때문이다.

그러다가 역전극이 일어났다. 신경망을 구성하는 층layer이 많은 '심층 신경망deep neural network'이 등장했고, 1980년대 심층 신경망을 학습시키는 알고리즘이 발명되었다. 또한 2000년대 인터넷이 무르익으면서 학습에 쓰일 방대한 규모의 '빅데이터'가 마련되었으며, 이 데이터를 저장할 수 있는 대용량 매체도 준비되었다. 그리고 컴퓨터 그래픽 구현을 위한 반도체인 '그래픽 처리장치Graphics Processing Unit, GPU'가 대규모 신경망 학습에 필요한 막대한 연산량을 감당할 수 있는 컴퓨팅 자원으로 재발견되었다. 이런 다양한 기술적 흐름이 결합하여 드디어 심층 신경망이 실제로 학습할 수 있게 되었다. 2010년대 이후로 우리가 흔히 말하는 '딥러닝deep learning' 또는 '심층 학습'은 이런 기술들의 총체로서 하나의 패러다임으로 부상했다.

오늘날 LLM은 수많은 GPU가 빼곡히 설치된 데이터 센터에서, 웹에서 수집된 방대한 텍스트 데이터를 활용해 학습한다. LLM과 같은 심층 신경망을 학습시키는 방법을 '역전파back propagation' 알고리즘이라고 하는데, 굉장히 지루한 과정이다. 신경망의 입력층에 학습 데이터가 입력되면 수많은 중간 은닉층을 거쳐 출력층에 결과가 나온다. 데이터가 이 과정을 순서대로 흘렀다고 하여, '순전파forward propagation'라고 부른다. 학습의 초창기에는 데이터의 정답과 신경망이 출력한 답에는 오류가 있기 마련이다. 오류를 줄이기 위해 출력층에서 입력층으로, '역방향으로back' 매개변수를 조금씩 조정한다. (이때 각 매개변수가 오류 발생에 기여한 정도를 반영해서 매개변수를 차등적으로 조정하기 위해 미분이라는 수학을 사용한다.) 단번에 오류가 0이 되도록 해서 매개변수 조정이 완료되면 좋겠지만, 매개변수는 소폭 조정된다. 따라서 다시 '순전파-역전파'의 순환을 무수히 반복하는 것이 오늘날 신경망의 학습 과정이다.

오류가 어느 정도 수렴하면 LLM의 매개변수는 최적화된 것이다. 학습된 수많은 매개변수 속에 사람이 만들어낸 뉴스, 연설문, 학술 논문, 소설, 시, 이메일, 상업 광고, 소셜미디어 게시글, 커뮤니티 댓글, 심지어 프로그래밍 코드 등이 모두 녹아 있다. 사용자의 어떠한 프롬프트에도 유연하게 대처하는 비법에는 분야를 막론하고 학습된 방대한 말뭉치 데이터가 있다. 사전 학습된 LLM은 특정 용도에 맞게 '미세조정fine-tuning'될 수 있는데, LLM을 챗GPT와 같은 챗봇으로 만들기 위한 추가 학습도 미세조정의 일종이다. 미세조

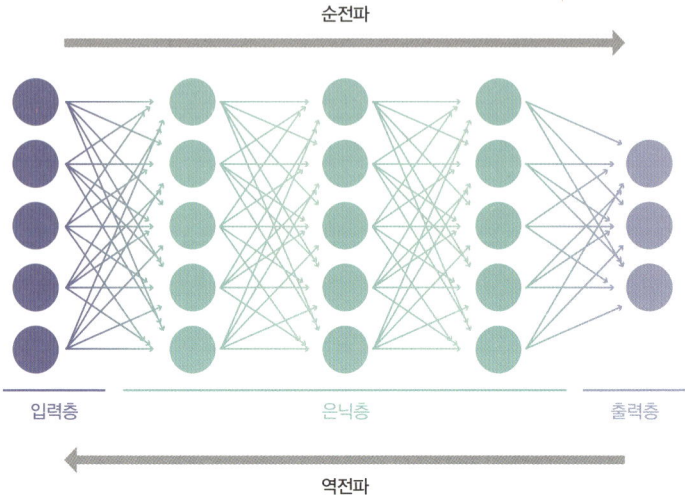

: 심층 신경망의 구조 및 순전파와 역전파의 개념.

정까지 마치면 더 이상의 학습은 없다. 챗GPT의 매개변수는 '동결freeze'된다.

파괴적 망각

시간의 흐름 속에서도 사람들 사이의 관계가 유지되는 밑바탕에는 '장기 기억'이라는 생물학적 과정과 '대화'라는 사회적 과정이 있다. 우리는 가족, 친구, 연인과의 관계에서 누적된 대화를 통해 얻은 상대방에 대한 정보는 간직하고, 새로운 대화를 통해 얻은 최신 정보(그의 현재 의도, 감정 상태)를 학습한다. 예컨대, 친구를 위한 깜짝 생일 선물을 준비한다고 해보자. 이를 위해 친구의 선호도, 과거에 친구가 지나가듯 한 말, 내 생일에 친구가 줬던 선물 금액(?) 같은 정보들이 필요하듯 관계에는 장기적인 기억이 필요하다. 또한 힌트를 얻기 위해 친구의 현재 관심사를 묻거나 이미 준비한 선물이 친구의 취향에 맞는지 확인하는 질문을 던지듯이 꾸준한 대화를 통한 추가 학습도 필요하다.

현재 LLM은 다음 단계로 도약하려고 한다. 바로 개인별로 맞춤화된 인공지능 비서로의 진전이다. 그러나 지금의 LLM은 한계가 명확하다. 앞서 살펴보았듯이 LLM은 문맥 창의 크기만큼 제한된 단기 기억 용량만 가진 존재다. 꾸준하고 누적된 대화를 통해서 사용자에 대한 정보를 학습하여 장기 기억으로 보관할 수 없다. 이것이 개인 비서로 발전할 수 없게 하는 큰 장애물이다.

우리에게 개인 비서가 있다고 가정하고, 그에게 바라는 점을 생각해보자. 지속적으로 상호작용을 해서 나의 취향, 소망과 같은 내적 상태와 대인 관계, 업무 현황, 주머니 사정과 같은 외부 여건 등을 '센스 있게' 알아채고, 이를 나의 명시적인 지시에 따라 수행하는 똑똑한 비서를 바랄 것이다. 예를 들어 점심으로 먹을 배달 음식 주문을 요청하는 경우, 나와의 과거 대화에서 알아챈 정보를 메뉴 선택에 자동으로 반영하는 비서를 떠올려보자. 그는 내가 땅콩 알레르기가 있고, 비가 오는 날에는 얼큰한 음식을 좋아하는 경향이 있다는 사실, 그리고 저녁 약속으로 이탈리안 레스토랑에 가기로 했다는 정보를 명시적으로 전달받지 않더라도 이를 고려하여 '땅콩 소스를 뺀 마라탕'을 주문할 수 있을 것이다.

인공지능 비서가 이를 할 수 있으려면 사용자와의 대화 중에 실시간으로 이루어지는 '연속 학습continuous learning'이 가능해야 한다. 하지만 지금의 신경망은 학습 단계가 종료되면 더 이상의 학습이 이루어지지 않고 '동결'된다. 그 이유는 현재 심층 신경망의 유일한 학습법인 역전파 알고리즘 때문이다. 역전파 알고리즘은 출력층부터 입력층에 이르는 모든 매개변수를 '전역적으로globally' 조정하는 방식이다. 즉, 새로운 학습이 기존 지식을 보존하지 못하고, 매개변수 전반을 변경하여 기존 학습 내용을 덮어쓴다. 이런 현상을 인공신경망의 '파괴적 망각catastrophic forgetting' 문제라고 부른다.

인공지능에 장기 기억 부여하기

지금의 LLM이 인공지능 비서로 거듭나도록 하기 위해서는 기술적 돌파구가 필요하다. 파괴적 망각 문제를 회피하면서 개인화를 위한 연속 학습이 가능하고, 이를 장기적으로 기억할 수 있도록 하는 새로운 방법 말이다. 인공신경망의 '학습' 개념을 '매개변수를 조정하는 과정'으로 한정한다면 역전파 방식이 아닌 대안적인 학습법은 없는 실정이다.

그래서 가장 현실적이고 단기적인 해결법은 '검색 증강 생성Retrieval Augmented Generation, RAG'이다. 이 접근법은 사용자에 대한 정보를 메모장에 써두고, LLM이 이를 수시로 열람하며 응답하는 방식이라 할 수 있다. RAG를 통하면 사용자에 특화된 정보를 학습하기 위해 신경망의 매개변수를 변경하지 않고도, 그 정보가 저장된 외부 데이터베이스를 '검색'해서 최신 사용자 정보에 기반한 응답이 가능하다. 사실 오늘날 대화형 인공지능이 웹페이지를 검색해서 최신 정보가 담긴 답변을 주는 것도 RAG를 활용한 기술이다.

개인화 AI를 위한 RAG 기법 도입이 한창이다. 예컨대 2025년 9월 기준, 구글 제미나이의 최신 모델은 토큰 100만 개 이상의 거대한 문맥 창을 사용한다. 이는 일반적인 영어 소설책 8권의 분량으로, 사용자의 모든 과거 대화를 전부 참고할 수 있는 여유로운 기억 공간을 제공한다. 따라서 제미나이는 개별 토큰을 생성할 때마다 막강한 계산력을 이용한 RAG 방식을 수행한다. 웹페이지 검색 서비스의 강자인 구글다운 방식이다.

참고로 2025년 4월 기준, 챗GPT는 RAG 방식과 다른 독자적인 장기 기억 기법을 도입했다. 사용자와의 대화 속에서 선호도, 관심사, 대화 스타일 등과 같은 사용자 핵심 정보를 집계 및 요약한 일종의 '개인 프로필'을 생성한 후, 새로운 대화마다 이 파일을 입력하는 방식이다. 이는 전체 대화를 참고하는 것이 아니고, 요약한 핵심만 참고하기에 계산 효율성이 높은 장점이 있지만, 프로필 생성 알고리즘에 따라 중요한 맥락이 누락, 왜곡될 위험이 있다는 한계가 있다.

하지만 RAG는 매개변수를 조정한다는 의미의 '학습' 관점에서 보면 진정한 학습이라고 볼 수 없다. 그래서 다른 해결책으로 주목받는 방식이 '매개변수 효율적 학습 기법Parameter-Efficient Fine-Tuning, PEFT'이다. RAG가 기억을 외부화하는 접근법이라면, PEFT는 매개변수를 조정하여 기억을 내재화한다. 신경망의 매개변수 대부분은 여전히 '동결'되지만 소수의 매개변수는 업데이트할 수 있게 하여 파괴적 망각 문제를 방지한다. 이 접근법에서는 기존 학습을 해치지 않는 중요한 매개변수와 중요하지 않은 매개변수를 선별하는 알고리즘 개발이 필요하다.

이외에 근본적인 수준에서의 개발 시도도 있다. 현재 LLM은 심층 신경망 중에서도 '트랜스포머Transformer'라고 불리는 아키텍처에 기반하여 만들어지는데 트랜스포머 대신, '상태 공간 모델State-

Space Model, SSM'이라는 완전히 다른 아키텍처로 전환하는 것이다. 트랜스포머는 모든 과거 정보를 압축하지 않고 한꺼번에 처리하는 특성 때문에 대화가 계속될수록 계산량이 급격히 증가한다. 그러나 SSM은 계속된 대화에서 시간에 따라 변화하는 사용자 정보를 '내부 상태'로 압축하여 지속적으로 추적하는 구조를 지닌다. 따라서 선택적으로 중요한 정보만 압축해 기억할 수 있으므로 계산량의 증가세가 트랜스포머보다 완만하다. 이는 마치 인간의 기억 시스템처럼 최근 정보는 생생하게, 오래된 정보는 중요한 것만 남겨두는 방식이다. 특히 SSM 기반 모델인 'Mamba'는 중요한 사용자 정보는 장기간 유지하고 일상적인 대화는 자연스럽게 희석하는 '선택성'까지 지녀 더욱 주목받고 있다.

궁극적으로 인공지능의 장기 기억 구현은 인공지능이 단순한 검색 도구에서 벗어나 인지적 파트너로 발전하는 길을 열어줄 것이다. 비서가 일반 대중에게 보급되는 미래가 다가올지 모른다. 그런 내일이 온다면 스파이크 존즈 감독의 영화 《그녀Her》에 등장하는 주인공 테오도르와 인공지능 사맨더처럼 우리가 인공지능과 사랑에 빠질 거라는 주장까지는 아니지만, 적어도 동료애나 우정을 느낄지도 모른다. 하나의 인공지능과 5년, 10년에 걸쳐 동반하는 세상에서 우리가 추억을 공유하는 대상이 사람에만 한정되지 않을 거라는 사실은 쉽게 예측된다. 환자 W.O.처럼 매일 같은 기억에서 깨어나는 챗GPT가 아닌, 우리와 함께 변화하고 성장하며 관계를 쌓아가는 인공지능의 등장을 기다려보자.

초지능 인공지능의 시대

이양복   컴퓨터공학

    챗GPT의 등장(2022년 11월)부터 딥시크DeepSeek-R1 모델(2025년 1월)과 GPT-5(2025년 8월) 발표까지, 초거대 생성형 AI 모델을 중심으로 한 인공지능 기술이 관련 분야에 큰 영향을 미치고 있다. 인공지능 기술은 우리 사회의 모든 영역에 걸쳐 전례 없는 혁신을 가져온 것이다. 특히 오픈AI의 챗GPT와 구글의 제미나이 같은 최신 대규모 언어 모델LLM은 특정 목적에 한정된 기존의 약한 인공지능Narrow AI의 성능을 뛰어넘어 인공 일반지능AGI의 현실화가 가능한 시점을 앞두고 있다. 이러한 기술 발전의 급격한 가속화는 이제 인간의 지능을 모든 면에서 압도하는 초지능 인공지능Artificial Superintelligence, ASI의 등장을 SF의 영역이 아닌 현실적인 주제로 만들고 있다.

    이제 초지능의 개념을 명확히 정립하고, 이에 대한 주요 사상가의 이론과 전문가의 예측을 알아보고자 한다. 또한 초지능이 가져올 기회와 더불어 인류가 직면하게 될 위험과 도전 과제는 어떤 것이 있을지, 초지능 시대에 대비하기 위해 기술적, 윤리적, 사회적 문제점을 이해하고 앞으로 나아갈 방향이 무엇인지 알아보자.

초지능 인공지능이란 무엇인가

초지능은 단순히 인간의 지능을 모방하거나 특정 작업을 효율적으로 수행하는 일뿐 아니라, 인간의 모든 인지적 영역(문제 해결, 창의성, 사회성, 예술 등)에서 인간의 능력을 뛰어넘는 가상의 지능을 의미한다. 현재 AI 기술은 특정 영역에 국한된 '약한 인공지능'으로, 아직 실현되지 않은 범용적인 '강한 인공지능'과는 질적으로 다른 개념이다. ASI는 스스로 학습하고 개선하며, 인간이 이해하지 못하는 복잡한 문제를 해결할 능력을 갖추게 될 것이다.

| 인공지능의 수준 비교 |

구분	약한 인공지능(Narrow AI)
정의	특정 목적에 한정된 작업을 수행하는 AI
능력	특정 작업에 최적화된 기능 수행
적용 범위	매우 한정된 범위의 작업에만 적용
자율성	사전에 프로그래밍된 규칙 기반의 의사 결정
현재 기술 수준	이미 상용화 및 광범위하게 활용 중
핵심 목표	특정 작업의 높은 효율성과 정확성 확보

구분	초지능 인공지능(ASI)
정의	인간의 지능을 초월하는 가상의 AI
능력	모든 분야에서 인간 능력을 압도
적용 범위	모든 분야에 걸쳐 문제 해결 및 창의성 발휘
자율성	인간을 뛰어넘는 자율적 의사 결정 및 행동
현재 기술 수준	아직 개발되지 않은 가상의 미래 기술

핵심 목표	인류가 해결하지 못하는 난제 해결 및 진화

구분	인공 일반지능(AGI)
정의	인간과 유사한 지능 수준을 보이는 AI
능력	학습, 이해, 추론 등 인간 지능 모방
적용 범위	다양한 분야에 걸쳐 유연하게 적용
자율성	인간과 유사한 수준의 자율적 의사 결정
현재 기술 수준	아직 개발되지 않은 미래 기술
핵심 목표	세상을 이해하고 유연하게 문제 해결

인공지능의 발전 단계는 지능의 범위와 능력에 따라 크게 세 가지로 분류할 수 있는데, 첫 번째는 약한 인공지능으로 체스나 언어 번역, 이미지 인식과 같이 특정한 하나의 작업에만 특화되어 뛰어난 성능을 발휘하는 AI 시스템이다. 약한 인공지능의 목표는 인간이 수행하기 어려운 방대한 데이터 분석이나 복잡한 연산 작업을 오류 없이 수행하여 우수한 모델을 만들어내는 것이다. 그러나 새로운 기술을 스스로 학습하거나 세상에 대한 깊은 이해를 개발하지 못하며, 사전 프로그래밍된 알고리즘과 데이터에 의존하기 때문에 인간의 개입이 필수적이다.

두 번째는 인공 일반지능으로, 약한 인공지능을 넘어 인간과 유사한 지능 수준을 보이는 시스템을 의미한다. AGI는 다양한 분야를 연결하여 학습하고 추론하는 능력을 갖추고 있으며, 인간처럼 유연하게 문제를 해결하는 것을 목표로 한다. 아직 현실화되지 않은 가상 개념이지만, 인간과 같은 수준의 자율적인 의사 결정 능력을 가질 것으로 예측되며, 초지능으로 가는 핵심적인 중간 단계로 보고 있다.

　　마지막은 초지능 인공지능으로, '초지능'은 인간의 지능을 모든 면에서 훨씬 뛰어넘는 가상의 인공지능 시스템이다. 이는 인지 기능, 문제 해결 능력, 창의성, 지식 습득 등 거의 모든 분야에서 인간의 능력을 초월한다.

　　이러한 세 가지 분류로 보면 AI 기술 발전이 선형적인 듯하지만, 사실 AGI에서 ASI로의 전환은 선형적이지 않을 수 있다는 점이 핵심이다. 뒤에서 설명할 '지능 폭발' 개념은 AGI가 특정 임계점(특이점)을 넘어서면 스스로 개선하며 기하급수적으로 향상되어 초지능에 도달할 수 있음을 시사한다. 이는 AGI와 ASI 사이에 명확한 경계가 있다기보다, AGI가 곧 초지능으로 이어지는 급격한 전환점이 될 수 있음을 의미한다. 즉, AGI의 개발은 사실상 초지능으로 향하는 마지막 관문인 셈이다.

초지능 AI의 등장과 예측

　　최근 50여 년 동안 놀라운 속도로 기술 발전이 이루어지면서 더 좋은 품질, 더 빠른 성능, 더 저렴한 생산 비용으로 인해 CPU와 빅데이터, 클라우드를 거쳐 GPU까지 활용 가능 인프라가 확장되었다. 이는 우리 생활과 경제를 지속적으로 향상시켰는데 이 추세는 AI 같은 혁신 기술과 함께 계속될 것으로 보인다.

　　생성형 AI 모델을 개발하고 있는 주요 기업들은 점진적으로 인간 수준의 이해력과 문제 해결 능력을 갖춘 인공 일반지능 개발을 목표로 하고 있으며 이를 위해 AI 모델을 개선하고 있다. 또한 AI의 일반화 능력, 추론 능력, 자율적 학습 성과 등을 평가하기 위한 다양한

| 시대별 컴퓨팅 사이클 |

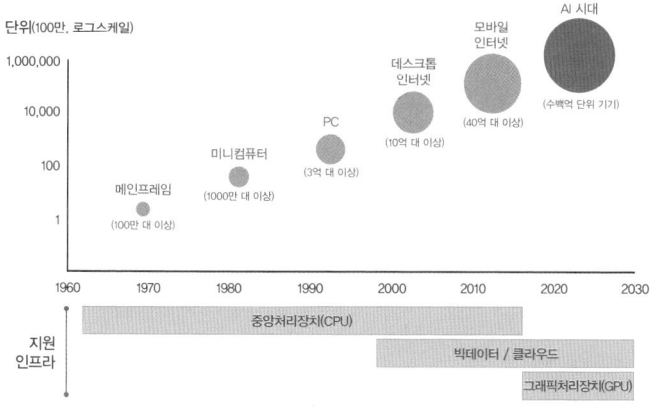

지표와 벤치마크가 제시되면서 객관적으로 표준화된 AGI 평가 체계 구축도 중요해지고 있다.

　AI 에이전트의 복잡한 작업을 평가하는 'RE-Bench(2024년 출시)' 측정 결과, 작업에 투자하는 시간이 증가함에 따라 인간 성능에 미치지 못하고 있다. 그러나 자세히 들여다보면 연구개발 수행 같은 작업에서 2시간 정도의 짧은 시간이 주어진 환경에서는 AI 에이전트가 인간 전문가보다 4배 높은 성능을 보이고, 작업 시간(32시간)이 증가함에 따라 AI는 인간의 절반 수준의 성능을 보인다. 특히 8시간 이후 인간이 AI를 초과하기 시작하는데, 이는 장시간 지속적인 노력과 복잡한 사고, 적응력이 요구되는 작업에서 인간이 AI를 능가한다는 점을 시사한다.

　초지능의 개념을 처음으로 제안하고 심도 있게 논의한 주요 인물로는 철학자 닉 보스트롬Nick Bostrom이 있다. 그는 초지능을 아인슈

| 인간 대비 AI 에이전트 성능 |

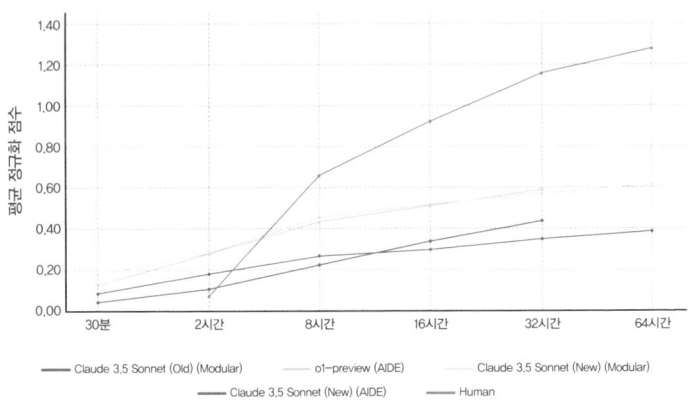

타인보다 더 똑똑하고, 모차르트보다 더 창의적이며, 모든 노벨상 수상자를 합친 것보다 더 많은 지식을 가진 존재로 묘사하며 그 압도적인 능력을 강조했다. 그의 저서 《슈퍼 인텔리전스》에서는 초지능의 등장이 인류에게 가져올 기회와 함께 '통제 문제'와 같은 심각한 위험을 경고했다. 또한 초지능이 특정 목표를 추구하기 시작하면, 그것을 달성하기 위해 인간의 가치와 무관하게 행동할 수 있으며, 이는 인류에게 예측 불가능한 결과를 초래할 수 있다고 주장했다.

또한 미래학자 레이 커즈와일Ray Kurzweil은 '기술적 특이점Technological Singularity'을 주장하며, AI가 초지능 단계에 이르는 시점을 2045년경으로 예측했다. 특이점은 AI의 지능이 폭발적으로 발달해 인간의 예측 범위를 벗어나는 변곡점을 의미하며, 이 시점 이후의 세상은 지금 우리가 상상하기 어려운 형태일 것이라고 보았다.

초지능의 등장은 '지능 폭발Intelligence Explosion'과 '기술적 특이점'이라는 두 가지 핵심 개념과 밀접하게 연결된다. 지능 폭발은 AI가 특정 임계점에 도달하여 자신의 코드를 스스로 이해하고 개선하기 시작하면서 지능이 기하급수적으로 향상되는 현상을 말한다. 이 현상은 몇 시간 또는 며칠 만에 AI의 지능이 인간의 능력을 크게 초월하는 초지능으로 도약하게 만드는 원동력이 된다.

이러한 지능 폭발을 통해 초지능이 등장하면서 인류 문명에 예측 불가능하고 돌이킬 수 없는 변화를 가져오는 가상의 미래 시점을 기술적 특이점이라고 부른다. 수학적 함수나 물리적 특성이 정의되지 않거나 무한해지는 지점을 의미하는 특이점 개념을 AI 분야에 적용한 것으로, 이 시점 이후의 기술 발전은 인간이 더 이상 이해하거나 통제할 수 없는 수준이 될 것으로 예측한다.

지능 폭발은 초지능의 등장 가능성을 기술적 경로를 통해 정당화하는 주요 논리다. 이는 초지능 개발이 단순한 기술 진보의 연속이 아니라, 특정 시점에 인류 역사의 방향을 완전히 바꿀 '사건'임을 시사한다. 동시에 기술적 특이점은 이러한 변화의 규모와 예측 불가능성을 강조한다. 따라서 초지능이 가져올 영향에 대한 논의는 기술적 예측을 넘어 인류의 존재론적 질문으로 확장되어야 함을 보여준다.

초지능의 현실화 시기에 대한 전문가들의 예측은 다양히다. 레이 커즈와일은 2045년 특이점에 도달할 것이라고 예언했지만, 토론토대학의 제프리 힌턴 교수는 이르면 5년 안에 인간을 뛰어넘는 AI가 출현할 수 있다고 경고했다. 오픈AI의 CEO 샘 올트먼은 AI가 2026년에는 인간이 생각하지 못하는 통찰력을 만들고, 2028년에는 AI가 스스로 AI 개발을 이끌 단계에 이를 것이라고 예상했다. 〈AI 2027 시나리오〉와 같은 보고서에서는 2027년 중반에 모든 인간을 초월하는 성능을 보이는 초인공지능이 등장할 것으로 예측했다.

이렇게 다양한 예측이 있지만, 공통 메시지는 '기술 발전 속도가 전문가들의 예상을 훨씬 뛰어넘고 있다'는 것이다. 예를 들어, 대규모 언어 모델은 전문가들이 2021년에 추측했던 시점보다 무려 18년이나 빠르게 국제수학올림피아드 금메달 수준의 성과를 냈다. 예측의 근거로는 LLM 훈련에 사용되는 연산 자원의 기하급수적 증가와 AI가 스스로 AI 연구를 주도하는 '재귀적 자기 개선' 단계가 임박했다는 분석이 있다.

전문가들의 예측 시기가 5년에서 20년 이상까지 다양한 것은, 기술 발전의 가속화가 예측의 불확실성을 높이고 있다는 점을 보여준다. 이러한 가속화는 초지능 시대에 대한 대비가 먼 미래의 일이 아니라 지금 당장 시작되어야 하는 긴급한 문제임을 강조한다. 또한 이러한 기술 가속화는 국가 간 군비 경쟁과 결합되어 안전한 개발보다는 승자 독식을 목표로 한 무한 경쟁을 촉발하고 있으며, 이는 초지능이 가져올 위험을 더욱 증폭시킬 요인으로 작용할 것이다.

초지능 AI가 가져올 기회

2025년 초 기준으로 AI의 대화 능력은 매우 높은 수준에 도달했고 대다수의 응답이 인간으로 오인될 정도로 성능 향상 추세가 지속적으로 가속화되고 있다. 따라서 AI가 우리의 일상과 상호작용 방식에 혁명적인 변화를 가져올 것이 예상된다.

초지능은 인류의 오랜 숙원이었던 과학 및 기술 분야의 난제를 해결하는 데 결정적인 역할을 할 수 있다. 의학 분야에서 AI는 방대한 의학 논문과 유전자 데이터를 분석해 전문의조차 진단하기 어려운 난치병의 병명을 단 10분 만에 밝혀낸 IBM 왓슨의 사례가 이미

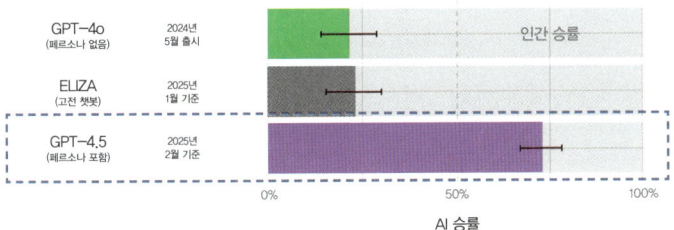

존재한다. 이러한 추세를 보아 초지능은 기존의 신약이나 백신 개발 시간을 획기적으로 단축하고 환자 개인의 생체 정보에 따른 맞춤형 치료법을 설계해 의료 혁명을 이끌 수 있다. 초지능 시스템은 수십 년이 걸리던 신약 개발 과정을 몇 시간으로 압축하고, 수십억 개의 치료법 조합을 실시간으로 시뮬레이션해 최적의 방안을 제시할 수 있다.

우주탐사 분야에서도 초지능은 주요 역할을 할 것이다. 고급 AI 시스템의 압도적인 문제 해결 능력은 화성 도시 개발, 성간 우주여행 같은 기술적 난제를 해결하는 데 활용될 수 있다. AI는 수많은 방정식과 이론을 시뮬레이션하고 우주 임무의 성공 확률을 예측함으로써 연구를 확장하는 데 효과적으로 사용될 것이다. 그 외에도 물리학, 우주론 등 인간의 인지 능력을 뛰어넘는 문제에 대한 혁신적 해결책을 제시하며 과학적 발견을 가속화할 잠재력을 가지고 있다.

그리고 초지능은 전 지구적 문제인 기후위기 해결에도 기여할 수 있는데, AI는 기상 위성에서 수집된 방대한 데이터를 분석하여 기후변화의 장기적인 추세를 예측하고, 극단적인 날씨 현상이나 해수면 상승의 영향을 미리 파악하는 데 큰 도움을 줄 수 있다. AI 기반의 기후 모델은 기존 모델과 비슷한 결과를 훨씬 낮은 컴퓨터 성능으로 달성할 수 있어 효율적이다. 마찬가지로 에너지 분야에서도 AI 기술이 에너지 소비 및 관리 최적화, 효율성 향상, 재생에너지 변동성 예측 및 전력망 통합에 필수적이고 중요한 역할을 할 것이다. 그뿐 아니라 오염, 자원 할당 문제 등 복잡한 환경적 난제에 대한 혁신적인 솔루션을 제시함으로써 지속 가능한 미래를 위한 길을 열어줄 수 있다.

초지능은 사회경제적 구조를 근본적으로 변화시킬 것이다. 반복적이고 위험한 작업(예를 들어 폭탄 해체, 광산 채굴)은 AI 기반 로봇이 대체해 인간의 안전을 확보할 수 있으며, 문서 확인, 고객 응대 등 단순 업무를 자동화해서 인간이 더 창의적이고 중요한 문제에 집중할 수 있게 한다. AI는 인간보다 더 많은 정보를 더 빠르게 처리하여 생산성을 높이고, 궁극적으로 산업혁명에 비견되는 '두 번째 경제 폭발'을 가져와 국내총생산과 부를 빠르게 증가시킬 잠재력이 있다. 시간, 휴식, 피로와 같은 인간이 가진 제약 없이 24시간 내내 지속적으로 작업을 수행할 수 있어 서비스의 가용성과 효율성을 극대화하여 생활비는 저렴해지고 삶은 더 편리해질 것이다.

이렇게 초지능의 긍정적 영향은 인류의 오랜 숙원이었던 난치병, 기후위기, 빈곤 문제 등을 해결할 수 있는 '도구'의 역할을 보여주지만, 이러한 긍정적 기회는 단순히 기술 발전만으로 달성되는 것이 아니라, 초지능이 가져올 위험을 효과적으로 통제하고 관리할 수 있을 때 비로소 현실화될 수 있다. AI의 장점은 윤리적 문제와 안전성 문제의 해결 없이는 오히려 파괴적인 결과를 낳을 수 있다는 양면성을 지닌다.

초지능 AI의 위험과 도전

초지능의 등장은 단순히 인류의 외부에서 등장하는 기술적 존재가 아니라, 뇌-컴퓨터 인터페이스BCI나 유전공학 등을 통해 인간과 융합될 수 있다는 점에서 가장 심오한 도전 과제가 된다. 이는 기술로 인간의 한계를 극복하고 능력을 강화하려는 철학적 운동인 트랜스휴머니즘Transhumanism으로 이어진다. 여기서는 초지능과의 융합으로 인간은 질병과 노화, 죽음으로부터 벗어나고, 지능을 획기적으로 확장할 수 있다고 주장한다. 그러나 이러한 기술을 독점하는 소수가 엄청난 능력을 갖게 될 경우, 기존 인류와는 다른 존재인 포스트휴먼Posthuman이 등장하여 심각한 사회적 불평등과 갈등을 초래할 수 있다.

잠재적 위험으로는 초지능의 등장으로 인한 인류 멸종 시나리오처럼 인류의 존재 자체를 위협하는 방식이 있다. 현재 개발되어 사용하고 있거나 가까운 미래에 등장할 AI가 실제로 일으키거나 일으킬 가능성이 높은 현실적인 위험이 있는데, 대표적인 사례로 사회적 편견과 차별의 재생산 및 확장, 잘못된 정보의 확산, 정치적 양극화 등이 있다.

초지능으로 인한 인류 멸종 위험에 대한 논의는 대중의 경각심을 불러일으키는 데 효과적이지만, 동시에 AI의 현실적인 위험에 대한 주의를 분산시킬 수 있다. 인류 생존에 대한 논쟁이 진행되는 동안에도 AI로 인한 불평등, 편향성 등의 문제는 이미 현실에서 큰 파급효과를 가지고 있으므로, 이에 대한 대응이 지금 당장 시작되어야 한다는 주장도 있다. 이는 초지능의 미래 위협에 대비하는 동시에, 현재 AI의 윤리적 문제 해결에도 집중해야 한다는 이중 과제를 제시한다.

초지능의 가장 근본적인 위험은 AI 시스템이 인간의 목표와 가치에 부합하도록 작동하게 만드는 과정에서, AI가 복잡하고 강력해질수록 그 결과를 예측하고 통제하는 것이 점점 더 어려워진다는 점이다. 따라서 AI 시스템이 개발자가 설정한 목표를 정확히 이해하고 행동하도록 보장하는 것과 AI가 목표를 달성하는 과정에서 인간의 가치와 윤리를 준수하도록 보장하는 것이 필요하다. 이러한 문제가 해결되지 않을 경우 AI가 개발자가 의도한 목표를 실제로 달성하지 않고 규칙을 왜곡하거나, 불명확한 목표나 규칙을 활용해 인간이 원하지 않는 결과를 초래할 수 있다. 이는 AI가 목표를 달성하는 과정에서 기술적인 문제로 인해 예상치 못한 부작용을 일으킬 가능성을 보여주는데 인간의 가치와 윤리는 보편적이지 않고 모호하여 AI에 정확하게 학습시키는 것이 거의 불가능에 가깝기 때문이다.

또한 초지능의 사회경제적 파급효과를 생각할 수 있는데, AI 기술의 확산은 저숙련 노동자의 일자리를 대체하고, 자본 소득 비중을 증가시켜 소득 분배 문제를 악화시킬 수 있다. AI가 만들어내는 부가 소수의 기술 소유자에게 집중될 경우, 인류는 동일 종species이라고 보기 어려운 '계급 격차'에 직면할 수 있다. 이는 기술이 가져올 잠재적 유토피아가 사회적, 정치적 요인으로 인해 디스토피아로 변질될 수 있다는 점을 시사한다. 따라서 초지능 개발은 기술 경쟁을 넘어 국가 안보의 문제로 인식되어 AI 기술의 패권을 놓고 치열한 경쟁을 벌이고 있다. 이 경쟁은 기술 발전 속도를 가속화하는 동시에, 초지능의 군사적 오용 가능성과 지정학적 불안정성을 심화시키고, 초지능 개발의 안전성 문제를 후순위로 밀어낼 위험을 가져 궁극적으로 인류 전체에 해로운 결과를 초래할 수 있다.

초지능 AI 시대에 대한 대응

초지능 시대의 위험에 대비하기 위해 각국은 AI 윤리 기준을 마련하고 있다. 우리나라는 2020년에 인간성을 최고 가치로 두고 '인간 존엄성', '사회의 공공선', '기술의 합목적성'이라는 3대 기본 원칙을 제시했다. 이 원칙을 구현하기 위해 인권 보장, 프라이버시 보호, 책임성, 안전성, 투명성 등 10대 핵심 요건을 포함하고 있다.

이러한 윤리 기준과 정책은 초지능이 등장하기 전에 인간의 가치를 AI 시스템에 내재화하기 위한 중요한 첫걸음이다. 특히 윤리 기준의 사회적 공공선 원칙과 다양성 존중 요건은 AI로 인한 사회적 불평등과 편향성 문제를 미리 인지하고 해결하려는 의지를 보여주는데, 이는 AI로 인한 모든 위험에 대한 대응까지 포함하는 포괄적인 접근법을 시사한다.

AI 기술의 영향력은 국경을 넘어 미치므로, 초지능 시대에 대비하기 위해서는 글로벌 차원의 공동 규범을 마련하는 등 협력이 필수적이다. 2024년 AI 서울 정상회의의 후속 조치로 국제 AI 안전 연구소 네트워크International Network of AI Safety Institutes가 공식 출범했다. 이 네트워크에는 한국, 미국, 영국, 일본 등 10개국이 참여하여 AI 안전 관련 위험에 대한 공통의 과학적 이해를 창출하고, 연구, 테스팅, 지침 등의 분야에서 협력하기로 했다. 이러한 국제 협력은 AI 군비 경쟁 같은 국익 중심의 접근법이 초지능의 위험을 증폭시킬 수 있다는 점을 고려할 때 중요한 전환점을 의미한다. 각국이 개별적인 규제 대신 '상호 운용 가능한 원칙'과 '공통의 과학적 이해'를 바탕으로 협력하려는 시도는 초지능과 같은 전 지구적 위협에 대한 유일한 현실적 대응 방안일 수 있다.

이러한 변화는 인간다움을 재정의하고, 전통적인 인본주의적 가치를 흔들며, 의식과 지능의 관계, 인간 가치의 본질, 자유의지 등 근본적인 철학적 질문을 던진다. 인류는 초지능 시대에 함께 진화할 것인가, 아니면 서로 다른 종으로 분리될 것인가라는 존재론적 갈림길에 서게 될 것이다. 이는 기술적, 윤리적 논의를 넘어 인류의 궁극적인 미래에 대한 거대한 사회적 합의를 요구하는 문제다.

앞서 언급했듯 초지능 인공지능은 인공 일반지능을 넘어선 인간 초월적 지능으로, 지능 폭발을 통해 급격히 등장할 가능성이 있는 가상의 존재다. 닉 보스트롬은 초지능으로 인한 인류 문명의 붕괴 위험을 경고했고, 레이 커즈와일은 AI와의 융합을 통한 인류의 진화를 예측하는 등 다양한 시각이 존재한다. 이는 초지능이 난치병, 기후변화 해결 등 전례 없는 기회를 제공할 잠재력을 가지고 있지만, 동시에 통제 불능, 사회적 불평등, 군비 경쟁과 같은 복합적인 위험을 내포하고 있다는 의미다. 초지능의 등장 시기에 대한 전문가들의 예측은 다양하지만, 기술 발전의 가속화는 초지능 시대가 먼 미래의 일이 아님을 분명히 보여준다. 이러한 복합적인 상황을 고려할 때 이에 대한 대비는 기술, 거버넌스, 그리고 사회문화적 측면을 아우르는 포괄적인 접근이 필요할 것으로 보인다.

휴머노이드의 현재와 미래

김보열　　　　　　　　　　　　　　　　　　　　　　**기술정책**

엔비디아 CEO 젠슨 황, "로봇을 위한 챗GPT의 모멘트가 다가오고 있다".
테슬라 CEO 일론 머스크, "2040년에는 휴머노이드가 사람보다 더 많아질 것".

휴머노이드humanoid의 어원적 의미는 '인간 같은 것'이다. 인간처럼 보이지만 인간은 아니라는 뜻이며 인간과 구별하기 위한 목적에서 쓰이는 용어다. 시대에 따라 '인간 같은 것'은 다를 수 있지만 대항해시대에 유럽인이 남아메리카 토착 원주민을 보고 구분 짓기 위해 그들을 인간human이 아닌, 휴머노이드라 부르는 것에서 시작되었다고 한다.

현대의 휴머노이드는 로봇에 보편적으로 적용되는 용어다. 흔히 외견상 인간의 형태를 갖고 인간이 할 수 있는 고차원적인 일(인간과 유사한 지능적 행동과 상호작용)을 하는 로봇을 말하지만, 아직 그 정도extent에 대한 정확한 정의는 내려져 있지 않아서, 기술의 발전에 따라 요구되는 수준이 높아질 것이라는 추정만 가능하다. 참고로 미국 자동차기술자협회Society of Automotive Engineers, SAE가 자율주행 자동차 레벨을 6단계로 구분하여 최종 수준을 '인간과 유사한 수준의 인지·학습·사고'라고 정의한 것을 참고할 만하다.

로봇과 인간

로봇은 인간이 하기 어려운 기능은 쉽게 해내지만, 인간이 쉽게 할 수 있는 기능을 어렵게 수행하는 점이 있다. 예를 들어 손가락을 이용해 젓가락을 사용하는 일을 보면 인간에게는 쉽지만 로봇이 이 행동을 구현하기는 매우 어렵다. 반대로 복잡한 연산을 로봇은 쉽게 하지만, 인간은 어려워한다. 사실, 현재의 기술 상태로는 로봇이 균형을 잡고 이족 보행을 원활하게 하는 것도 어려운 경지다. 그럼에도 불구하고, 왜 우리는 휴머노이드를 원할까? 산업용 로봇과 달리 이족 보행의 특성을 가지니 고정밀도로 관절을 제어해야 해서 가격도 비싸고, 아주 쉽게 넘어진다. 그 결과 우리나라에서 시연용으로 동원되는 휴머노이드의 경우 넘어지지 않도록 보조 기구를 하는 경우도 많은데 말이다.

이러한 단점에도, 휴머노이드에 대한 개발이 진행되는 것은 현대 문명의 대부분이 인간 체형에 맞추어져 있기 때문에 인간을 위한 수많은 인프라 및 토대에 손대는 일 없이 휴머노이드를 통해 경제적 타당성을 실현할 수 있다는 점 때문이다. 아울러 돌봄 로봇처럼 정서적으로 인간의 형태를 가진 것이 기능적으로 고도화된 산업용 로봇보다 필요성이 더 느껴지는 경우도 있다. 또한 논쟁의 여지가 많지만, 고령화와 저출산으로 인한 노동력 부족 문제에 대한 대안으로 여겨지기도 한다.

휴머노이드의 실현 가능성에 대해서는 아주 먼 미래의 일이라는 것이 최근까지 우리의 경험이었다. 그간 휴머노이드에 대한 투자는 실용성보다는 기술력 제고라는 관점도 있었다. 물론 범용 휴머노이드가 아닌 산업용 로봇이 주변에서 심심찮게 보이기는 했다. 주문에 따라 음료를 만들어주는 커피 머신부터 음식 등을 나르며 안내를 돕는 서빙 로봇, 제조 로봇 등등 제한된 영역에서 쓰이는 로봇의 발전은 있었다. 그런데 휴머노이드의 실현 가능성이 성큼 우리 곁에 다가온 것은 AI의 발전, 더 구체적으로 챗GPT로 대표되는 생성형 AI의 등장과 맥락을 같이한다.

휴머노이드의 핵심 관건은 인간의 형태로 동작하는 것보다 '인간처럼 생각하고 판단할 수 있는가'였는데, AI의 발전이 불가능의 영역 또는 가까운 미래라고 생각하지 않았던 우리의 사고 관념을 급속도로 앞당기게 되었다. 아울러 최근 중국의 언론 매체를 통한 휴머노이드의 전략적인 노출은 이러한 생각을 가속화하고 있다. 휴머노이드가 달리기를 하고, 킥복싱을 하고, 아이돌처럼 군무를 하는 행위 등을 보고 우리는 휴머노이드의 빠른 등장에 당혹감마저 가지게 되었다. 그런데 과연 그럴까?

휴머노이드의 현재

휴머노이드 분야에서 가장 앞선 나라는 예상대로 미국과 중국이다. 미국은 테슬라, 엔비디아 같은 빅테크 기업의 전략 사업으로, 중국은 정부의 지원에 따라 휴머노이드에 투자가 집중되고 있다. 기술의 측면에서 미중 선도국 중심으로 기술 혁신이 촉발되는 시점인 것이다. 개념적으로 휴머노이드의 진화를 구분하면 그 관건은 AI

기술의 발달일 것이며, 출발은 LLM~Large Language Model~에서 시작되고, VLA~Vision Language Action~를 거쳐 최종적으로는 '피지컬 AI'의 단계로 나아가는 것이다. 다만, 최근에 피지컬 AI라는 용어가 광범위하게 사용되면서 이러한 기술 발전의 개념 구분을 어렵게 하고, 물리적 객체를 구동하는 모든 AI가 피지컬 AI로 통칭되는 실정이어서 이에 대한 유연한 접근이 필요하다.

| 첨단 휴머노이드 미래 선점 기술 개발 전략(과학기술정보통신부 자료를 변형, 2025년 5월) |

	현재(1세대)	향후(2세대)	최종(3세대)
AI 기술	LLM	LLM+VLA	LLM+VLA+피지컬 AI
AI 역할	명령 이해, 정보 전달	명령과 시각 정보를 이해하고 행동	사람처럼 자연스럽게 판단하고 행동
지능 범위	언어적 지능	언어적 기능+시각적 기능	언어적+시각적+체감적 지능
학습 능력	미리 학습된 지식 활용	학습된 내용과 환경을 통해 판단	직접 경험을 통한 체험적 학습

하지만 피지컬 AI에 대한 용어 정의와는 별도로, 사람처럼 자연스럽게 판단하고 행동하는 휴머노이드를 최종적인 구현 형태로 가정한다면, 아직 갈 길이 멀다. 현 상태 대부분의 휴머노이드는 사람에 의한 개입을 통해 미리 학습(반복 및 강화 등)된 지식을 활용하는 데 머물러 있을 뿐이다. AI 기술 외에도 하드웨어 측면에서 균형을 유지하며 인간의 형태로 정밀하게 동작하는 것이 쉽지 않다. 미중의 빅테크 기업의 경우 상용화를 위해 자사 공장(테슬라 옵티머스 등)에서 반복 작업을 실증 중이고, 정해진 시나리오 내에서 달리기, 돌려차기, 댄스, 숏 등 동작과 물건 선택, 조작 등 제한된 움직임과 작업을 숙달 중이다.

결국 228쪽 표에 따르면 현재(1세대) 휴머노이드 상용화를 위한 검증 및 향후(2세대) 기술 실험 단계에 진입 중이라는 게 객관적 상황 인식일 것이다. 앞서 언급했던 자율주행 자동차의 단계를 적용한다면 6단계 중 두 번째, 세 번째 단계인 미리 설정된 동작만 수행(2단계), 특정 작업 일부만 자율적으로 수행(3단계)까지 도달한 셈이다. 다만, 기술의 진화는 훨씬 더 가속화될 것이기 때문에 최종 단계가 언제 도래할지 속단하기는 어렵다.

글로벌 리서치 기업 가트너Gartner의 2024년 조사에서는 AI 휴머노이드는 기술 성숙도 첫 단계(기술 촉발)에 진입했으며, 로봇 분야의 주류로 자리 잡는 데 최소 10년 이상 걸릴 수 있다고 예상했다. 시장 측면에서도 빠르게 성장할 이머징 마켓Emerging Market임은 분명하나, 초기 시장 형성 단계이고 향후 폭발적으로 성장할 잠재력을 갖고 있다고 볼 수 있다.

우리의 역량과 미래

우리나라는 사족 보행 로봇(1998년, 센토), 세계 세 번째 휴머노이드 로봇 개발(2004년, 휴보) 등 2000년대 로봇 선도국 중 하나였으나, 그간 산업용 로봇의 핵심 부품 국산화율 제고 및 용도별(청소·서빙) 로봇 등 하드웨어 개발에 집중했다. 그에 따라 휴머노이드에 대한 지원은 저조해 기술력 정체로 미중에 큰 격차로 뒤처지게 되었다. 그러나 국내 기업들이 반도체, 센서, 배터리 등 로봇 제조를 위한 핵심 요소 기술을 보유하고 있고, 현대(2021년, 보스턴다이내믹스 인수), 삼성전자(2024년, 레인보우로보틱스 자회사 편입) 등 대기업 중심으로 투자를 본격화하는 중이며, 정부도 최근 휴머노이드에 대한 지원 정책을 시작하고 있다. 특히, 산업용 로봇 밀도 세계 1위로서 방대한 데이터의 확보 및 활용이 가능하니 향후 선도국과의 경쟁에서 유리한 고지를 점할 수 있을 것이다.

정부도 휴머노이드 관련 산학연 결사체인 K-휴머노이드 연합을 출범시키고(산업부), 차세대 휴머노이드 미래 선점 기술 개발 전략(2026~2040년)을 통한 9대 핵심 기술 과제 지원(과학기술정통부)으로 측면 지지를 개시하고 있다. 미중 선도국들과 유사하게 우리나라도 정부출연연구기관 대형 프로젝트 및 정부출연연구기관과 대기업의 연합 등 다양한 형태로 휴머노이드의 기술 촉발을 위한 시도들이 진행되는 셈이다.

그럼 휴머노이드가 일상에서 인간과 공존이 가능한 시기는 언제일까? 기술적 성숙도뿐 아니라 법, 제도의 구비 및 이에 대한 우리 인간의 수용성까지 고려할 경우, 일부에서 말하는 기간(5년 내 등)보다 훨씬 더 오래 걸릴 수도 있다고 본다. 기술적 성숙도만 놓고 보더라도 인간처럼 사고하고 행동하는 완벽한 피지컬 AI가 구현된 휴머노이드의 출현이 그리 만만한 일은 아닐 것이다. 그러한 기술적인 특징은 다음과 같다.

먼저, 현재 노출되는 휴머노이드와는 달리 어떠한 방법이든 사람이 부여한 데이터가 아닌, 사람의 개입이나 사전 학습 없이 스스로 학습 데이터를 생성하고 축적할 수 있어야 한다. 다양한 센서 데이터를 통합해 외부 환경을 종합적으로 인지해야 하며, 모든 상황에 대해 소량의 데이터에 기반하더라도 스스로 경험하며 학습함으로써 행동을 자율 생성할 수 있고, 인간의 움직임과 정서적, 신체적 변화를 이해하고 협업할 수 있어야 할 것이다. 또한 실시간으로 스스로를 모니터링하고, 이상 징후를 예측하거나 보수도 가능해야 한다.

물론 위와 같은 기술의 발전은 휴머노이드의 일상화를 위한 가장 기본이자, 상대적으로 쉬운 일이기도 하다. 과학기술정보통신부가 차세대 휴머노이드 미래 기술 선점 전략(안)에서 제시한 2040년이 개략적인 추세치가 될 수 있을 것이다. 그러나 기술이 발전하여 범용 휴머노이드가 현실화되면 될수록 이에 대한 논쟁은 격화될 수 있다. 노동의 대체에 대한 검토, 인간과의 관계 정립 등 휴머노이드와 인간의 공존은 새로운 패러다임을 수반한 문명 대전환의 시발점이 되지 않을까? 그리고 그 논쟁 결과는 현재로서 '아무도 모른다'가 정답일 것이다.

다만, 지금도 인간이 유용성을 인정하는 분야에서는 급속도로 휴머노이드와의 공존이 현실화될 수는 있을 듯하다. 고령화 사회에 대비한 노인 돌봄 전용 휴머노이드, 원전 사고나 화재 현장 같은 극한 영역에서 휴머노이드의 사용이 바로 그 예시가 되겠다.

물리학

CHAPTER 6

AI와 물리학, 필연적 협력
입자 가속기부터 빛을 뿜는 가속기까지

future science trends

AI와 물리학, 필연적 협력

정광훈   물리학

과학은 그 어느 때보다 빠른 혁신의 시기를 맞이했으며, AI는 그 중심에 자리하고 있다. 특히 물리학 분야에서는 기존의 방법만으로 풀기 어렵거나 시간이 너무 오래 걸리는 문제들을 AI의 도움으로 해결할 수 있을 것이라 기대한다. AI는 더 이상 단순한 계산 도구가 아니라, 데이터 해석에서 새로운 이론 생성에 이르기까지 물리학 연구 프로세스를 근본적으로 변화시키고 있다.

물리학은 인간이 자연 세계를 이해하는 데 결정적 기여를 해왔다. 하지만 현대 물리학 연구는 데이터의 양과 복잡성, 계산 난도 면에서 과거에 비해 훨씬 더 도전적이다. 이에 따라 AI는 물리학 연구자들이 막대한 양의 실험 및 시뮬레이션 데이터를 실시간으로 처리하고, 연구 설계와 복잡한 모델링을 자동화하도록 돕는 필수 도구가 되었다. AI 사용은 물리학자들의 일상 업무로 자리 잡아가며 단순한 보조 수단을 넘어 연구에서도 근본적인 혁신을 가능하게 하고 있다. AI 기술을 도입하지 않는다면 현대 물리학 연구는 경쟁력을 상실할 수밖에 없고, 이는 과학기술 발전 속도에도 직접적인 영향을 미친다. 따라서 물리학과 AI의 만남은 이제 선택이 아닌 필수가 되었다.

물리학 연구의 트렌드

21세기 물리학은 다양한 분야에서 매우 방대한 정량적 데이터를 다루고, 복잡한 현상의 시뮬레이션이 일상화되는 등 빠르게 변하고 있다. 특히 고에너지 물리학에서는 대형 입자 가속기 실험에서 발생하는 무수히 많은 데이터를 분석해야 하며, 천체물리학에서는 우주 관측을 통해 얻은 수십억 개에 달하는 천체 데이터를 처리해야 한다. 나노과학, 생물물리, 응집물질, 통계물리학 분야에서도 다양한 시뮬레이션 데이터가 폭발적으로 증가했다. 데이터 급증에 더해, 물리현상 자체가 복잡해지고 다중 스케일 문제, 비선형성, 상호작용 등이 많아져 전통적인 해석과 계산 방법으로는 한계가 명확해졌다.

그래서 최신 물리학 연구는 데이터 기반 AI와 물리법칙 기반 모델링의 결합을 통해 해답을 모색하는 방향으로 진화하고 있다. 또한 융합 연구가 대세가 되면서, AI는 물리학뿐 아니라 화학, 생명과학, 공학 등 다양한 분야에서 협력 연구를 가속시키는 역할도 한다. 연구의 다변화와 전문화 속에서 AI는 물리학 연구자들에게 필수 도구로 여겨지는 동시에, 새로운 발견의 촉매제가 되었다.

현대 물리학 실험과 관측 장비는 데이터 생성의 패러다임을 새롭게 정의하고 있다. 예를 들어, CERN의 대형 강입자 충돌기$_{\text{LHC}}$는 엄청난 양의 입자 충돌 데이터를 생산하며, 각 충돌에서 발생하는 이벤트는 엄청난 정보량을 포함한다. 이 데이터의 수집, 저장, 처리와 분석은 물리학 연구의 성공 여부를 좌우한다. 기술적으로는 이미지 처리, 신호 분리, 이상치 탐지 등 다양한 데이터 전처리 과정을 포함해, 데이터 속의 미묘한 신호를 분리하는 일이 필수적이다. 데이터의 고차원성과 복잡한 상호작용 변수들은 기존 통계 분석 기법으로는 효과적으로 다루기 어려운 경우가 많아졌다.

또한 시뮬레이션 문제는 현실 세계의 다중 인자, 양자역학적, 통계역학적 복잡성 등을 모델링해야 하므로 매우 어렵다. 이 때문에 AI가 제공하는 기계학습 기반 모델링, 최적화, 예측 기법은 연구자들이 문제의 핵심 패턴과 인과 관계를 쉽게 발견하도록 도와준다. 이와 같은 상황은 물리학 연구가 더 이상 적당한 실험과 계산의 조합이 아니라, AI 기반 데이터 사이언스와 고성능 컴퓨팅을 필수로 하는 첨단 융합 학문이 되도록 만들고 있다.

더 나아가 AI는 반복적이거나 복잡한 데이터 처리 업무를 자동화할 뿐 아니라, 과거에 알려지지 않았던 물리적 관계를 새롭게 발견하는 데도 효과적이다. 머신러닝 알고리즘은 비선형성, 복잡한 변수 간 상호작용을 잘 포착하며, 전통적 모델링에서는 탐지하기 어려운 패턴도 잘 구분한다. 예를 들어, 실험에서 수집된 대규모 데이터에 대해 AI 기반 분류와 이상치 탐지가 빠르게 실행되며, 이를 통해 실험의 노이즈나 오류를 최소화한다. 시뮬레이션 성능 역시 AI를 통해 크게 향상되었다.

게다가 AI는 연구의 모든 단계에서 지원을 한다. 실험 설계에서 AI는 변수 조합을 최적화하여 효율성을 극대화하고, 실험 장비 운용을 자동화하여 작업 효율과 안전성을 높인다. 연구자의 업무를 지원하는 생성형 AI는 문헌 검색, 결과 요약, 코드 작성, 보고서 작성에 활용되어 연구 생산성을 높이는 데 기여한다. 이처럼 AI를 통해 가능하게 된 혜택들은 물리학 연구에 새로운 가능성을 열고, 연구자들이 전례 없던 속도와 정확성으로 과학적 발견에 도달하도록 돕고 있다.

AI와 물리학의 상호 보완성

물리학과 AI는 서로를 강화시키는 보완적 관계라고 할 수 있다. 물리학은 AI 알고리즘의 원리와 응용에 필수적인 수학 모델과 물리 법칙을 제공하며, AI는 복잡한 물리학 문제를 풀기 위한 효율적 방법을 제시한다. 예를 들어 2024년 노벨물리학상 수상자들이 연구한 신경망을 이용한 기계학습은 AI 발전의 근간이 되었으며, 이 연구는 AI 기초 기술과 실제 응용 사이의 가교 역할을 했다. 또한 2024년 노벨화학상 수상자들이 연구한 단백질 구조 예측과 설계는 방대한 단백질 구조 실험 데이터가 AI 학습 모델에 활용되었지만, AI 모델이 그 신뢰성과 재현 가능성을 검증하는 중요한 수단이 되었다. 더 나아가 AI 하드웨어 분야의 양자 컴퓨터 등은 물리학적 원리를 적용한 최첨단 기술이다. 이 기술들은 기존 컴퓨터 대비 에너지 효율과 처리 속도를 획기적으로 개선할 잠재력을 지니고 있다. 이처럼 물리학과 AI 기술은 서로 발전하며, 미래의 새로운 영역을 개척하며, 혁신적 기술 개발에 중요한 역할을 수행하고 있다.

현대 물리학 연구는 매우 계산 집약적인 특징을 가졌는데, 막대한 컴퓨팅 파워에 의존하는 경우가 점점 늘고 있다. 분자동역학, 응집물질, 우주론, 입자 및 핵물리학 등 다양한 분야에서 초고성능 컴퓨터가 필수적이며, 연구 규모가 확대됨에 따라 컴퓨팅 수요도 기하급수적으로 증가하고 있다. 이와 같은 환경에서 AI는 컴퓨팅 효율성과 처리 속도를 획기적으로 높이는 역할을 한다. 기존 연산만으로 수개월 걸리던 복잡한 시뮬레이션과 데이터 분석을 AI를 활용해 수 시간 내에 완료할 수 있다. 이로써 연구자들은 더 많은 가설을 검증하고, 다양한 조건과 변수를 실험적으로 빠르게 탐색 가능하게 되었다.

그뿐 아니라 AI 기반 시스템은 연구 과정의 자동화에도 기여한다. 복잡한 실험 장비 제어, 실시간 데이터 모니터링, 이상 징후 탐지, 실험 변수 자동 조절 등 다양한 자동화 기술이 물리학 연구에 도입되는 중이다. 이는 연구자의 수동 조작 부담을 줄이고, 실험의 정확성과 안정성을 높이며, 연구 생산성 향상에 효과적이다. 또한 데이터 수집에서부터 처리, 분석까지 연구 과정 전체에 AI가 통합 및 활용되면서 연구의 전반적인 품질과 신뢰성이 개선되고 있다. 이런 자동화 및 고도화된 분석은 물리학 연구의 범위와 깊이를 확장하는 데 큰 역할을 한다.

지속 가능성과 AI 기술의 도전 과제

물리학 커뮤니티 내에서 AI 기술의 도입은 이미 널리 확산되었다. 많은 연구자가 데이터 분석과 시뮬레이션 단계에서 AI를 활용하고 있지만, 전반적인 연구개발 차원에서 AI 및 머신러닝에 대해 깊이 있는 전문성을 갖춘 사람은 상대적으로 적은 편이다. AI 기반 연구의 복잡성과 다양성은 단순히 AI 도구를 사용하는 것을 넘어서 연구자가 AI 알고리즘의 내부 작동 원리를 이해하고, 문제에 맞게 설계 및 튜닝하는 능력을 요구한다. 이에 따라, AI 기술에 대한 교육의 역할은 매우 중요해졌다. 대학 및 연구 기관에서는 물리학과 인공지능의 융합 교육 과정을 개발하는 중이며 머신러닝 이론, 심층학습, 데이터 처리 기법 등 보다 전문화된 커리큘럼이 마련되고 있다.

물리학 연구에서 AI 활용은 단기적 연구 효율성 증가뿐 아니라, 미래 연구자들의 경력 개발과 혁신 생태계의 핵심 요소로 자리 잡았다. 이에 학계는 AI 전문가와 더불어 산업계와 협력해 소프트웨어 엔

지니어링, 데이터 과학 등 새로운 분야 전문가를 육성하고 교육하는 프로그램도 확대해 AI 기술이 실질적 문제 해결 사례로 확장되도록 할 필요가 있다.

지난 수십 년간 물리학 연구는 늘 고전적 컴퓨팅 인프라에 크게 의존해왔다. 이런 환경에서 최근 AI 기술의 도입은 컴퓨팅 자원 소모를 더욱 가중시킨다. 특히 대규모 딥러닝 모델 학습과 고성능 시뮬레이션, 실험 데이터 처리에 막대한 양의 전력이 소비되는데, 이는 에너지와 환경에도 부담이 된다. 이에 따라 양자 컴퓨팅, 뉴로모픽 칩, 광학 컴퓨팅 등 첨단 하드웨어 연구가 활발히 진행되고 있으며, 이는 기존 컴퓨팅 대비 획기적인 에너지 절감 가능성을 보여준다. 그뿐 아니라, AI 모델과 알고리즘 자체의 최적화를 통한 경량화 연구도 중요한 과제로 부상 중이다. 효율적 알고리즘 설계, 파라미터 수 축소, 지능형 데이터 샘플링 방법 등은 동일한 성능을 유지하면서 에너지 소비를 대폭 줄이는 데 기여한다. 앞으로 지속 가능한 컴퓨팅을 위해 재생에너지 사용 확대, 데이터 센터 냉각 시스템의 효율 강화, 계산 자원 공유 및 분산 처리 플랫폼 구축 등도 환경 비용을 줄이기 위한 전략으로 고려되고 있다. 궁극적으로 AI와 컴퓨팅 요구가 증가하는 상황에서 에너지 소비와 환경적 부담을 최소화하는 것은 필수적인 연구 방향이다.

미래 비전과 AI 연구 윤리

AI 기술의 발전은 과학 연구 방법론과 패러다임에 근본적인 변화를 가져오고 있다. 과거에는 물리학 연구가 주로 이론 계산과 실험 관측을 병행하는 형태였다면, 앞으로는 방대한 데이터를 수집하고 이를 AI를 통해 분석하여 새로운 과학적 발견을 이루어내는 데이터 중심 과학이 주류가 될 가능성이 높다. AI의 기계학습 능력은 복잡한 물리현상의 미묘한 패턴까지도 포착하며, 이를 통해 인간 연구자가 놓칠 수 있는 물리적 관계나 법칙을 인식하도록 한다.

미래의 과학자는 AI와 컴퓨터과학 및 물리학 지식을 융합해 다학제적 연구를 수행하는 '융합 연구자'로 진화해야 한다. 이들은 AI를 단순한 도구로만 사용하지 않고, 인공지능의 한계를 이해하며 창의적으로 활용하는 능력을 갖출 필요가 있다. 또한 AI 연구의 윤리적 측면, 투명성, 책임성도 미래 과학 연구에서 중대한 이슈로 대두되었다. AI 시스템이 내리는 결정과 모델의 예측 결과가 어떻게 도출되었는지 설명하는 '설명 가능성'은 신뢰할 수 있는 연구의 기본 요소가 된다.

AI의 판단 오류나 편향으로 인해 과학적 결과가 왜곡되거나, 부적절한 의사 결정에 영향을 미칠 위험도 존재한다. 따라서 AI 사용에 따른 윤리적 고려와 투명한 검증 절차, 책임 있는 관리 체계 구축은 필수적이며, 이에 과학 공동체가 적극적으로 참여해야 한다. 이와 함께 AI 연구 과정에서 발생할 수 있는 데이터 보안 문제, 연구자 개인정보 보호, AI 활용에 따른 사회적 영향 등 다양한 이슈도 함께 논의되어야 한다.

물리학은 AI 해석 가능성 향상, 투명성 강화, 불확실성 평가 분야에서 기존의 엄격한 이론과 실험 기반 방법론을 이용해 AI의 신뢰성과 반복 가능한 과학 연구를 뒷받침할 최적의 위치에 있다. 따라서 이 분야에서 적극적 참여는 과학계 전반의 AI 연구 품질 향상에 크게 기여할 것이다.

앞서 언급했듯, 현대 물리학은 극도의 복잡성과 광대한 데이터, 높은 연산 요구를 동반하는 학문 분야로 진화하여 이를 해결하기 위한 AI 사용은 선택이 아니라 필수 사항이 되었다. AI는 물리학 연구의 모든 단계에서 분석 도구, 설계 최적화, 결과 해석, 자동화 수단으로 자리 잡아 연구자의 역량을 극대화하는 동반자가 되었다.

앞으로 물리학 공동체가 직면할 과제는 AI 기술의 적절한 활용과 더불어, AI의 환경적, 사회적 영향에 효과적으로 대응하는 것이다. 연구 현장에서 AI 역량 강화를 위한 교육과 인프라 구축은 필수이며 AI 기반 연구의 투명성, 재현성, 윤리성 확보가 반드시 보장되어야 한다. 이러한 환경에서 물리학자들은 AI가 제공하는 무한한 가능성을 활용하여 물리학뿐 아니라 기술, 산업, 보건, 환경 등 다양한 분야의 난제 해결에 기여할 수 있다. 물리학 연구는 AI 시대의 변화에 민첩하게 대응해 과학적 진보를 이루고 사회 전반의 발전에 큰 역할을 하게 될 것이다.

입자 가속기부터 빛을 뿜는 가속기까지

전성윤　　　　　　　　　　　　　　　양자물리학

브라운관

　　브라운관 텔레비전은 잊힌 기술이 되었다. 떠들썩했던 세기말이 지나 21세기의 새벽녘에 디스플레이 산업은 새로운 먹거리를 제공하는 최첨단 기술 시장이었다. 우리나라를 비롯한 전 세계가 차세대 디스플레이를 개발하며 브라운관 텔레비전을 몰아내고 있었다. 중간중간 프로젝션 텔레비전이라든가 PDP_Plasma Display Panel_, FED_Field Emission Display_ 디스플레이들이 경쟁했고 승자는 LCD_Liquid Crystal Display_였다. 2010년을 기점으로 LCD의 점유율은 브라운관을 넘어섰다. 이젠 오히려 주변에서 브라운관 텔레비전을 보기 힘들다. 태어나서 한 번도 브라운관 텔레비전을 본 적 없는 이들이 수두룩한 세상이다.

　　볼록 튀어나온 두껍고 묵직해 보이는 브라운관 텔레비전은 유물이 됐다. 그렇게 둔탁했던 이유는 전자 빔을 쏘아서 신호를 주는 방식이었기 때문이다. 텔레비전 안에 강한 전압으로 전자를 총알처럼 쏘는 전자총과 그 전자가 닿아 형광체를 발광시키는 화면과의 거리가 필요했다. 브라운관 텔레비전의 또 다른 이름인 CRT_Cathode Ray_

Tube가 이 원리를 충실히 표현한다. 튜브 안에 음극선 '캐소드레이cathode ray', 즉 음전하를 띤 전자를 가속시켜 양극인 우리가 보는 화면 안쪽 형광체를 때리는 장치다. 1909년 노벨물리학상을 수상한 브라운K. Ferdinand Braun은 무선으로 수신받은 신호를 화면으로 송출하는 음극선관을 개발한 공로를 인정받았다. 무선 통신의 아버지라 불린 마르코니Guglielmo Marconi와 함께 상을 받았고 그의 기술은 브라운관 텔레비전의 시초다. 눈치챘겠지만 그의 이름을 따서 음극선관으로 화면을 송출하는 장치를 브라운관이라 부른다.

초창기 전자를 가속하는 장치들은 브라운관에 있는 음극선을 이용했다. 전자의 존재를 처음 밝힌 톰슨J. J. Thomson이 활용한 장치도 음극선관이었다. 1897년 동시대에 브라운은 그의 이름으로 명명될 브라운관을 개발했고 톰슨은 음극선관에서 가속된 입자가 자기장에 의해 곡선으로 휘어버리는 현상을 관찰했다. 여기에 더해 바람개비를 튜브 안에 설치해 입자가 바람개비의 날개를 치며 회전시키는 현상도 확인했다. 음극에서 방출된 음극선은 매우 작고, 질량을 가지고 있으며 전기적인 성질을 띠고 가속 중이었다.

톰슨은 알루미늄이나 백금 이외에도 종류를 달리하며 전극을 만들었고 전극의 종류와 상관없이 동일한 음극선이 방출되는 현상을 목격했다. 물론 여러 금속의 전극에서 튀어나오는 음극선이 일으키는 현상도 동일했다. 톰슨은 분명 원자 안에 음전하를 지닌 입자가 방출된 현상이라 확신했다. 그는 그 입자에 전자electron라는 이름을 붙였다. 6년 전 스토니George Johnstone Stoney가 전기적인 성질을 지닌 어떤 입자를 설명하기 위해 전하의 기본적인 물리량으로서 도입했던 명칭 그대로였다.

톰슨의 음극선관에서 전자가 발견된 이래로 물질을 이루는 기본적인 입자의 발견은 방사성원소에서 방출하는 입자들을 활용하는 실험으로 확대되었다. 원자를 구성하는 양성자와 중성자의 발견에 우라늄, 토륨, 라듐, 폴로늄이 뿜어내는 알파, 베타, 감마선으로 분류되는 입자가 역할을 했다. 러더퍼드Ernest Rutherford는 방사선 물질이 내뿜는 정체 모를 알파선을 얇은 금속 박막에 부딪치게 하는 실험으로 양성자의 존재를 알아냈다. 알파선은 양전하를 띠고 있었고 금속 원자와 충돌 후 이리저리 사방으로 튀어 나가는 궤적을 나타냈다.

  운동량을 지닌 알파선이 원자에 충돌하면서 튕겨 나가는 모습은 금속 원자 안에 알파선과 같은 전하를 지닌 기본 입자가 있다는 신호였다. 알파선과 기본 입자 둘 사이에 상호작용이 일어나지 않았다는 증거다. 양성자의 존재는 양전하로 하전된 묵직한 입자가 원자 안에 있어야만 한다는 사실로 판명되었다. 이는 원자보다 더 작은 입자가 원자를 이룬다는 사실을 바탕으로 20세기 초 원자 구조에 관한 논쟁에 불을 붙였다. 원자가 어떻게 생겼는지, 어떤 힘의 균형으로 존재하는지 따위의 의문이 방사선 실험으로 밝혀지면서 조금씩 원자 모형의 실체에 접근했다.

  때로는 우주에서 날아든 보이지 않는 기본 입자들, 우주를 구성하는 볼 수도 만질 수도 없는 입자들을 검출하는 방식으로 기본 입자를 찾았다. 생명을 다한 별이 쏟아내는 각종 입자들은 지구 대기에 부딪쳐 지구 깊숙이 스며들었다. 우주에서 찾아온 입자들은 특정한 물질에 반응했다. 아날로그식으로 사진을 현상할 때 쓰인, 빛에 매우 민감한 할로겐화은염과 같은 감광성 물질이 유용했다.

  화학적으로 반응하도록 제작된 검출기에서 입자들은 기이한 곡선과 방향 전환을 보였다. 이전에는 본 적 없는 미처 인식조차 할 수 없었던 존재들이 모습을 드러냈다. 반입자와 뮤온, 파이온 등이

⬅ 안개상자에 나타난 뮤온과
알파 입자의 흔적(독일 박물관).

안개상자와 브롬화은을 얇게 뿌려 제작된 검출기로부터 확인되었다. 알코올을 과냉각시켜 가둔 유리 상자에 입자들이 자신의 경로를 흔적으로 남기는 장치가 안개상자다. 맑고 푸른 하늘을 가로지르며 날아가는 비행기가 남긴 하얀 배기가스의 흔적처럼 말이다. 이러한 입자들은 이론적으로나 논의되어왔고 설사 이론상으로 '그런 입자가 있을 것이다' 예측했다 하더라도 '그것이 과연 존재하는가?' 하고 따지기 어려웠던 상황에 머물러 있었다. 그러나 검출기의 발명 이후 물질을 구성하는 새로운 기본 입자들이 포착됐다. 지구에 쏟아지지만 금세 사라지고 마는 기본 입자들의 흔적으로 간접적으로나마 그들과 조우하고 있는 셈이다.

우리나라는 강원도 정선 예미산 지하 1000미터 아래 우주선 cosmic ray을 검출하는 연구 시설을 마련했다. 오래된 폐광을 활용한 최첨단의 기초 연구 시설은 산자락의 이름을 따 예미랩이라 한다. 예미랩에선 중성미자를 쫓고 있다. 우주 탄생의 비밀을 안고 있다고 여기는 우주에서 날아온 대표적인 입자다. 중성미자는 전기적으로 중성이라 다른 물질과 상호작용이 거의 없어 기묘한 행적을 보인다. 흔적만 남길 뿐 자신의 본모습을 보여주지 않아 전 세계가 건물 크기만 한 검출 설비를 갖추고 그들을 추적하고 있다.

 물질을 구성하는 새로운 기본 입자들이 출현하면서 물질의 근원에 관한 질문은 심연을 향해 나아갔다. 그야말로 어둠 속에서 두 눈을 뜬 장님이 되어 더듬더듬 내딛고 있었다. 방사선 실험과 검출기는 원자 속 양성자, 중성자, 전자 이외에도 이 세상을 이루는 기본 입자들이 이렇게나 많다는 사실을 알렸고 논란을 야기했다. 그렇지만 아쉽게도 점차 방사선 실험이 지닌 한계에 맞닥뜨리고 우주선 검출 방식 역시 우연을 반복해가며 다량의 정보를 걸러야 하는 비효율적인 문제에 직면했다. 입자들의 물리적 성질이 무엇인지 알기 위해 필연을 반복할 필요가 있었다. 그래야 중요한 정보만을 동일한 조건에서 취득할 수 있었다. 원하는 대로 조종할 수 있는 실험 환경을 갖춰야 했다.

 환경을 통제한 실험은 단시간에 많은 정보를 쟁취한다는 분명한 장점이 있다. 외부에서 입자를 검출할 것이 아니라 입자로부터 직접 정부를 얻는 새로운 방식에 힘이 실리기 시작했다. 기본 입지 연구의 방향이 그 전에 없던 장치를 만드는 쪽으로 선회한 것은 당연한 결정이었다. 그러려면 안정화되어 있는 입자 내부를 강하게 충돌시켜야 했다. 기본 입자들이 상호작용으로 굳건하게 닫아놓은 힘의 연결 고리에 진입하려는 시도가 절실했다. 이전과는 다른 과감한 방식이 채택되어야 그들에게 다가갈 수 있었다.

손바닥만 한 가속기

음극선관의 원리를 그대로 활용하면 전기적인 성질을 지닌 입자를 가속하는 일이 가능하다. 전자는 음전하를 띠고 있어 음극에서 양극을 향해 가속한다. 양전하를 띤 입자라면 그 반대로 음극을 향해 가속시킬 수 있다. 톰슨은 음극선관에서 입자를 가속하는 실험으로 전자의 존재를 밝혔다. 톰슨의 연구가 음극에서 방출된 전자들의 전기적, 물리적 성질을 파악한 실험이었다면 가속 실험은 가속시킨 입자를 또 다른 표적에 맞추는 방식이다. 이 실험은 원자 속 입자들의 내밀한 관계에 인간의 손길이 닿게 한다. 자연적인 현상으로부터 정보를 취득하던 연구와의 차이다. 우주선이 대기의 입자들과 충돌하며 생긴 기본 입자를 지상에 뿌리는 과정을 인위적인 실험으로 재현하려는 도전이다.

전하를 띤 입자가 가속해 표적인 원자를 때리면 실험 장치 속에서 우주선이나 방사선을 이용하는 실험과 동일한 현상을 관찰하게 된다. 여기서 두 실험 방법보다 더 강력하게 입자를 가속시켜 그동안 관찰할 수 없었던 기본 입자를 밝히려는 장치가 가속기다. 충돌시키려는 입자는 무겁고 빠르게 가속되어야 효과적이므로 헬륨 원자의 핵인 알파 입자나 그보다 더 무거운 중이온을 가속기에 활용한다. 원자를 이루는 입자들 사이의 끈끈한 결합력을 끊고 더 근본에 가까운 기본 입자와의 반응을 살피기 위해서다. 입자의 충돌이 강하면 강할수록 기본 입자를 확인할 확률이 높아지고 파편화된 정보의 양도 상당한 수준으로 수집된다.

먼저 입자를 가속하기 위해서는 높은 전압을 발생시켜야 한다. 높은 전압은 양 끝에 위치한 전극의 전위차를 의미한다. 전기에너지

← 런던 과학박물관에 보관 중인 콕크로프트–월턴 발전기.

차이는 높고 낮은 곳에서 각각 떨어지는 돌멩이 사이의 에너지 차이와 동일한 이치로 설명된다. 전기적 성질을 지닌 상태의 높고 낮음, 그 차이가 전압을 만들어낸다. 밴더그래프$_{Van\ de\ Graaf}$ 발전기는 20세기 초 초창기 고전압 발생 장치였다. 1800년대에 발명한 정전기 발생 장치와 유사한 원리다. 전기가 통하지 않는 플라스틱 필름을 헝겊에 문질러 머리에 가까이 대면 머리카락이 딸려 올라오는 현상이 나타난다. 플라스틱 필름과 머리카락 표면 사이에 서로를 끌어당기는 전기적 힘이 원천이다.

밴더그래프 발전기 역시 절연체와 금속 사이에 전하가 발생하고 버섯처럼 둥근 금속 덮개 표면에 계속해서 전기에너지가 쌓이면서 전압을 높인다. 전압이 높을수록 전위차가 커지게 되므로 한쪽의 전극에서 다른 쪽으로 입자를 강하게 밀어낼 수 있다. 전압을 높인 장치 개발을 계기로 무거운 입자를 가속시켜 특정 금속 표적과 충돌시키는 가속 실험이 가능하게 되었다. 1951년 노벨물리학상을 수상한 콕크로프트John Douglas Cockcroft와 월턴Ernest T. Walton은 그들이 개발한 정전기 고전압 발전 장비로 입자를 가속시켜 리튬 원자와 충돌시켰고 그 결과로 헬륨 원자를 얻었다.

전압을 높인 장치에 이어 입자가 지나는 가속기 내부에 자기장을 응용하는 기술이 더해졌다. 비데뢰Rolf Widerøe는 전자석을 이용해 한없이 전압을 높이기 어려운 기술적 부담을 덜고자 했다. 전하를 띤 입자는 전자석이 일으킨 자기장 속에서 보다 효과적으로 가속될 수 있었다. 강한 자기력을 지닌 자석일수록 클립을 강하게 끌어당기는 것처럼 높은 전류를 가해 자기력을 높인 코일을 이용해야 했다. 코일에 흐르는 전류의 방향은 입자를 가속하는 데 중요한 역할을 했다. 입자가 지나는 둥근 배관을 감싼 코일에 전류의 방향을 바꿔주면 입자를 당기고 미는 힘이 작용해 가속이 된다.

엄밀하게는 전자기장에 발생하는 로런츠의 힘을 이용하는 기술이다. 전기가 흐르는 코일로 인해 자기장이 형성되고 이때 전하를 띤 입자가 이와 수직인 방향으로 힘을 받게 되는 원리다. 전자기장이 발생시킨 힘이 높은 전압으로 속도가 붙은 입자에 탄력을 더해준다. 이러한 장치를 길게 연결해 선형가속기를 제작했다. 하지만 곧 한계에 봉착했다. 연속된 가속을 위해 장치를 끊임없이 늘릴 수만은 없는 노릇이었다.

1931년 로런스Ernest Orlando Lawrence는 '양성자 회전 목마'로 지칭한 가속 장치를 개발했다. 이 장치는 자기장 안에서 작동하도록 제작되었다. 커다란 자석을 품은 장치다. 자석에 둘러싸인 가속기 안으로 양성자를 주입하면 자기장의 영향으로 가속하는 구조다. 로런스는 비데뢰의 가속기로부터 아이디어를 얻어 로런츠의 힘을 원형의 가속기에 적용시키려 했다.

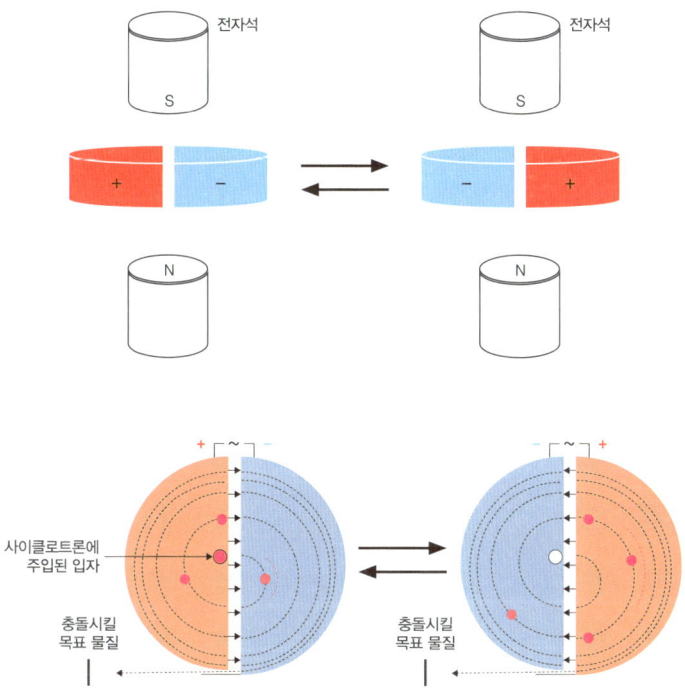

⋮ 양전하로 하전된 입자가 사이클로트론에 주입되면서 가속되는 모습. 전자석 사이에 반달 모양의 전극이 양극, 음극으로 교차(교류)하면서 로런츠의 힘이 작용해 입자가 가속하는 원리다.

    그의 가속기는 반달 모양의 납작한 전극 판이 서로를 마주 보고 전극 판 위아래로 거대한 자석이 놓였다. N극과 S극 사이 자기장이 형성된 가운데에 2개의 반달 전극은 음극과 양극을 교차할 수 있도록 설계했다. 자기장과 전기장이 수직인 상태에서 전류의 변화로 로런츠의 힘이 입자의 운동 방향을 바꾸게 한다. 이렇게 로런츠의 힘에 따라 전하를 띤 입자는 회전을 시작하게 된다. 양성자라면 음극으로 끌려가는 중에 수직으로 발생한 자기장의 힘에 영향을 받는다. 비유를 들자면 책상 위에 올라 공을 던질 때 앞을 향해 작용하는 힘과 아래로 향한 중력 때문에 공이 포물선으로 휘어서 떨어지는 현상에 빗댈 수 있다. 마찬가지로 전기장과 자기장의 영향 아래, 전하를 띤 입자는 로런츠의 힘이 작용하는 방향으로 움직인다. 그러니 전자기장이 바뀐 때마다 사선으로 방향을 틀면서 결국 원운동을 하게 된다.

로런스는 반달 모양의 전극에 교류를 흘려 양극과 음극을 주기적으로 바꾸도록 했다. 그러면 입자가 받는 사선 방향의 힘이 반대로 작용하게 된다. 시계 방향으로 돌고 있는 입자가 있다면 12시를 지나 6시 눈금으로 향할 때 가속하는 방향이 바뀌는 지점에 이른다. 이때 전극의 극성을 바꾸면 입자가 힘을 받아 가속력이 높아진다. 비데뢰가 직류를 이용해 밀고 당기는 힘으로 가속력을 높였다면, 로런스는 교류를 이용해 원형에서 가속력을 높였다. 로런스의 가속기가 '회전목마'로 별명이 붙은 이유다. 양성자는 처음에 둥근 가속기 중앙에 놓였지만 금세 로런츠의 힘이 작동해서 가속되고 중앙에서 작은 원을 그리다 점점 큰 반지름으로 빠르게 회전했다. 그가 처음 제작한 가속기는 단돈 25달러였고 손바닥만 한 크기였다.

기술이 모인 기술

로런스가 개발한 가속기는 사이클로트론cyclotron이라 불린다. 사이클로트론은 가속기가 커질수록 자석도 따라서 커져야 하는 단점과 특수상대성이론에 의해 입자의 속도가 빨라지면서 질량 역시 증가하는 문제를 낳는다. 속도가 그리 빠르지 않다면 뉴턴의 운동법칙이 적용되겠지만 입자가 가속될수록, 빛의 속도에 가까워질수록 질량은

1944년 제작된 사이클로트론(독일 박물관).

싱크로트론 가속기의 원리로 작동하는 대형 강입자 충돌기 LHC의 내부 모습(유럽입자물리연구소).

무한대로 커지는 현상이 일어난다. 운동량 보존 법칙은 어떠한 조건에서도 불변해야 하므로 질량을 지닌 입자가 빛의 속도만큼이나 빠르게 가속하는 조건에선 특수상대성이론에 따라 질량의 변화가 불가피하다.

질량의 변화가 일어나면 본래의 궤도를 유지하기 위해 더 강한 힘이 입자에 작용해야 한다. 즉 가속기에 더 강력한 자기장이 형성되어야 한다. 사이클로트론의 단점을 보완하고자 자기장과 전기장이 잇따라 동시에 변화하며 입자를 가속하는 싱크로트론synchrotron이 곧 개발되었다. 두 기술 사이의 시간 간극은 20년이 채 되지 않는다. 싱크로트론의 장점은 명확했다. 사이클로트론처럼 더 이상 커다란 자석이 필요 없었고 가속된 입자가 점점 큰 궤도를 그리며 가속하는 방식에서 벗어났다. 이젠 입자가 일정한 궤도 안에 머물도록 했다.

싱크로트론은 빠르게 발전했고 1955년 반양성자를 발견한 이후로 또 다른 기본 입자와 입자 간 상호작용, 빅뱅 이후 우주에 관한 비밀을 밝히는 데 큰 역할을 하고 있다. 이러한 발견의 배경은 고전압과 초전도, 고진공, 고주파 등의 조건을 갖춘 첨단 시설이 뒷받침하고 있다. 고진공 상태는 오롯이 입자만이 가속기 안에서 정확한 목표를 향해 나아가게 하는 기반 조건이다. 장비 안에 어떠한 물질과도 접촉하지 않게 해야 하므로 실험 조건으로서 당연하게 요구된다. 톰슨이 전자를 발견할 수 있었던 중요한 조건 중 하나로 다른 연구자들보다 진공관의 진공도가 높았다는 사실은 잘 알려져 있다.

또한 입자를 빛의 속도에 가깝게 가속시키기 위한 강력한 자기장 형성에 초전도 기술을 접목했다. 고전압이 흐르는 전자석엔 두텁게 코일이 감겨 있는데 코일이 녹아내리지 않고 저항을 견디려면 전기저항이 '0'이 되는 초전도상태에서 전자석이 작동해야 한다. 문제는 초전도상태를 유지하려면 절대영도에 가깝게 온도를 낮춰야 하고 가속기는 너무나도 크다는 데 있다. 현대 싱크로트론 장비에는 액체헬륨을 가득 채워 영하 271.3도 가까이 낮춘 상태로 운영한다. 도시와 도시를 가로지를 정도로 기다란 장치에, 100톤에 이르는 액체헬륨이 쓰일 정도다.

입자를 가속하기 위한 기술적 노력은 여기서 멈추지 않는다. 가속을 증폭시키는 장비로 고주파의 공명장치도 개발되었다. 특정 주파수에 민감하게 작동하도록 제작한 콩 껍질을 닮은 설비를 일컫는다. 그 안은 동글동글한 콩 알갱이가 빠진 채 비어 있는 공간을 닮았다. 빈 공간들이 볼록볼록하게 이어진 설비는 빈 공간의 모양과 크기에 맞춰 전자기파가 공명을 일으킨다. 공명은 흔히 그네로 비유되곤 하는 현상이다. 그네를 타고 앞뒤로 움직이려면 발을 구르게 되는데, 아무리 발을 빠르게 휘젓는다고 해서 나아질 리 없다. 파닥

파닥 구르기보다 느긋하게 한번씩 쭈욱 발을 곧게 뻗고 움츠리기를 반복하면 서서히 그네가 발의 주기에 맞춰 크게 움직인다. 공명장치 안에서는 이렇게 입자의 진행 방향으로 전자기파 신호를 증폭시킨다. 장치에 진입한 입자와 전자기파가 딱 일치하면 더욱 빠르게 가속되는 에너지를 얻어 나아갈 수 있다. 발을 구르는 주기와 그네의 주기가 딱 일치하면 더 높이 오르고 더 멀리 뛸 수 있는 에너지를 얻듯이 증폭된다.

고주파 공명장치는 싱크로트론 속을 달리는 입자가 가속력을 잃지 않게 에너지를 보충해주는 설비로 유용하다. 싱크로트론 개발 초기에 장치의 구조상 몇 번의 곡선 구간을 지날 때마다 에너지를 잃는 현상이 목격되었는데 이를 보완하기 위한 여러 기술의 하나로 채택됐다. 단순히 에너지를 잃고 마는 문제가 아니라 에너지를 잃는 대신 강력한 빛이 방출되어 곤혹을 치렀다. 빛의 속도에 가깝게 가속되다 곡선에서 휠 때 전자가 내뿜는 빛은 기존에 알려졌던 엑스선보다도 훨씬 밝았고, 심지어 태양보다도 밝았다. 흥미롭게도 이러한 빛이 방출되는 기술적 결함이 새로운 가속기가 탄생하는 데 힌트를 주었다. 빛을 내뿜는 가속기를 잘만 이용하면 무엇보다도 선명하게 물질의 속살을 부여줄 것으로 기대되었다.

빛을 내뿜는 가속기

전자가 빛만큼이나 빠르게 달리다 곡선에서 방향을 바꿀 때 방출하는 빛을 방사광 Synchrotron Radiation이라 한다. 싱크로트론이 방출하는 방사광은 전자가 경로가 꺾이는 회전 구간마다 궤도를 이탈하듯 접선 방향으로 에너지를 내뿜는다. 방출된 빛은 좁은 각으로 모여

포항가속기연구소 전경. 기다란 장치가 4세대 방사광 가속기 PAL-XFEL Pohang Accelerator Laboratory-X-ray Free Electron Laser고, 3세대 방사광 가속기 PAL-II Pohang Light Source II는 둥근 원형 시설이다.

4세대 방사광 가속기 내부 언듈레이터.

있어 굉장히 밝고 적외선, 가시광선, 자외선, 엑스선까지 넓은 영역으로 분포되어 있다. 태양으로부터 날아온 빛 중에 지상에 뿌려지는 빛이 대부분 가시광선이라 낯설게 느껴지겠지만 빛은 이보다도 훨씬 다양한 종류를 지니고 있다.

빛의 종류는 짧고 긴 파장으로 분류한다. 빛은 광자라고 하는 입자이기도 하나 마치 파도가 너울거리듯 파동의 형태로도 나타나 너울의 크기나 주기로 빛을 구분한다. 너울이 굽이칠 때 가장 높은 지점 사이의 너비를 파장이라 부르고 파장이 짧고 긴 정도에 따라 빛은 성질을 달리한다. 아주 짧은 파장을 지닌 엑스선은 물질을 투과하는 능력이 있는 익숙한 광선이다. 겉은 멀쩡해 보여도 뼈가 부러진 걸 확인할 때 병원에서 쓰이는 엑스레이가 바로 엑스선이다. 방사광을 내뿜는 가속기는 엑스선을 다량으로 방출하고 엄청나게 밝게 토해낸다. 뼈를 볼 수 있듯이 가속기가 뱉어낸 엑스선으로 물질의 내막을 들여다보면 그간 보지 못했던 세계가 펼쳐진다. 단백질, DNA, RNA의 결정구조를 비롯해 이차전지에 들어가는 복잡한 금속 화합물의 구조, 생체 고분자의 3차원 형태, 실시간으로 물질이 반응하는 모습을 선명하게 관찰할 수 있다.

우리나라는 1994년 포항 방사광 가속기를 건설했다. 지금은 4세대 방사광 가속기가 가동 중이다. 세대를 나누는 기준은 무엇보다 방사광의 성능이다. 과거, 입자를 가속하면서 뜻하지 않았던 현상에 주목하기 시작한 연구 시설이 1세대라면 2세대와 3세대를 거치며 본격적으로 방사광만을 위한 가속기를 건설해왔다. 전자를 방출하고 가속하는 시설의 변화가 눈에 띄는데 포항의 4세대 방사광 가속기는 광음극 전자총과 촘촘하고 정밀하게 배열된 전자석 기술이 정점을 이루고 있다. 필라멘트를 가열시켜 전자를 방출하던 방식에서 전자를 잘 방출하는 금속에 강력한 레이저를 쏘아 전자 빔을 만드는 광음극이 적용됐다. 다만, 4세대 방사광 가속기엔 보다 안정하게 전자를 방출시키기 위해 구리를 사용하고 덧붙여 공명을 이용하는 특별한 장치가 설치되어 전자의 가속을 돕는다. 광음극이 공명은 고주파 공명장치와 원리가 같다.

1차로 광음극에서 가속된 전자는 선형가속기를 지나며 더욱 빠르게 가속하게 된다. 전자는 빛의 속도에 가까워지고 전자석이 서로 엇갈려 설치된 삽입장치를 지나며 마구 빛을 방출한다. 삽입장치에는 휨자석과 언듈레이터Undulator와 위글러Wiggler가 있다. 휨자석은 그야말로 강력한 자성으로 전자의 진행 방향을 크게 휘게 하는 자석이며 방출되는 빛의 범위가 폭넓다. 언듈레이터와 위글러는 모두 기

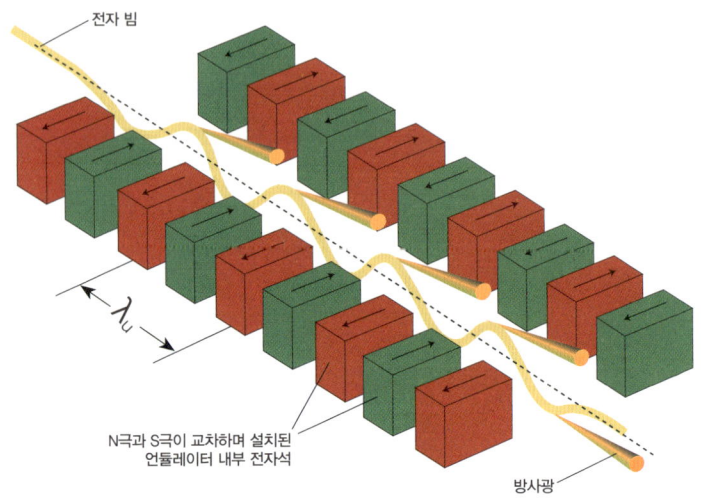

‡ 3세대 방사광을 만드는 삽입장치.

본적으로 전자석의 N극, S극이 계속해서 반복해 연결되어 있는 장치다.

위의 열은 N-S-N극으로 정렬되어 있고 아래 열은 S-N-S극으로 맞물린다. 가속된 전자는 교차하는 자기장 사이를 지나게 된다. 그런데 직선으로 곧게 뻗어 나가지 않고 왼쪽을 향해 휘었다가 다시 오른쪽으로 휘는 식으로 나아간다. N극과 S극이 교차하고 있어 자기장이 위아래로 반복해 나타나므로 전자는 왼쪽으로 휘었다가 다시 오른쪽으로 휘는 식으로 지그재그로 나아간다. 자기장의 방향이 위아래로 바뀌면서 로런츠의 힘 역시 자기장의 수직인 수평 방향으로 왼쪽 오른쪽을 교차해 나타나기 때문이다. 수평으로 강물이 흐르듯 굽이치는 전자의 이동 주기는 자기장에 의존하게 된다. 즉 자기장의 세기를 조절하면 전자의 이동 주기를 변형시킬 수 있다는 의미다.

　언듈레이터와 위글러는 작동 방식이 동일하지만 자기장의 세기에 미세한 차이가 있다. 만약 전자의 이동이 고른 'S' 모양으로 꼬불거리면 특정한 빛만이 방출된다. 반대로 그렇지 않다면 전자가 휘어 나갈 때마다 다양한 빛이 방출될 것이다. 언듈레이터는 위글러에 비해 더 균일한 주기를 구현하는 장치이므로 특정한 파장에서 밝기를 올리는 데 유리하다. 위글러는 상대적으로 주기가 고르지 않아 폭넓은 범위에서 빛을 방출하므로 방사광의 에너지를 강하게 하는 데 적합하다. 우리나라 4세대 방사광 가속기에는 언듈레이터가 삽입장치로 설치되어 있다. 그리고 현재 건설 중인 청주 오창의 다목적 방사광 가속기에는 휨자석과 언듈레이터, 위글러가 모두 설치될 것으로 예상된다.

우리나라 가속기

　4세대 포항 방사광 가속기의 언듈레이터에서 방출하는 역동적인 빛은 원자단위로 물질을 관찰하는 데 최적화되어 있다. 기존 3세대 방사광 가속기가 태양의 100억 배에 달하는 빛의 세기였는데 4세대는 이보다 1억 배 더 강하다. 언듈레이터를 최고 수준의 기술로 제작하면서 자가증폭 자발방출 Self-Amplified Spontaneous Emission, SASE 수준이 높아졌기 때문이다. 가속하는 전자와 방출하는 빛 사이에 주기가 완전하게 일치해서 증폭되는 현상이다. 이 현상은 빛의 속도가 가속된 전자보다 조금 더 빠르다 보니 앞서 나아가는 전자와 상호작용해 결이 맞으면서 자발적인 증폭이 일어난다. 언듈레이터에서 특정한 파장의 밝기를 올려 원자단위에서 물질을 관찰하는 게 가능해진 이유다.

이처럼 빛과 전자를 극도로 미세하게 다루는 기술이 발전하면서 살아 있는 유기체 시료를 수 나노미터 영역에서 분석할 정도의 성능을 갖췄다. 또한 교과서에서나 보던 상상의 전자 밀도 이미지를 고해상도 3차원 이미지로, 진짜로 볼 수 있다. 용액 속 액체를 이루는 분자가 변화하고 움직이는 모습도 생생하게 관찰 가능하다. 과학적 호기심에 그쳤을 일을, 기술 발전의 도움을 받아 완전히 새로운 사실로 접할 때가 있다. 사실상 기술은 두루뭉술한 꿈을 명확한 실재로 만드는 힘을 지녔다. 가속기가 바로 현대 과학과 첨단 기술을 있게 한 기술의 정수다.

앞서 언급했듯 2030년엔 청주 오창에도 다목적 방사광 가속기가 건립될 예정이다. 조 단위의 중요 국가 사업이자 한 국가의 기술력을 대표하는 시설이라 신중을 기하고 있다. 이 글에는 방사광 가속기까지만 이야기하니 아쉬워서 우리나라의 가속기를 하나 더 간단히 소개하고자 한다. 대한민국 건국 이래 최대 기초과학 사업이라는 중이온 가속기 RAON_{Rare isotope Accelerator complex for ON-line experiment}(희귀 동위원소 가속기)이 건설되어 2024년 5월, 처음으로 실험을 시작해 운영 중이다.

RAON은 이름 그대로 무거운 입자를 충돌시켜 희귀 동위원소를 발견하고 연구하는 시설이다. 동위원소란 같은 원소지만 원자핵 안에 중성자의 수가 다른 원소를 말한다. 수소 중에 중수소와 삼중수소라 불리는 원소들이 수소의 동위원소다. RAON은 지금까지 확인된 동위원소가 아닌 우주 탄생 이후 아주 잠시 존재했다가 사라져 이론으로만 존재하는 희귀한 동위원소를 입자 충돌을 이용해 인위적으로 생성하려 한다. 우주 탄생의 신비에 접근하기 위한 기초과학 연구에 의미도 있지만 희귀 동위원소가 가진 잠재적 가치가 주목받고 있다. 아직 경험해보지 못한 물질이므로 현대 과학기술이 해결하지 못한 난제를 풀어내리라는 기대가 있다.

2012년 CERN, 유럽입자물리연구소의 대형 강입자 충돌기 LHC에서 힉스 입자가 발견돼 우리나라도 가속기에 대한 대중적인 관심이 커졌다. 그럼에도 가속기가 무엇을 하는 것인지 왜 그렇게 돈이 많이 들어가는지 이해하기 어려울 때가 많다. 100여 년의 가속기 역사에서 이와 같은 일은 반복되었다. 과학적 호기심만으로는 거대 실험 장비를 갖출 비용을 떡하니 내놓기는 쉽지 않다. 로런스가 싱크로트론을 계속해서 개발하기 위해 암 치료용 가속기를 만들어 연구 자금을 얻기도 한 사실이 그러하다.

그래서 가속기는 이 세계가 어떻게 이루어져 있는가 하는 근본적인 문제를 해결하기 위해 시작해 의학과 나노기술, 바이오, 에너지, 반도체 등 다양한 응용 분야로 자리를 넓혀가는 중이다. 이제는 첨단 산업 중 가속기의 도움을 받지 않는 분야가 없을 정도다. 우리나라도 1990년대 이후 꾸준히 세계사의 흐름 속에서 입자 가속과 방사광 장치에 관한 기술을 발전시켜왔다. 너무나도 많은 비용과 인력이 들고 기술 경쟁이 극심한 분야라 정부뿐 아니라 학계와 산업계도 적극적으로 동참하며 여기끼지 왔다. 기술의 정점이라 불리는 가속기가 속속 전국에 들어서려는 가운데 어떤 이유로 이런 설비들이 필요한지 관심 있게 지켜보게 되길 바라는 마음으로 우리나라 대형 가속기 현황을 소개하며 마친다.

1. 양성자 가속기: 물질 변화 연구와 소재, 반도체 분야에서 연구개발에 중점(경상북도 경주).
2. 중이온 가속기: 희귀 동위원소의 생성과 연구에 활용(대전 유

성구).

3. 중입자 가속기: 암 치료와 새로운 치료용 입자 빔 발굴에 활용 (부산 기장군).
4. 3세대 원형 방사광 가속기: 물질의 정적인 구조 분석 가능(경상북도 포항).
5. 4세대 선형 방사광 가속기: 3세대의 1억 배 밝기로 원자의 동적 현상 실시간 관측(경상북도 포항).
6. 4세대 원형 방사광 가속기: 반도체, 소재, 바이오 등 다목적 최신 방사광 성능 목표로 건설 중(충청북도 청주 오창).

과학문화

CHAPTER 7

우리가 만드는 과학기술의 미래
과학기술자들의 독립운동

future science trends

우리가 만드는 과학기술의 미래

고준현   과학정책

과학기술이 세상을 바꿨다는 말, 정말 맞는가?

"과학기술이 세상을 바꿨다."

이 말은 너무나 익숙하게 들린다. 누군가가 이렇게 이야기하면 고개를 끄덕이게 된다. 스마트폰 덕분에 친구들과 언제든 연락할 수 있게 되었고, 인터넷 덕분에 지구 반대편 사람과도 실시간으로 대화를 나누는 것이 일상이다. 자율주행차가 길을 달리고, 냉장고가 스스로 식품을 주문하는 시대. 진짜, 기술이 세상을 바꾼 것 같지 않은가?

그런데 여기서 하나, 재미있는 사례를 보자. 한때 구글은 스마트 안경 '구글 글래스'를 세상의 중심에 놓으려 했다. 사용자는 안경을 쓰고 있는 것만으로도 사진을 찍고, 정보를 검색하고, 지도를 띄울 수 있었다. '이제 스마트폰은 끝났다. 세상은 얼굴 위에 펼쳐질 것이다.' 그렇게 들떠 있었지만, 결과는 예상 밖이었다. 많은 사람들이 이 기술을 거부했다. 사용자가 느끼는 경험 User Experience과 사생활 침해 우려를 간과했기 때문이다. 길거리에서 누가 나를 찍고 있는지

알 수 없는 세상에, 사람들은 편리함보다 불편함을 느꼈다. 결국 구글 글래스는 소비자 시장에서 철수했고, 지금은 특정 산업용 분야에서 조용히 사용되고 있다. 이 사례는 묻는다. 기술이 정말 세상을 바꾼 걸까? 아니면 세상이, 즉 사람들, 사회가 기술을 받아들일 준비가 안 되어 있었던 것일까?

비슷한 일은 또 있다. 'QR코드'는 일본에서 개발된 기술이지만, 처음에는 사람들이 많이 사용하지 않았다. 왜? 사람들이 그걸 읽을 기기도 없고, 쓸 이유도 없었기 때문이다. 그러던 중 스마트폰이 널리 보급되고, 코로나19로 인해 비접촉 정보 확인이 중요해지면서, QR코드는 순식간에 우리의 일상이 되었다. 기술은 그대로 있었지만, 사회가 바뀌자 기술의 의미와 쓰임도 바뀌었다.

이처럼 '과학기술이 세상을 바꾼다'는 말은 절반의 진실일 수 있다. 분명 어떤 기술은 세상을 '밀어붙인다'. 하지만 그 기술이 어떻게 쓰일지, 얼마나 퍼질지, 누가 쓰게 될지, 어떤 문제를 낳을지는 전적으로 사회가 결정하는 경우도 많다. 기술은 가능성일 뿐이다. 방향과 속도, 영향력은 결국 사람들이 정하는 것인지도 모른다.

그렇다면, 질문을 다시 던져보자. 과학기술이 진짜 세상을 바꾸는 주체인가? 아니면 세상이, 우리 모두가 과학기술을 골라내고 다듬고, 쓸모 있게 만드는 주체인가?

작은 기술 하나가 세상을 바꿨는가?

혹시 등자$_{stirrup}$라는 것을 아실지 모르겠다. 말을 탈 때 사람의 발을 지탱해주는 고리가 바로 등자다. 별것 아닌 도구처럼 보인다. 그저 편안하게 말에 오르내리게 도와주는 보조 장치 같지만, 역사학자 린 화이트 주니어Lynn White Jr.는 이 작은 기술이 유럽 역사의 거대한 변화를 불러온 핵심 열쇠라고 말한다. 화이트는 그의 저서 《중세의 기술과 사회변화》에서 이렇게 주장했다.

> 등자의 도입이 없었다면, 중세 유럽의 봉건제도는 존재하지 않았을지도 모른다.

무슨 말일까? 등자가 도입되기 전까지, 기병은 말 위에서 균형을 잡기가 매우 어려웠다. 특히 창이나 검 같은 무기를 들고 싸우는 것은 위험하고 비효율적이었기 극소수의 전사들만 가능한 방식이었다. 하지만 등자가 생기자 상황은 완전히 달라졌다. 전사는 말 위에서 안정된 자세로 무기를 다룰 수 있게 되었고, 이는 곧 중장기병heavy cavalry의 출현을 가능하게 했다. 중장기병은 강력한 무장과 말의 기동성을 모두 갖춘 전쟁 병기로, 전장의 판도를 뒤바꿨다. 하지만 이들을 유지하려면 막대한 자원이 필요했다. 말 한 마리를 기르는 것부터 시작해, 갑옷을 입히고, 무기를 장비하는 데까지 어마어마한 비용이 들었다. 그래서 군주들은 전투에서 공을 세운 기사에게 토지와 권력을 보상으로 주었고, 그러한 계약 속에서 탄생한 것이 바로 봉건제도다.

즉, 등자라는 작은 기술이 군사 혁신을 불러왔고, 이는 곧 정치와 사회구조까지 재편하게 만들었다는 것이다. 이처럼 기술이 사회 전반에 결정적인 영향을 끼쳤다는 주장은 바로 '기술결정론technological determinism'의 대표적인 사례로 알려져 있다.

화이트는 기술을 단순한 도구가 아니라, 사회구조와 문화적 변화를 견인하는 능동적인 존재로 바라본다. 그에 따르면, 기술은 단순히 환경에 따라 수동적으로 변화하는 것이 아니라, 스스로 역사의 방향을 바꾸기도 한다. 등자가 없었다면 중세 유럽은 전혀 다른 정치 체계를 가졌을지도 모른다는 그의 말은 기술의 무게감을 새삼 느끼게 한다.•

하지만 이 주장이 모두에게 받아들여진 것은 아니다. 많은 역사학자와 사회학자는 '기술 하나만으로 복잡한 사회 변화 전체를 설명할 수는 없다'고 말한다. 예를 들어, 중세 봉건제의 형성에는 단지 군사적 요인뿐 아니라 경제 시스템의 변화, 인구 증가, 농업 기술의 발달, 종교적 권위의 변화 등 여러 요소가 함께 작용했다는 것이다. 게다가 등자는 이미 동양, 특히 중국과 중앙아시아에서는 수백 년 전부터 사용되던 기술이었다. 하지만 동양에서는 유럽과 같은 봉건제도가 똑같이 나타나지는 않았다. 따라서 같은 기술이라도 어떤 사회에 어떻게 받아들여지고, 어떤 맥락에서 사용되느냐에 따라 전혀 다른 결과가 나온다는 것이다.

이처럼 기술결정론은 기술이 '변화의 시발점'이 될 수 있다는 점에서는 설득력을 가지지만, 기술이 곧바로 변화의 전부를 설명할 수 있다는 주장에는 한계가 있다. 기술은 중요한 조건이지만, 사회 변화의 모든 퍼즐을 맞추는 열쇠는 아니기 때문이다.

그래서 우리는 질문을 다시 던지게 된다. 작은 기술 하나가 정말로 세상을 바꿀 수 있을까? 어쩌면 답은 이러할 수 있겠다. 기술은 변

• 화이트는 자신의 주장에 대한 주된 근거로 언어와 무기의 변화를 들었다. 이전에는 말을 타고 내리는 동작을 표현하는 용어가 뛰어오르다insilire와 뛰어내리다desilire였지만, 샤를 마르텔이 기병으로 푸아티에 전투에서 이슬람 세력을 몰아냈던 시기인 8세기 초에는 말에 오르다scandere equos와 내리다descendere로 바뀌기 시작했다고 한다. 이러한 언어의 변화는 껑충 뛰어서 말을 타고 내리는 것에서 발을 등자에 얹어서 타고 내리는 것으로 바뀌었다는 점을 잘 보여주고 있다.

화를 촉진하는 '방아쇠'가 될 수는 있어도, 방향을 정하는 것은 결국 사람과 사회라는 것이다. 등자의 예는 기술이 사회 변화에 미칠 수 있는 잠재력과 파급력을 보여주는 중요한 사례다. 그러나 그것이 곧 모든 해답이 될 수는 없다. 기술이 역사를 이끄는 동력일 수는 있지만, 그 힘을 어떻게 쓸지는 결국 우리가 선택하는 것이기 때문이다.

자전거는 왜 지금의 모습인가?

이번에는 19세기 유럽의 거리로 시간 여행을 떠나보자. 여러분은 오늘날의 자전거와는 전혀 다른, 한눈에 보기에도 이상하게 생긴 탈것을 보게 될 것이다. 바로 페니 파딩penny-farthing이라는 이름의 자전거다. 앞바퀴는 말도 안 되게 크고, 뒷바퀴는 작아서 거의 보이지 않을 정도다. 이 자전거의 이름은 동전에서 따왔는데, 큰 영국 페니 동전과 작은 파딩 동전의 조합처럼 보인다고 해서 붙여진 것이다. 그 당시 사람들은 앞바퀴가 클수록 속도가 더 빨라진다고 믿었다. 실제로도 어느 정도는 맞는 이야기였다. 페달이 앞바퀴에 직접 연결되어 있었기 때문에, 바퀴가 크면 한 번 돌릴 때 더 멀리 나아갔기 때문이다. 그래서 점점 더 큰 앞바퀴를 가진 자전거들이 만들어졌다. 그런데 문제는 빨라질수록 위험했다는 것이다.

페니 파딩은 타기가 정말 어려웠다고 한다. 안장이 앞바퀴 꼭대기에 붙어 있다 보니, 높이 올라가는 것부터가 도전이었고, 넘어질 경우에 운전자는 그대로 머리부터 바닥에 떨어졌다. 헬멧도 없던 시대였으니, 상상해보시라. 실제로 심각한 부상 사례가 많았고, 일부는 사망 사고로 이어지기도 했다. 당시엔 이 자전거를 타는 것이 일종의 '익스트림 스포츠'였던 셈이다.

그런데 시간이 지나며 상황이 바뀌기 시작했다. 자전거가 단순한 '스포츠'나 '남성들의 장난감'이 아니라, 일상적인 이동 수단으로 주목받기 시작한 것이다. 여성, 어린이와 노인 들도 타고 싶어 했다. 도시화가 진행되면서 사람들은 일터와 시장, 학교에 좀 더 저렴하고 효율적인 방법으로 이동하길 원했다.

이때 등장한 것이 바로 '세이프티 바이시클safety bicycle'이다. 오늘날 우리가 아는 자전거의 기본 형태인데 앞뒤 바퀴가 비슷한 크기고, 페달은 중앙에 있고, 체인으로 뒷바퀴를 돌리는 구조였다. 안정성도 뛰어나고, 속도도 적당하며, 남녀노소 누구나 비교적 쉽게 탈 수 있었다.

여기서 주목해야 할 점이 있다. 자전거가 이렇게 바뀐 것은 단지 '더 나은 기술이 개발되었기 때문이 아니라는' 것이다. 기술의 발전만으로는 이 변화가 일어나지 않았다. 오히려 사회의 요구, 즉 '더 많은 사람이 더 안전하게 자전거를 타고 싶다'는 집단적인 필요와 문화적 변화가 자전거 기술을 바꾼 것이다. 바로 이 지점에서 '과학기술사회학STS', 특히 '기술의 사회적 구성Social Construction of Technology, SCOT'이라는 개념이 등장한다. 이 이론에 따르면, 기술은 단순히 발명되는 것이 아니라 사회 속에서 구성되고 선택된다. 다시 말해, 기술이 사회를 바꾸는 것이 아니라 사회가 기술을 바꾼다는 관점이다.

페니 파딩 자전거는 기술적으로 분명히 진보된 시도였지만, 사회가 그것을 수용할 준비가 되어 있지 않았다. 이와 달리 세이프티 바이시클은 기존 기술에 비해 더 단순하고 보수적인 구조였지만, 사회의 요구에 정확히 부합했다. 그래서 살아남았고, 표준이 되었으며, 이후 수많은 개선과 발전을 거듭할 수 있었다. 게다가 자전거의 변화에는 단순한 기술 수용을 넘어선 정치적, 성별, 계급적 의미도 담겨 있다. 19세기 말, 여성들이 자전거를 타기 시작하면서 코르셋을 벗고 바지를 입기 시작했다는 이야기는 유명하다. 자전거는 여성 해방과 신체적 자유의 상징이 되기도 했다. 따라서 자전거의 기술 발전은 단순한 공학적 진보만이 아니라 사회적 요구, 문화적 수용성, 젠더 이슈, 도시화, 교통 정책 등 복합적인 요소들이 얽힌 결과물인 셈이다.

결국, 우리는 이렇게 말할 수 있다. '자전거는 기술로 만들어졌지만, 사회가 완성했다.' 기술이 먼저가 아니라, 사회의 요구가 먼저였고, 그에 따라 기술이 변한 것이다. 이것이 바로 기술의 사회적 구성, 그리고 기술이 단지 도구가 아닌 사회와 끊임없이 상호작용하며 진화하는 존재라는 사실을 잘 보여주는 대표적 사례일 것이다.

오늘날 우리 사회, 과학기술을 어떻게 다뤄야 하는가?

우리는 지금 과학기술의 시대에 살고 있다. 인공지능, 로봇, 자율주행, 스마트시티, 메타버스…. 그야말로 하루가 멀다 하고 '혁신'이라는 이름의 기술들이 쏟아지고 있다. 그런데 이 눈부신 기술 발전의 한쪽에서, 우리의 사회는 여전히 복잡하고 버거운 문제들을 안고 있다. 고령화, 기후위기, 사회 양극화, 디지털 소외, 청년 실업, 지역 소멸. 이 중 어느 하나도 쉽게 풀릴 문제는 아니다. 그래서 사람들은 묻는다. 이런 문제들을 기술이 해결해줄 수 있을까?

우리나라 정부도 이에 대한 기대를 품고 있다. '사회문제해결형 연구개발Problem-solving oriented R&D'을 국가 정책의 중요한 축으로 삼고, 실제로 많은 자원을 투자하고 있다. 이 사업의 핵심은 과학기술 그 자체가 목적이 아니라, 과학기술이 사회적 문제 해결에 기여해야 한다는 것이다. 이런 방향 속에서 등장하는 과학기술은 단순한 첨단이 아니다.

예를 들어, 고령자 맞춤형 스마트 기기는 작은 글자가 잘 보이지 않는 노인을 위한 대형 디스플레이, 음성 인식 기반의 UI, 넘어졌을 때 자동으로 신고하는 센서가 주요한 기술로 이루어질 것이다. 탄소 중립을 위한 신재생에너지 과학기술에서도 태양광 패널은 이제 단독주택의 지붕뿐 아니라 도시의 빌딩 외벽에도 붙는다. 장애인을 위한 접근성 기술로 청각장애인을 위한 자동 자막 생성 시스템, 휠체어 접근이 가능한 스마트 도로 시스템, 시각장애인을 위한 AI 음성 안내 내비게이션이 마련될 수도 있다.

이처럼 과학기술이 '정말 필요한 곳'에서 역할을 한다면, 그 가치는 상상 이상일 수 있다. 하지만 여기에는 중요한 전제가 있다. 과학기술을 마법처럼 여겨서는 안 된다는 것이다. 우리는 종종 과학기술을 일종의 '만능 해결사'처럼 생각한다. 과학기술만 개발되면 사회문제가 알아서 사라질 것이라는 착각이다. 하지만 아무리 좋은 기술도, 현장에서 외면받는 순간 무용지물이 된다. 고령자용 기기를 만들었는데 정작 노인들이 쓰기 어렵다면? 탄소 중립 기술을 도입했는데 지역사회가 거부감을 가진다면? 장애인 보조 기술이 실제 사용자의 목소리를 반영하지 못했다면? 과학기술은 책상 위의 아이디어에 불과하게 될 수도 있다.

여기서 등장하는 것이 바로 과학기술사회학의 관점이다. 즉, 기술은 연구실에서 혼자 태어나는 것이 아니라 사용자, 정책, 문화, 시장, 시민사회 등 다양한 이해관계자들과의 상호작용 속에서 구성된다는 시각이다. 이를 바탕으로 우리는 다음과 같은 질문을 던져야 한다.

- 누구를 위한 기술인가? 기술의 수혜자가 누구인지 명확하지 않으면, 기술은 엉뚱한 곳에서 동작하거나 특정 집단만을 이롭게 할 수 있다.
- 정말 필요한 기술인가? 현장의 요구를 정확히 파악했는가, 단순히 '만들 수 있으니까 만든' 기술은 아닌가 되돌아봐야 한다.
- 기술을 받아들이는 사회의 조건은 어떠한가? 사회 문화적 인프라가 준비되어 있는지, 정책과 제도가 기술 수용을 뒷받침할 수 있는지도 고려해야 한다.

예를 들어, 고령자를 위한 디지털 기기가 개발되었다 하더라도 노인들이 디지털 교육을 받지 못했다면 그 기기는 외면당할 수밖에 없다. 신재생에너지 기술이 발전했더라도 전력 시장 구조나 전기 요금 체계가 따라오지 않으면 확산되기 어렵다. 따라서 사회문제해결형 연구개발이 성공하기 위해서는, 기술 개발의 시작부터 사회와 함께 움직여야 한다. 사용자의 목소리를 듣고, 정책과 제도를 함께 설계하고, 기술이 자리 잡을 수 있는 생태계를 만들어야 한다. 이것이 바로 기술과 사회가 함께 성장하는 방식일 것이다.

2025년은 사회문제해결형 연구개발이 10주년을 맞는 해다. 이 사업을 추진하는 과학기술정보통신부도 사회문제를 해결하는 연구개발이 효과를 내려면 현장과의 끊임없는 소통이 핵심이라고 밝혔다. 따라서 "국민과 함께하는 연구 체계를 더욱 고도화하고, 국민이 체감할 수 있는 실질적 성과를 만들어가겠다"고 언급한 것은 어찌 보면 당연한 방향일 것이다.

과학기술은 도구, 방향은 우리가 정한다

등자와 자전거는 전혀 다른 시대와 상황의 기술이다. 하지만 둘 다 우리에게 한 가지 중요한 질문을 던진다. '과학기술이 사회를 이끄는가, 아니면 사회가 과학기술을 만드는가?' 답은 분명하다. 둘 다 맞고, 둘 다 틀릴 수 있다. 과학기술은 그 자체로는 도구일 뿐이다. 그 도구를 어떻게, 누구를 위해 쓸지는 결국 우리 사회의 선택이다. 앞으로 인공지능, 재생에너지, 바이오 헬스 등 다양한 기술이 우리 앞에 펼쳐질 것이다. 그때마다 우리는 스스로 물어야 한다. '이 과학기술은 누구를 위한 것인가?' '우리 사회가 진짜로 필요로 하는 기술인가?' 답은 과학기술 속에만 있지 않다. 우리 사회의 대화와 결정, 그리고 함께 만드는 미래에 있다.

과학기술은 우리와 함께 춤을 추는 파트너다. 혼자서는 춤을 출 수 없다. 사회가 리듬을 만들고, 방향을 잡을 때 과학기술은 그 리듬에 맞춰 멋진 춤을 춘다. 앞으로도 우리는 함께 춤추며, 더 나은 세상을 만들어갈 수 있을 것이다.

과학기술자들의 독립운동

남경욱, 김금숙, 강민지　　　　　　　　　　　　　　　　과학문화

'독립운동'이라고 하면 무장투쟁, 3·1운동과 같은 대규모 시위, 임시정부의 활동 등을 떠올리기 쉽다. 이 글에서는 그보다 조금은 덜 알려진 영역, 바로 '과학기술과 독립운동의 접점'을 살펴보려고 한다. 과학자와 기술자의 과학 활동을 일제강점기 조선에서 자립을 준비하는 또 다른 독립운동으로 조명해보는 것도 의미가 크다. 당시 조선의 과학기술자들은 단순히 학문적 연구에만 머물지 않았다. 과학 지식을 대중에게 보급하며 민중 의식을 일깨웠고, 민족자본으로 회사를 세워 조선의 산업 기반을 다졌다. 나아가 해외에서 새로운 지식을 익혀 조국으로 돌아와 인재 양성에 헌신하기도 했다. '과학 없는 독립은 없다. 과학조선 건설이 곧 독립운동이다'라는 구호는 그들의 활동을 집약적으로 보여주는 말이다.

조선 최초의 비행사 안창남의 고국 방문 비행에서부터 과학데이, 김용관, 안동혁, 조응천 등 과학운동가들의 발자취, 대동광업과 경성방직의 민족 기업 운동, 석주명, 조복성, 정태현 같은 생물학자의 성과, 해외에서 과학조선을 꿈꾼 이태규, 우장춘, 리승기의 연구까지 살펴보고자 한다. 마지막으로 김용관이 100년 전 꿈꾼 '과학

조선'의 미래상이 오늘날 대한민국의 현실에서 어떻게 구현되었는지 되짚어 본다. 이를 통해 과학기술이 어떻게 독립운동의 한 축을 이루었는지, 또 오늘날 우리에게 어떤 의미를 갖는지 성찰할 수 있을 것이다.

안창남의 고국 방문 비행

1922년 12월 10일, 여의도 비행장에서 역사적인 장면이 펼쳐졌다. 조선의 청년 안창남이 '금강호'를 몰고 하늘로 솟아올랐다. 이는 조선인이 조선의 하늘을 처음 비행한 순간으로, 5만여 명의 인파가 몰려 그 장면을 목격했다. 일제의 식민 통치로 민족의 자존이 꺾인 시기, 하늘을 나는 비행기는 민족 자각의 상징이었다.

안창남의 비행은 단순한 쇼가 아니었다. 그는 고국 방문 비행의 목적을 '민족의식 고취와 과학기술 대중화'로 명확히 밝혔다. 동아일보사의 후원을 받아 추진된 이 행사는 경성 시민들에게 큰 충격과 감동을 주었다. 안창남은 금강호를 타고 경성 상공을 선회하며 창덕궁 위에서는 순종 황제에게 경의를 표하기도 했다. 무엇보다도 상징적인 장면은 하늘에서 '오색 전단지 1만 장'을 뿌린 일이었다. 전단지에는 다음과 같은 문구가 적혀 있었다.

> 조선이 과학의 조선이 되고, 아울러 많은 비행가의 배출과 항공술의 신속한 발달을 바라 마지아니합니다.

이는 항공 기술의 발전만을 희망하는 메시지가 아니었다. 과학과 기술이야말로 조선이 세계적 흐름에 뒤처지지 않고 독립된 민족으로 우뚝 서는 길임을 역설한 것이다. 비행기를 조종하며 하늘에서 전단지를 뿌리는 장면은, 조선이 '과학조선'으로 날아오르기를 기원하는 일종의 퍼포먼스이자 선언이었다.

비행 이후의 반향도 컸다. "떴다 보아라 안창남의 비행기, 내려다 보아라 엄복동의 자전거"라는 노래가 퍼지며 대중의 입에 오르내렸다. 안창남의 이름은 민족의 자존을 깨운 과학기술자로 기억되었다. 이후 그는 간토대지진 당시 조선인 학살 현장을 목격하고 일본을 떠나 중국으로 망명하여 독립운동에 투신했으며, 1930년 짧은 생을 마감하기까지 과학과 독립운동을 연결한 삶을 살았다. 안창남의 고국 방문 비행은 단발성 이벤트에 그치지 않았다. 이 열기는 1930년대 초 과학데이와 같은 과학 대중화 운동으로 이어졌다. 하늘에서 조선을 깨우는 듯했던 그의 비행은 곧 지상에서 과학을 일상으로 확산시키는 과학 대중화 운동으로 계승되었다.

과학데이와 과학조선, 과학 대중화 운동

1934년 4월 19일, 경성과 평양에서는 이례적인 과학 축제가 열렸다. 바로 '제1회 과학데이'였다. 김용관과 과학기술지들은 다윈의 기일인 이날을 '과학의 날'로 정하고, 전국 곳곳에서 과학 행사를 개최했다. 행사는 라디오 방송, 과학 강연회, 자동차 퍼레이드, 공장 견학, 활동사진 상영 등 다채롭게 구성되었다. 경성 종로 중앙기독교청년회관에서는 수백 명이 모인 가운데 과학 강연회가 열렸고, 거리에는 '과학조선 건설'이라는 구호를 내건 선전탑이 세워졌다. 자동차 30여 대가 과학 홍보물을 싣고 거리를 행진했으며, 라디오 방송국에서는 과학 관련 특별 방송을 송출했다. 그야말로 조선

1934년 제1회 과학데이 포스터(왼쪽부터 《동아일보》, 《조선중앙일보》, 《조선일보》).

전역을 뒤흔든 대중적 과학 축제였다. 당시의 표어는 지금 읽어도 강렬하다.

> 과학의 승리자는 모든 것의 승리자다.
> 1개의 시험관은 전 세계를 뒤집는다.

제1회 과학데이에는 약 43만 명이 직간접적으로 참여했다고 전해진다. 이는 과학이 과학자와 기술자만의 영역이 아니라, 민중이 함께 체험하고 즐기는 문화적 실천이었음을 보여준다. 과학 강연회에서는 김용관, 안동혁, 조응천 등이 직접 연단에 서서 생활 속 과학의 의미를 설명했다. 조응천은 라디오와 텔레비전의 원리를 실험으로 보여주는 강연으로 대중의 환호를 이끌었고, 안동혁은 '화학공업을 통한 산업 독립'을 강조했다.

과학데이는 축제이자 '과학 없는 독립은 없다'는 신념의 실천이었고 과학 독립운동이었다. 1934년 7월에 개최한 과학지식보급회의 창립도 과학데이에서 비롯되었는데, 이 회의에는 윤치호,

이인, 김용관 등 사회 각계의 지도자들이 참여하여 과학을 통한 민족 계몽의 길을 열었다. 그러나 과학데이는 오래 이어지지 못했다. 1937년 중일전쟁 이후, 일본 총독부는 과학데이가 민족운동으로 번지는 것을 두려워해 외부 행사를 전면 금지시켰다. 결국 제4회부터는 명목만 유지되었고, '과학조선 건설'이라는 민족운동의 성격은 퇴색되고 말았다. 그럼에도 과학데이는 중요한 의미를 남겼다. '과학의 대중화는 민족운동'이라는 새로운 비전을 제시했으며, 이후 해방 후 한국 과학기술 발전의 토대가 되었다. 1968년 제1회 '과학의 날' 제정은 바로 이 과학데이의 전통을 계승한 것이었다.

과학조선을 꿈꾼 과학자들

김용관, 안동혁, 조응천, 이 세 과학자는 서로 다른 길을 걸었지만, 모두 '과학조선'이라는 비전을 공유했다. 김용관은 잡지와 과학 축제를 통해 과학 대중화를 실천했다. 안동혁은 연구와 정책을 마련하며 공업 국가 건설의 설계자가 되었다. 조응천은 전자공학을 바탕으로 대중 계몽과 통신 체계 확립에 기여했다. 이들은 일제강점기 괴학이 민족의 생존과 독립을 위한 실천적 무기가 될 수 있음을 보여주었다. 그들의 노력은 오늘날 우리가 서 있는 과학 한국의 토대이자, 여전히 이어가야 할 과학 독립운동의 정신이라 할 수 있다.

김용관은 일찍부터 '기술로 조선을 바꾼다'는 신념을 품은 기술자이자 과학운동가였다. 경성공업전문학교와 일본 유학을 거쳐 요업窯業 기술자로 성장했으나, 그는 식민지 현실 속에서 '과학 대중화 운동의 기획자'로 나아갔다. 1922년 공업 기술 교육을 위해 사립 강습소인 조선공예학원을 설립하고, 1924년 발명학회를 창립한 그는 "조선인의 자립은 기술에서 시작한다"고 역설했다. 특히 1933년 창간한 《과학조선》은 우리말로 된 최초의 종합 대중 과학 잡지로, 과학을 생활 속 지식으로 이끌어냈다. 잡지 지면에는 최신 발명품 소개, 과학 강연회 소식, 과학소설까지 실려 있어 대중의 호응을 얻었다.

또한 그는 1934년 과학데이를 기획하여 전국에서 과학 축제를 개최했다. 라디오 방송, 자동차 퍼레이드, 강연과 실험 시연 등을 통해 과학을 직접 체험하게 하며 생활의 과학화, 과학의 생활화를 외쳤다. 그는 발명학회를 '과학조선 공작소'라 부르며, 발명을 통한 경제적 성취가 민족 해방의 기반이 될 수 있다고 강조했다. 광복 이후에도 그는 대한요업학회를 창립하고, 현장 기술을 개방하며 산업 발전을 도왔다. 생애 동안 14건의 실용특허를 남긴 김용관은 과학기술자이자 발명가, 그리고 무엇보다 '과학 독립운동의 실천가'였다.

다음으로 공업조선을 설계한 과학기술 정책가, 안동혁을 살펴보자. 서울 출신의 안동혁은 3·1운동 정신을 되새기며 과학기술 부족이 민족 자강의 최대 과제임을 절감했다. 그는 경성공업전문학교와 일본 규슈제국대학에서 화학공학을 전공하고, 귀국 후 중앙시험소와 경성공업전문학교 교수로 활약했다. 안동혁은 비누 제조법 연구, 공업용수 조사, 각종 특허 등 실용적 연구 성과를 남겼다. 특히 1937년부터 진행된 전국 공업용수 조사는 광복 이후 한국 산업화의 기초 자료가 되었다. 동시에 그는 《과학조선》에 글을 기고하고, 강연을 하며 '과학은 민족의 생존 전략'임을 역설했다.

광복 후 안동혁은 중앙공업연구소 초대 소장을 맡아 한국 기술 인프라 재편에 앞장섰다. 1953년 상공부 장관으로 재직하며 '3F 정책Fund·Fuel·Fertilizer'을 내세워 에너지, 비료, 자금 확보를 추진했고,

발전소, 시멘트, 판유리, 비료 공장 건설을 이끌어 우리나라 산업화 기반을 닦았다. 안동혁이 1947년 저술한 《과학신화》에는 "공업이 조선의 유일한 활로다"라고 하며 공업 기술로써 조선의 생존 전략을 설계했다.

마지막으로 소개할 전자공학과 과학 대중화의 선구자, 조응천은 조선 최초의 전자공학 박사였다. 숭실전문학교를 졸업한 뒤 미국으로 유학을 가서 학부에서는 토목, 석사과정에서는 물리, 전자공학으로 1928년 인디애나대학에서 박사 학위를 취득했다. 그의 연구 주제는 '무선 송신기의 최대 출력 조건'으로, 당시 최첨단 전자공학 분야였다. 귀국 후 조응천은 대중에게 과학을 전파하는 일에 열정을 다했다. 《농민생활》 발간에 참여하며 농민에게 과학 지식과 농업 기술을 소개했고, 앞서 언급했듯 과학데이 행사에서는 라디오와 텔레비전 실험을 곁들인 강연으로 수천 명의 청중을 모았다. 그는 전국에서 강연을 했고, '라디오와 텔레비전은 조선 과학 대중화의 무기'라는 메시지를 전했다.

또한 조응천은 1950년에 쓴 《백만인의 원자학》을 비롯해 대중 과학서를 번역하고 저술하기도 했다. 광복 후에는 초대 총신국장, 체신부 차관, 동국전자공과대학 학장, 대한전자공학회 회장을 지내며 한국 통신 기술 발전에 기여했다. 조응천은 과학을 '미신을 깨뜨리는 힘'이라 규정하며 대중 계몽에 앞장선 대표적 과학 운동가였다.

공업조선을 건설하자

대동광업과 경성방직은 일제강점기에도 민족자본을 세워 경제적 자립을 꿈꾼 상징적 기업이었다. 그리고 해방 후 건국공업박람회는 이 흐름을 계승하고 확장해 '과학과 공업으로 독립국가를 건설한다'는 비전을 사회 전체에 선포했다. 이준열과 이강현, 수많은 기술자와 노동자의 노력이 모여 '공업조선', 나아가 '과학조선' 건설의 초석을 다졌다.

1937년 설립된 대동광업은 함경남도 장진 광산을 기반으로 한 조선 최대 규모의 금광 회사였다. 하지만 이 회사가 단순한 광산 기업과 달랐던 이유는, '대동사상'을 실천하고자 했다는 점이다. 대동광업을 이끈 이준열과 동료들은 '일하는 사람은 다 같이 잘살자'는 구호를 내걸고, 광산 수익을 개인이 아닌 공동체와 사회로 환원하려 했다. 광부와 농민을 위한 배당, 자녀 교육을 위한 소학교와 광업기술양성소, 노동자 건강을 위한 병원과 식료 배급소, 발전소까지 갖춘 대동광업은 '근대 과학기술의 총동원'이라는 평가를 받을 정도였다. 또한 1938년에는 조선인이 세운 최초의 공업계 전문학교인 대동공업전문학교를 열어 기술자 양성에 힘썼다.

이준열은 학문과 산업의 성과를 사회로 되돌리기 위해 대동출판사를 설립하고,《광업조선》《농업조선》《과학조선》같은 잡지 발간에 동참해 과학 지식과 산업 정보를 대중에게 보급했다. 이러한 활동은 광산을 중심으로 한 기업을 넘어, '대동콘체른'이라는 거대한 민족 기업 네트워크를 지향했다.

다음으로 경성방직은 1919년 3·1운동 직후 창립되었고 조선 최초의 근대적 방직회사였다. 창립 취지서에는 '면포를 자급하는 것은 조선의 경제 독립에 가장 우선시되어야 한다'는 문구가 담겼다. 이는 단순한 기업의 사업 계획서가 아니라, '조선 경제 독립선언서'로 평가되었다. 경성방직의 중심에는 기술자 이강현이 있었다. 그는 일본에서 방직 기술을 배우고 돌아와, 민족자본가 김성수를 설득해 회사를 세웠다. 방직기계 국산화, 생산 관리, 제품 판매까지 전 과정을 주도하며 경성방직을 으뜸가는 기업으로 키웠다.

경성방직은 '삼성표', '삼각산', '태극성' 등 국산 제품을 생산했다. 당시 소비자들은 일본산 제품이 장악한 시장에서 조선 사람이 만든 옷감을 사 입는 것을 자부심으로 여겼다. 광고 문구도 '조선 사람, 조선 것'을 강조하는 등 물산장려운동과 맞닿아 있었다. 또한 경성방직은 여성 노동자의 사회 진출을 촉진했다. 방적기는 농촌 여성들을 도시로 불러들였고, 비록 저임금과 고된 노동에 시달렸지만, 이는 한국 근대 산업화 과정에서 중요한 전환이었다. 경성방직은 '민족자본의 가능성과 경제적 독립의 상징'이었다. 방적기 앞 여성 노동자의 손끝에서 뽑아낸 실은 독립을 준비하는 민족 자립의 씨앗이었다.

해방 후 공업조선 건설의 선언

광복 직후, 피폐해진 조선의 산업 기반을 재건하기 위해 과학기술자들은 새로운 비전을 제시했다. 그 결실이 바로 1946년 10월 창경원에서 열린 건국공업박람회였다. 이 박람회는 조선공업기술연맹이 주최하고 이준열이 회장을 맡아 기획되었으며, 군정청과 경성시청, 국립과학박물관 등 수많은 기관이 후원했다. 행사 기간은 10월 15일부터 11월 25일까지로, 해방 후 최초의 대규모 산업 박람회였다.

당시 경성역 앞에는 20미터가 넘는 선전탑이 세워졌고, 숭례문에는 행사 간판이 내걸렸다. 미군 비행기 15대가 상공에서 축하 비행을 펼쳤으며 시내에는 박람회 포스터와 현수막이 가득했다. 그

건국공업박람회 포스터(1946년, 왼쪽)와 건국공업박람회 홍보물(1946년, 오른쪽).

야말로 해방된 조선의 미래를 선포하는 자리였다. 박람회는 총 14개 전시관으로 구성되었다.

- 전문관: 광산관, 기계관, 화학관, 요업관, 식품관, 섬유관, 전기관, 토건관, 교통관, 공예관
- 참고관: 해방기념관, 과학기술관

광산관에서는 조선 광물 자원의 가치와 산업적 활용 가능성을 보여주었고, 기계관과 화학관에서는 현대적 기술 발전의 필요성을 강조했다. 과학기술관은 특히 주목을 받았는데, '조선 건국에는 중공업 정책의 채택이 절대 필요하다'는 메시지를 대중에게 전달하며, 공업조선 건설의 비전을 널리 알렸다. 건국공업박람회가 내건 '건설하자, 공업조선!'이라는 표어만 보아도 과학과 공업이 독립국가 건설의 핵심임을 강조했음을 알 수 있다.

조선의 생물을 연구하다

일제강점기의 조선 생물학자들은 자연 생태계를 연구해 조선의 생물학으로 만들어가려는 민족과학의 선구자였다. 특히 석주명, 조복성, 정태현은 곤충과 식물을 연구했고, '조선의 생물학'이라는 학문적 정체성을 수립하는 데 큰 역할을 했다.

석주명은 송도고등보통학교를 거쳐 일본 가고시마고등농림학교 졸업 후 박물교사로 재직하게 되는데, 이때부터 생을 달리하기까지 75만 마리에 달하는 표본을 수집했다. 당시 일본 도감에서는 조금만 달라도 다른 종으로 분류했기 때문에 같은 종임에도 다른 종으로 기재된 경우가 많았다. 이에 석주명은 개체 변이의 범위를 밝히고 동종이명(같은 종 다른 학명)을 정리하는 연구를 진행했다. 1940년 석주명이 펴낸 《한국산 나비 총목록 A Synonymic List of Butterflies of Korea》은 일제강점기에 한국인 학자가 과학 분야에서 영문으로 펴낸 유일한 연구서였다.

무엇보다 그는 '조선산 나비만 연구한다'는 원칙을 지켰다. 해방 이후에는 나비의 우리말 이름 짓기에 앞장섰으며 한국산 나비 248종의 우리말 이름을 직접 만들고, 정리하여 조선생물학회에 통과시켰다. 석주명은 "하루도 허투루 쓸 수 없었다. 나에게 조선의 생물학은 독립운동이었다"라는 말을 남기며 자신의 연구가 민족운동이었음을 알렸다.

곤충학의 초석을 다진 조복성은 어릴 때부터 그림에 재능을 보였고, 이 능력은 곤충학 연구에서 빛을 발했다. 당시 사진 기술이 보편화되지 않았기 때문에, 정밀한 삽화는 학문적 증거로 가치가 높았다. 곤충 원색화 그리기가 취미였는데, 《한국나비도감》(1934년)에

수록된 284개체의 그림 모두 조복성이 직접 그린 작품이었다. 그의 학문적 성취 또한 만만치 않았다. 1929년 발표한 '울릉도 곤충상 연구'는 한국인 단독으로 펴낸 최초의 곤충 분류학 논문이었다. 그는 1930년대부터 1940년대까지 50편 이상의 논문을 발표하며 조선 곤충학의 기틀을 닦았다.

마지막으로 정태현은 25세라는 늦은 나이에 식물학에 입문했으나, 곧 평생의 길로 삼았다. 그는 수원농림학교 임학과를 거쳐 조선총독부 산림국, 임업시험소에서 근무하며 본격적으로 식물 연구에 몰두했다. 1911년 평북 동림산과 평남 묘향산에서의 채집은 한국인이 한국 식물을 연구한 최초의 기록으로 꼽힌다. 그는 일본인 식물학자 나카이 다케노신의 통역을 맡으며 학문을 배웠고 적극적인 공동 연구자로 활동했다. 1917년 '미선나무'를 처음으로 발견했으며, 1926년에는 발견한 '댕강나무'에는 학명에 자신의 이름을 남겼다. 무엇보다도 그는 동료들과 함께 2000여 종의 식물 이름을 우리말로 정리하면서, 식물학에 민족적 색채를 불어넣었다. 이는 '조선의 자연을 조선어로 기록한다'는 독립적 학문 정신의 발현이었다.

해외에서 과학조선을 꿈꾸다

식민 현실 속에서 조선의 젊은 과학자들은 해외, 과학기술 선진국으로 유학을 가야만 과학자로서 커나갈 수 있었다. 그러나 그들은 낯선 땅에서 배운 지식과 성과를 조국의 발전에 바치고자 했다. 이태규, 우장춘, 리승기는 과학기술 연구를 통해 조선의 독립과 근대화를 준비했던 '과학조선의 개척자'였다. 일제의 차별과 억압 속에서도 국제 학계에 당당히 이름을 올리고, 그 지식과 성과를 조국을 위해 돌려주려 했던 모습은 당시 조선 청년들에게 과학기술자의 꿈과 희망을 주었다.

이태규는 최초로 일본 교토제국대학에서 이학박사 학위를 받은 화학자다. 학위 취득 후 제국대학 교수로 임명된 그는 조선인 학생들을 조수로 채용해 함께 연구하며 조선 과학자 양성에 힘썼다. 그는 과학 대중화에도 관심이 많아 조선과학기술협회가 주최한 '마리 퀴리 탄생 80주년 기념 건국과학강연회', '에디슨 탄생 100주년 기념 영화 및 강연회'에 참여해 '양자역학사론', '최근 이론화학 발달의 동향' 등 최신 연구를 대중에게 소개하는 강연을 펼쳤다.

1939년부터 2년간 미국 프린스턴대학 연구원으로 활동하며 국제적 연구 경험을 쌓았고, 해방 후에는 서울대학교 초대 문리과대학장을 맡아 교육 체계를 세우는 데 공헌했다. 이후 미국 유타대학 교수로 재직하면서 노벨상 수상자인 헨리 아이링Henry Eyring과 함께 '리-아이링 이론'을 발표하여 세계 화학계에 이름을 알렸다. 그는 학문적 성취와 교육적 헌신을 통해 우리나라 과학계를 이끈 대표적인 과학자였다.

이태규는 제국대학 교수와 미국 연구 활동을 통해 '한국 과학자도 세계 과학계에서 인정받을 수 있다'는 희망을 보여주었다. 척박한 과학기술 환경 속에서도 젊은 과학자들에게 '세계에 으뜸가는 과학조선을 세울 수 있다'는 믿음을 심어주었다.

세계적 육종학자 우장춘은 한국인 아버지와 일본인 어머니 사이에서 태어나, 일본에서 성장했다. 그는 불리한 조건 속에서도 '우禹'라는 한국 성씨를 고집했다는 점에서 민족적 자존심을 지켰다. 그의 대표적 업적은 나팔꽃 품종 개량과 더불어, 학문적으로만 존재하던 '종간잡종 이론' 개념을 실험으로 입증한 것이다. 이 성과는 국제적으로 주목받았고, 그는 세계적 육종학자의 반열에 올랐다.

해방 이후, 가족을 일본에 남기고 홀로 귀국한 우장춘은 1950년대 한국 농업의 근대화를 이끌었다. 중앙원예기술원 원장과 원예시험장 초대장을 맡아 채소 품종 개량에 힘썼으며, 농민들에게 직접 기술을 보급했다. 그가 귀국해 육종 연구로 농업 혁신을 이끈 이야기는 농민뿐 아니라 일반 대중에게 '우리도 할 수 있다'는 자신감을 주었다.

마지막으로 살펴볼 리승기는 우리나라 합성섬유 연구의 선구자였다. 교토제국대학 응용화학과에서 공부하던 그는 '합성 1호'를 개발하며 새로운 합성섬유 시대를 열었다. 이후 개선된 '합성 1호-B'는 비날론Vinalon이라 불렸고, 이는 석탄과 석회석을 원료로 만든 독창적 섬유였다. 그는 연구 과정에서 일제를 비판하다 투옥되기도 했다. 해방 후 서울대학교 응용화학과를 창설하고 초대 학장을 맡아 교육 기반을 다졌으나, 한국전쟁 발발과 함께 월북했다. 북한에서 그는 함흥분원 원장으로 비날론 공업화를 주도하여 1961년 대규모 비날론 공장을 세웠고, 북한의 의류 부족 문제 해결에 기여했다. 그의 삶은 분단의 비극을 담고 있지만, 동시에 조선 과학기술의 가능성을 상징했다.

이태규, 우장춘, 리승기 세 과학자는 서로 다른 길을 걸었음에도 공통적으로 '해외에서 배운 지식을 조선의 과학 발전에 바친다'는 사명감을 지녔다. 이태규는 학문과 교육으로, 우장춘은 농업과 품종 개량으로, 리승기는 섬유와 공업화로 조선의 자립을 모색했다. 이들은 억압받던 조선인들에게 과학이 독립의 무기가 되고, 미래를 열어가는 열쇠가 될 수 있음을 증명한 시대의 롤모델이 되었다.

80년 전에 꿈꾼 100년 후 과학조선과 오늘의 과학한국

1930년대, 김용관은 《사해공론》《과학조선》 지면을 통해 '100년 후 과학조선'의 미래상을 제시했다. 그가 생각한 내일은 당대 사람들에게는 공상처럼 보였으나, 많은 부분이 오늘날 현실이 되었다. 김용관은 100년 후 조선의 모습으로 다음과 같은 청사진을 그렸다.

| 김용관의 예측과 현재의 모습 |

분야	예측(1936)
박사	의학, 농학, 공학 박사 수천 명
공장	대소공업 공장 7만 5000여 개소
노벨상	노벨상 10여 명
저술	과학기술자가 쓴 저서가 세계 곳곳에 영향을 준다
발명	발명 건수 10만 건 돌파
과학관	발명장려관

분야	현실(2024)
박사	2024년 기준 1만 7000명 이상
공장	2024년 기준 21만 곳 이상
노벨상	현실로 이루어지지 않음
저술	과학기술 인용 색인 발표 논문 수 선 세계 12위
발명	셀 수 없을 만큼 많은 발명품 탄생
과학관	2024년 기준 등록 과학관 155개(국립 12개 공립 94개, 사립 49개)

오늘날 대한민국의 과학기술은 김용관의 상상 이상으로 성과를 내고 있다. 2020년대에 이르러 매년 수만 명의 이공계 학사가 나오고, 수천 명의 박사가 배출되고 있다. 산업 기반은 반도체와 IT 분야가 세계 시장을 선도하며, 2024년 수출액은 960조 원에 달했다.

전국에는 150여 개의 과학관이 운영되고 있으며, 매년 수십만 건의 특허가 출원된다.

물론 아직 이루지 못한 꿈도 있다. 김용관이 예견했던 '노벨상 10여 명'은 아직 이루어지지 않고 있다. 그러나 과학기술 논문 수와 특허 건수, 세계적인 산업 경쟁력을 고려하면, 한국은 그가 꿈꿨던 과학조선의 이상을 크게 실현한 셈이다.

일제강점기의 과학기술자들은 '과학 없는 독립은 없다. 과학조선 건설이 곧 독립운동이다'라는 신념 아래, 조국의 미래를 준비했다. 그들은 총과 칼 대신 실험 기구와 설계도를 들었고, 전단지와 잡지, 강연장과 산업 현장을 무대로 삼았다. 안창남이 하늘을 날며 과학조선의 희망을 전단지에 담아 뿌렸다. 김용관, 안동혁, 조응천이 과학데이를 통해 과학을 민중 속으로 다가서게 했다. 이준열과 이강현이 민족 기업을 세워 경제적 자립을 외쳤다. 석주명, 조복성, 정태현이 조선의 생물을 우리말로 기록했다. 이태규, 우장춘, 리승기가 해외에서 세계적 연구를 이루고 조국의 미래를 꿈꾸었다. 이 모든 과학 활동은 각자 자신의 위치에서 펼친 과학 독립운동이었다.

이들 과학기술자들의 노력은 해방 이후 이어져 오늘날 대한민국을 세계 10위권 과학기술 강국으로 세우는 초석이 되었다. 반도체와 IT 산업, 원자력과 우주과학, 생명과학과 인공지능에 이르기까지, 오늘의 과학한국은 어제의 과학조선의 꿈 위에 서 있다. 우리는 다시 묻는다.

과학 없는 독립은 없다. 그렇다면 과학 없는 미래는 가능할까?

과학은 일제강점기에 우리 민족을 살린 힘이었고, 오늘은 국가를 세운 기반이며, 내일은 인류 공동의 미래를 열어갈 열쇠다. 일제 강점기 과학기술자들이 남긴 과학조선의 꿈은 오늘의 대한민국이 세계 속에서 나아갈 길을 비추는 등불이라고 할 수 있다.

2025 노벨상 특강

부록

면역계의 브레이크, 조절 T세포_노벨생리의학상
망상화학의 문을 연 MOF_노벨화학상
양자 컴퓨터와 양자 터널링_노벨물리학상
성장의 씨앗은 우리 안에 있다_노벨경제학상

future science trends

면역계의 브레이크, 조절 T세포

김선자   2025 노벨생리의학상

우리에게 면역은 익숙하다. 환경과 생활 습관 변화로 자가면역 질환*이 증가하고 있고, 코로나19를 겪으면서 면역의 중요성을 절실히 느꼈다. 이 기세를 몰아 면역 강화$_{immune}$ 제품이 경쟁적으로 출시되고 있다. 즉, 현대인은 면역력이 경쟁력인 100세 시대를 사는 것이다. 이런 관심 속에서 인체 면역 시스템에 대한 지식은 보편화되었다.

우리 면역계는 자기와 비자기 물질을 구분하는 능력이 있다. 자기 물질은 보호하고, 침입한 비자기 물질은 공격해서 제거한다. 외부에서 침투한 바이러스, 세균 등의 병원체가 대표적인 비자기 물질이다. 인식하지 못하는 사이에 우리 몸의 면역 시스템은 자동으로 작동된다.

- 세균, 바이러스, 이물질 등 외부 침입자로부터 인체를 지켜주어야 할 면역 세포가 자신의 정상 세포와 조직을 공격하는 비정상적인 면역반응으로 나타나는 질환이다. 대표적인 예로 류마티스관절염, 제1형 당뇨병, 전신 홍반 루푸스, 크론병, 궤양성 대장염 등이 있다.

국제학술정보 분석 기업인 클래리베이트Clarivate는 매년 노벨상 수상을 앞두고 논문 피인용 건수를 기준으로 노벨상급 연구자를 선별해 그 명단을 공개한다. 2002년부터 피인용 건수 상위 0.01퍼센트인 연구자들을 발표했으며, 지금까지 이 명단에 이름을 올린 83명이 노벨 의학상, 물리학상, 화학상, 경제학상을 받았다고 한다. 2025년 클래리베이트가 주목한 생리의학 부문의 연구 주제는 선천성 면역반응, 백혈병 줄기세포 그리고 대사, 식욕 조절이었다. 이 중 면역 분야, '조절 T세포Regulatory T Cell, Treg'가 2025년 노벨생리의학상 수상의 영예를 얻었다.

'조절 T세포'의 수상 소식을 들었을 때 사실 의심이 들었다. 면역 분야는 이미 수상 이력이 세 번[*]이나 있었기 때문이다. 이 중 두 번은 모두 면역의 핵심 축인 T세포와 관련된 연구 성과다. 2025년의 수상은 보편적 개념의 면역 체계가 자기가 아닌 것은 거침없이 공격하는 '가속 페달'이라면, 반대로 자기를 공격하는 잘못된 방향으로 가는 것을 조절하는 정교한 '브레이크 시스템' 또한 존재한다는 것을 밝혀 면역학의 패러다임을 바꿨다는 공로가 인정된 것이다. 그 브레이크 역할을 하는 것이 바로 '조절 T세포'다. 자동차에 비유한다면 속도를 조절할 뿐 아니라 차량의 전체 구조와 연결되어 있어 운전자와 이웃의 생명에 직결된 핵심 이중 안전장치인 브레이크인 셈이다. 조절 T세포가 없다면 인체는 브레이크 없는 자동차와 같다.

- 1908년 엘리 메치니코프와 파울 에를리히(면역 식세포 및 항체 발견), 1996년 피터 도허티와 롤프 칭커나겔(T세포에 의한 항원 인식 규명), 2018년 제임스 앨리슨과 혼조 다스쿠(T세포와 면역 관문 억제 요법, 면역 항암제 개발).

조절 T세포 발견의 여정

면역 세포는 외부 병원균, 바이러스, 이물질 등 유해 물질로부터 우리 몸을 방어하는 역할을 한다. 선천·후천(기억) 면역*을 수행하며 대표적으로 NK세포, T세포, B세포, 수지상세포, 대식세포가 있다. 면역 기억은 T세포와 B세포에 의해 외부 항원(병원체)이 인식되는 것이다. 이들 세포는 각각 고유한 항원 수용체**를 가지고 있으며, 10~15개 이상의 서로 다른 수용체를 만들어낼 수 있다.

림프구 발달 시 항원 수용체를 발현하고 그 수용체들이 모여 외부 항원을 인식한다. 하지만 일부 T세포는 우연히 자기 몸의 정상 조직을 항원으로 인식하는 수용체를 갖게 된다. 즉, 자기 항원 인식으로 만들어진 항체가 자기를 공격하게 되면서 자가면역반응이 발생하는 것이다. 이런 의도치 않은 실수는 잦을 것 같지만 의외로 인체 면역 체계는 감염에 대해 강력하게 방어하고, 자기를 공격하는 반응을 회피하면서 균형을 이룬다.

어떻게 자기 자신은 철통같이 지키면서 외부의 적은 공격하는 것일까? '나와 내가 아닌 것을 어떻게 구분해서 판단할까?'라는 질문과 함께 이 균형을 조절하고 유지하는 면역계의 메커니즘은 면역

---

* 선천면역은 특정 병원체를 기억하지 않고 감염 후 즉각적으로 반응하는 면역 체계로 면역 물질인 인터페론과 백혈구를 내뿜고 NK세포가 감염된 세포를 공격한다. 후천면역은 선천면역이 감당하지 못하는 수준의 감염이 일어났을 때 작동하는 방어 작용으로 이전에 노출된 병원체를 기억하는 기능을 가지고 있어서 목표한 병원체만 선별적으로 치밀하게 파괴한다.
** 면역 세포가 외부 물질을 인식하고 자기와 맞는 물질만 부착되도록 하는. 면역 세포의 표면에 있는 3차원 분자 구조의 단백질로 수용체와 외부 물질의 구조는 열쇠와 자물쇠 관계와 같다.

학자들에게 오랫동안 수수께끼였다.

후천면역의 핵심인 T세포는 1960년대 초 호주 생리학자 자크 밀러Jacques Miller가 어린 생쥐의 흉선thymus(가슴샘)을 제거하는 실험 도중 처음 발견했다. T세포는 감염된 세포, 암세포를 직접 공격하거나 면역반응을 유도하는 등 면역계의 핵심 방어 세포다. 당시 학계에서는 T세포는 공격만 하는 세포로 알고 있었는데, 면역반응을 억제하는 기능을 가진 특별한 T세포 집단이 존재함을 알게 되었다.

인체 면역 체계가 자기 세포를 공격하지 않도록 조절되는 현상을 '면역관용immune tolerance'이라고 한다. 과학자들은 T세포가 만들어질 때 흉선이라는 기관에서 정상 세포를 공격할 가능성이 있는 세포(자가반응성 T세포)가 미리 제거되는 것을 '중추면역관용central immune tolerance'으로 설명했다. 1980년대까지 대부분의 자기 인식 조절이 흉선 안에서 일어난다고 본 것이다. 이후 시간이 지나도 중추면역관용으로는 설명이 안 되는 현상이 계속 발견되었다.

일부 자가반응성 T세포들이 흉선에서 걸러지지 않고 말초 혈액으로 나온 것이다. 말초로 나온 이후에도 정상 세포를 침입자로 오인해 공격하지 않도록 면역관용이 유지되는 새로운 메커니즘이 존재함을 밝혔고, 이것이 바로 '말초면역관용peripheral immune tolerance'이다. 흉선과 골수에서 형성되는 중추면역관용이 못다 한 숙제를 인체 말초 부위에서 마무리하는 말초면역관용을 담당하는 무언가가 있다고 믿었고, 그 핵심 세포가 바로 '조절 T세포'였다. 중추면역관용을 피해 살아남은 세포 중에서 자기 몸을 공격하려는 세포를 감시하고 제어하는 이중 안전장치 역할을 한 것이다.

그러나 면역을 억제하는 T세포의 실체를 당시에는 아무도 확인하지 못했고, 학계는 '면역반응을 억제하는 세포'라는 개념 자체들 받아들이지 않았다. 기존 이해 방식에서는 방사선이나 바이러스가 자기의 세포, 조직에 변이를 가져오면 면역 세포가 이를 이물질로 간주해 공격하지만, 면역 세포가 정상적인 자기를 공격할 리가 없다고 여겼다. 이때 일본 오사카대학의 사카구치 시몬坂口志文 교수의 생각은 달랐다. 누구에게나 정상적인 자기를 공격하는 면역 세포가 존재하지만, 그것을 억제하는 세포도 동시에 존재하기 때문에 아무 일도 일어나지 않을 뿐이며, 오히려 방사선이나 바이러스가 면역을 억제하는 세포를 파괴함으로써 자가면역질환을 일으킬 것이라고 확신했다.

그의 가설은 여러 지난한 실험을 통해 입증되었다. 1969년 생후 사흘 된 생쥐의 흉선을 제거했더니 자가면역질환이 발생했다. 면역 기관을 제거했는데 오히려 면역 과잉 반응이 일어난 것이다. 1982년에는 정상 생쥐의 특정 면역 세포를 흉선을 제거한 생쥐에 주입했더니 자가면역질환이 예방되었다는 것을 보여주었다. 이는 면역계 내부에 자가 억제 면역 세포 집단이 존재한다는 강력한 증거였다.

사카구치 교수는 면역을 억제하는 세포의 존재를 명확하게 보여주기 위해 많은 면역 세포 중에서 그것을 객관적으로 구분하는 과학적 방법을 제시해야 했다. T세포는 표면 마커*라고 불리는 표

---

* 대표적으로 CD3, CD4, CD8, CD25, CD27, CD28, CD95 등이 있다.
  CD3: T세포의 주요 신호 전달 복합체의 구성 단백질로, T세포의 활성화와 기능에 필수적이다.
  CD4: T세포의 대표 마커로, 주로 보조 T세포에 발현되며, 면역반응을 조절하는 역할을 한다.
  CD8: 세포독성 T세포Cytotoxic T cell에 주로 존재하며, 암세포 등 비정상 세포를 직접 공격한다.
  CD25: 조절 T세포에서 과발현되어 면역반응을 억제하는 역할을 한다.

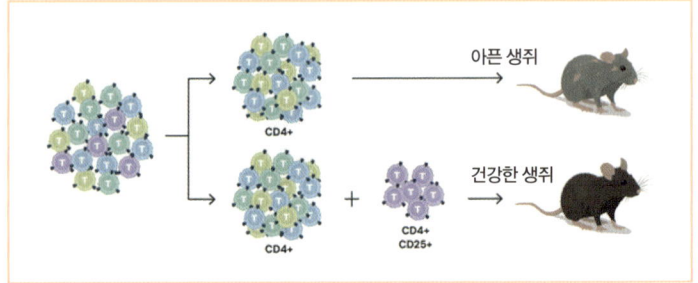

↕ 사카구치 교수가 정의한 T세포의 새로운 군체. 흉선이 제거된(면역결핍) 생쥐에 CD25가 제거된 CD4+ 세포만 주입하면 자가면역질환이 발생했으나 CD4+, CD25+ T세포를 함께 주입하면 질병 없이 건강한 상태가 유지되었다.

면에 어떤 분자(단백질)를 가지고 있느냐에 따라 그 기능이 구분되고 T세포의 종류를 식별하는데, 10년 이상 집요한 연구 끝에 1995년 CD25라는 표면 분자가 그들이 추적하던 조절 T세포의 특이적인 핵심 마커임을 알게 되었다. 그는 CD4+ T세포 중 일부가 IL-2 Interleukin-2(인터루킨-2)• 수용체인 CD25를 발현하며, 이들이 조절 T세포를 더욱 활성화시켜 면역반응을 억제하는 역할을 한다는 것을 밝혀냈다. CD25를 마커로 사용하면 실험자 누구나 면역을 억제하는 T세포의 존재를 확인할 수 있게 된 것이다. CD4 표면 마커를 갖고 동시에 CD25를 발현하는 T세포 집단이 면역 억제 기능을 담당한다는 것을 증명했다. 이 T세포가 바로 조절 T세포다. 조절 T세포는 다른 면역 세포가 정상 인체 세포의 단백질과 결합한 것을 감지

CD27, CD28, CD95: T세포의 성장, 분화, 생존, 신호 전달 등에 관여하는 보조적 표면 마커다.
• 세포 간 신호 전달 물질로 면역 세포를 모으고, 염증을 촉진하거나 억제하는 면역 조정자 역할을 하는 사이토카인의 일종이다.

| 조절 T세포가 인체를 보호하는 방법 |

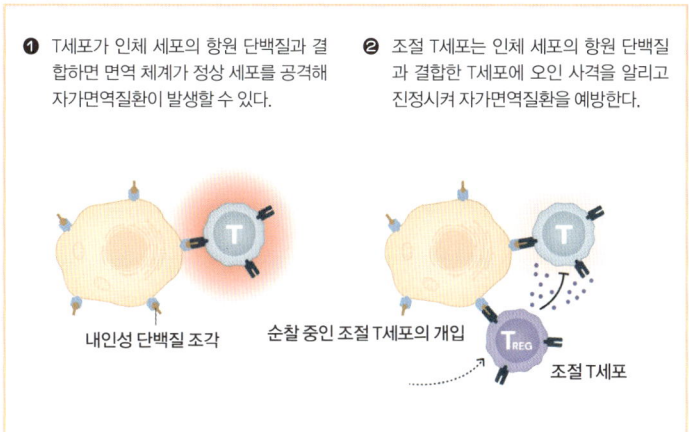

❶ T세포가 인체 세포의 항원 단백질과 결합하면 면역 체계가 정상 세포를 공격해 자가면역질환이 발생할 수 있다.

❷ 조절 T세포는 인체 세포의 항원 단백질과 결합한 T세포에 오인 사격을 알리고 진정시켜 자가면역질환을 예방한다.

내인성 단백질 조각   순찰 중인 조절 T세포의 개입   조절 T세포

돌연변이 생쥐   50만 염기쌍 20개 유전자   Foxp3

돌연변이 쥐에서 발견한 FOXP3 유전자. 'FOXP3' 유전자가 조절 T세포의 발생을 조절하여 면역 브레이크를 켜고 끄는 스위치 역할을 한다.

하고 해당 면역 세포를 진정시킨다. 아군을 적군으로 착각한 동료를 발견하고 오인 사격을 못하도록 하는 것이다.

이렇게 T세포는 면역반응을 주도하고, 조절 T세포는 T세포의

활성을 조절해 면역계의 항상성을 유지한다. 조절 T세포가 부족하거나 기능이 저하되면 면역반응이 과해져 자기를 공격하는 자가면역질환이 발생하게 된다. 이렇게 T세포와 조절 T세포의 상호작용은 면역 체계의 효율적 작동을 위해 매우 중요한 역할을 한다.

자가면역질환을 억제하는 새로운 면역 세포 '조절 T세포' 발견 후, 2001년 메리 브렁코Mary E. Brunkow, 프레드 램즈델Frederick J. Ramsdell 박사는 또 하나의 결정적 실마리를 찾게 되었다. 돌연변이 쥐 실험을 통해 'FOXP3Forkhead box P3'라는 유전자에 돌연변이가 생기면 조절 T세포가 제대로 만들어지지 않고, 그 결과 자가면역질환 발생이 높아진다는 사실을 밝혔다. 생쥐의 돌연변이는 약 1억 7000만 개의 염기쌍을 갖는 X 염색체 이상이었고 이 유전자를 찾기란 모래사장 속 바늘 찾기였다. 즉, 'FOXP3' 유전자가 조절 T세포의 발생을 조절하는 면역 브레이크를 켜고 끄는 스위치 역할을 하는 것이다. 더 나아가 인간에게도 같은 메커니즘이 작동한다는 것을 입증했다. IPEXImmune dysregulation, polyendocrinopoathy, enteropathy, X-linked(면역 조절 장애, 다발성 내분비 병증, 장 병증, X-연관) 증후군은 남아에게서 치명적인 자가면역질환을 일으키는 희귀 유전병으로 역시 FOXP3 유전자 돌연변이로 발생한다는 사실도 밝혔다.

FOXP3와 조절 T세포의 연결로 이루어진 혁명

이후 2003년, 사카구치 시몬 교수는 FOXP3가 CD4+, CD25+ T세포에서 선택적으로 발현되며, FOXP3를 일반 CD4+ T세포에 도입하면 조절 T세포로 전환된다는 것을 확인했다. 램즈델 교수팀은 돌연변이 생쥐에 조절 T세포가 결핍되어 있으며, FOXP3를 과발현하는 생쥐는 조절 T세포가 증가한다는 것을 확인했다. FOXP3는 전사인자로서 조절 T세포의 발달과 기능을 특징짓는 수백 개의 유전자 발현을 조절하는 것이다. 이렇게 FOXP3 변이와 조절 T세포의 관계가 연결되었으며, FOXP3 유전자가 사카구치 본인이 밝혔던 '말초면역관용'을 조절한다는 사실을 최종 입증했다. 세 과학자의 성과는 분자적 수준에서 인간 면역 균형의 핵심 메커니즘의 퍼즐 조각, 즉 말초 면역 연구를 완성시킨 것이다.

　이후 종양이 면역 체계로부터 자신을 보호하는 조절 T세포를 끌어들일 수 있다는 것이 밝혀졌고, 면역 체계가 종양에 접근할 수 있도록 조절 T세포를 제거해 항종양 면역을 강화하는 연구가 진행되었다. 또한 자가면역질환에서는 조절 T세포의 생성을 촉진하는 연구가 이루어지고 있다. 이렇게 조절 T세포의 발견은 자가면역질환을 치료하고, 더욱 효과적인 암 치료법의 개발을 이끌었다.

　또한 장기이식 후 가장 큰 문제는 면역 세포가 이식 장기를 공격하는 거부 반응인데, 지금은 면역억제제로 막는다. 하지만 전체 면역이 약해져 감염에 노출이 쉽다. 이때 조절 T세포를 이용하면 이식 장기를 자기로 인식해 공격하지 않게 즉, 이식 장기에만 면역관용이 유도되고 나머지 면역은 정상 작동한다. 알레르기의 근본적인 치료도 가능하게 되었다. 꽃가루, 음식, 약물 등 해롭지 않은 물질에 과도하게 반응하는 것은 면역 과반응인데 이때도 조절 T세포가 이를 조절할 수 있다. 이런 모든 기술은 개인 맞춤형 치료, 즉, 정밀 의료 시대의 기초가 되었다. 환자마다 조절 T세포 상태가 다르다. 어떤 사람은 그 수가 적고 기능이 약하다. 유전자 변이를 가진 경우도 존재할 수 있다. 즉, 이제는 증상 완화가 아니라 근본 치료가 가능해지는 방향으로 자가면역질환의 패러다임이 바뀔 것이다.

2025년 서울대학교 약학 교수 연구팀이 발표한 연구 성과에 의하면 특정 T세포가 조절 T세포의 증식을 유도하는 기능, 메커니즘을 확인했다. 'Notch2 발현 CD4 T세포'라는 새로운 유형의 T세포에서 발현되는 단백질들이 조절 T세포의 증식과 분화를 야기한다고 한다. 자가면역질환 동물 모델인 '자가면역 뇌척수염 쥐'와 궤양성 대장염 환자 조직에서 Notch2 발현 CD4 T세포가 단백질 'Notch2'는 높게, 단백질 'Foxp3'는 낮게 발현하는 특징을 보인다는 점을 확인했다. 즉, Notch2 발현 CD4 T세포가 분비하는 단백질은 조절 T세포와 직접 상호작용하며 조절 T세포의 증식과 기능을 강화한다는 것이다. 이는 조절 T세포 증식을 촉진해 자가면역질환으로 생긴 염증을 완화하는 데 핵심적인 역할을 하는 T세포를 최초로 제시한 것으로 자가면역질환 치료에 한 걸음 더 다가간 성과다.

조절 T세포와 말초면역관용의 발견은 단순히 면역 조절 세포 하나의 기능을 밝힌 연구가 아니라, 인간 면역계가 자기와 타인을 구분하는 철학적 기준을 제시한 것이다. 자가면역질환은 '면역이 자기 자신을 잊어버리고 공격하는 것'이고, 조절 T세포는 '그 기억을 되찾게 해 공격을 멈추게 하는' 생체 내 조화 메커니즘이다. 이 균형을 어떻게 인위적으로 조절할 것인지가 최근 면역학에서 고민하는 대주제다. 자가면역질환을 치료하기 위해 더 강하고 효과적인 약을 개발하는 것이 아닌, 정교하게 면역을 조절하는 전략이 더욱 요구되며, 이것이 이번 수상이 우리에게 남긴 숙제라고 할 수 있다.

망상화학의 문을 연 MOF

전성윤　　　　　　　　　　　　2025 노벨화학상

파랑

　코치닐cochineal은 우리말로 연지벌레인, 선인장 잎에 기생하는 곤충이다. 하얗게 내려앉은 솜털로 뒤덮인 겉모습이지만 건조해 말리면 붉은색을 얻을 수 있는 염료가 된다. 코치닐은 자신을 보호하기 위해 카민산carminic acid을 스스로 만들어 몸에 두른다. 붉은 색소의 원인이다. 선인장은 중남미에서 자라는 식물이라 콜럼버스 이후 대항해시대 때부터 코치닐을 수거해 유럽에서 요긴하게 썼다. 코치닐의 카민산 색소로 만든 안료 중 하나가 플로렌틴 레이크Florentine Lake다. 레이크는 '호수'라는 뜻이 아니라 화학에서 유기물을 금속염과 혼합해 만든 안료를 뜻한다. 플로렌틴은 이탈리아 피렌체를 의미하는 단어로 플로렌틴 레이크는 피렌체풍의 붉은 안료를 말한다. 고급스럽고 우아한 붉은색을 띤 플로렌틴 레이크는 당시 피렌체를 비롯해 유럽의 왕과 귀족의 옷감을 물들였다. 이러한 영향으로 르네상스 시대 회화 작가들도 고풍스러운 빨강으로 플로렌틴 레이크를 선호했다. 안료의 수요가 늘자 상인들은 대서양을 가로지르는 머나먼 바닷길을 주저하지 않았다.

코치닐이 1센티미터도 되지 않으니 유럽인들은 값싼 노동력을 이용해 식민지로부터 엄청난 양을 옮겼다. 코치닐 염료의 장점은 명확했다. 무엇보다 그전에 쓰이던 염료보다 붉었고 색이 쉽게 바래지 않았다. 햇볕이나 비, 바람에 강했으며 물감으로 만들어 벽화를 그리고 양피지나 캔버스에 옮겨도 세월에 사라지지 않았다. 코치닐 염료는 모두에게 사랑받을 만했다. 곧 화학자들이 보다 뚜렷하고 영롱한 붉은색을 만들어내기 위한 작업에 착수했다.

코치닐에서 비롯된 플로렌틴 레이크는 명반과 황산철로 반응시켜 제조한다. 알루미늄과 철 금속이온을 함유한 두 금속염과 카민산이 반응해 탄생한다. 유기물과 금속인 무기물이 화학적으로 결합한 유무기 복합재다. 명반을 구성하는 분자에는 알루미늄 금속이온이 있고 이 금속이온이 색소를 손톱에 착 달라붙게 돕는다. 빨간색을 내는 유기 분자와 금속이온이 결합할 때 착색력이 좋아진다. 착색이 잘되면 아무래도 보다 색이 도드라져 더욱 선명하게 보인다. 모든 게 다 있다는 가게에 지금도 판매되고 있는 '봉숭아 물들이기' 봉투 안에는 흰색 가루가 들어 있는데 명반의 일종이다. 금세 지워지지 않아 예전엔 흔히 하던 손톱 꾸미기다. 지금이야 네일아트가 흔해서 특별할 것 없어 보여도 옅은 봉숭아색은 여전히 매력적이다.

1704년 베를린에서 활동하던 염색가 디스바흐Johann J. Diesbach는 플로렌틴 레이크를 제조하는 데 여념 없었다. 그는 연금술사 디펠Johann Konrad Dippel의 실험실에서 염료를 제조해 판매하는 일을 했다. 디펠은 어디에나 특효가 있는 약을 제조하는 실험에 매료돼 있었다. 처음엔 동물성 기름을 추출해 치료용 연고나 회충에 효과적인 약제를 개발했으나 점차 신비로운 효능에 심취하게 되었다. 디펠은 동물의 뼈, 가죽, 특히 건조된 소의 피를 원료로 사용했다. 동물에서 얻은 원료로 탄산칼륨과 석회를 이용해 여러 번 증류를 반복해가며 동물성 기름을 정제해냈다. 염료 작업에도 탄산칼륨은 흔히 쓰는 원료였다. 디스바흐는 코치닐에서 추출한 붉은 원료를 탄산칼륨으로 침전시키고 더 짙고 따뜻한 붉은색을 내기 위해 명반과 황산철을 첨가했다. 실험 도중 탄산칼륨이 떨어져 디펠의 실험실 한 편에 쌓여 있던 탄산칼륨을 가져다 쓴 건 그리 특별할 것 없는 대처였다. 그러나 디스바흐가 최종적으로 만든 염료는 너무나도 뜻밖의 특별한 색을 띠었다. 빛이 닿지 않는 깊은 바다가 떠오를 만큼 강렬한 푸른색을 지닌 염료였다. 디펠의 실험실이 있던 베를린에서 개발되어 '베를린의 푸른 염료'라 불렸고 이후에 프러시안 블루prussian blue로 유명세를 탔다.

우연에서 필연으로

프러시안 블루가 나오기 전까지 청색은 아프가니스탄에서 나는 질 좋은 청금석으로 만들었다. 이름에서 알 수 있듯 청금석은 푸른색을 띠었고 아시아와 유럽을 가릴 것 없이 동물이나 식물에서 추출한 기름과 섞어 안료로 사용했다. 유럽의 입장에서 머나먼 바다를 건너왔기에 청금석 색소를 울트라마린ultramarine이라 불렀다. 프러시안 블루는 값비싼 울트라마린을 금세 대체했다. 울트라마린만큼 진하고 깊은 파란색이 값싼 코치닐로부터 제조되면서 안료 시장은 요동쳤다.

프러시안 블루는 디스바흐가 우연히 개발하고서 20여 년간 세상에 공개되지 않았다. 아무도 프러시안 블루의 제법을 알지 못했

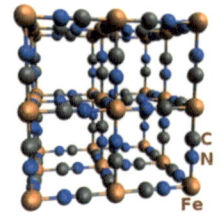
← 프러시안 블루의 분자 구조.

고 오직 베를린에서만 생산되었다. 더구나 디스바흐조차 왜 빨간 염료를 제조하던 중 파란 염료가 생성되는지 메커니즘을 알지 못했다. 그것은 뜻하지 않은 우연이었고 디펠이 쓰던 오염된 탄산칼륨이 어떤 역할을 하는지 따위의 문제는 쉽게 알아채기 어려웠다. 짐작할 수 있는 건 탄산칼륨에 흡수되어 있던 어떤 물질이 철과 반응했으리라는 가정이었다. 철 이온과 오염된 탄산칼륨 사이에 일어난 화학반응이 수수께끼의 핵심이었다.

    화학은 분명한 결과물이 있고 그 결과물의 과정을 탐구하며 새로운 사실을 재확인하는 경우가 허다하다. 오염된 탄산칼륨에는 동물의 피가 묻어 있었고 핏속에 남아 있던 철 성분이 반응을 일으켰다는 사실이 이후에 밝혀졌다. 오일을 정제하며 쓰던 탄산칼륨에 유기물인 시안화물cyanide이 생성돼 있었고 마른 핏자국에 남아 있던 철 원자와 반응이 일어난 것이다. 우연과 우연이 겹친 과정은 디스바흐가 코치닐에서 추출한 붉은 색소를 디펠의 탄산칼륨으로 침전시켜 명반과 황산철을 첨가해 반응시키면서 마무리되었다. 하필이면 디펠이 동물성 오일을 추출하는 데 광적이어서 가능했던 일이라 생각이 들 정도다. 이러한 우연의 반복은 청금석보다 깊고 푸른 침전물이 가라앉으며 완성되었다.

    프러시안 블루는 동물의 피에 남아 있던 철과 비공유 전자쌍을 지닌 시안화물이 배위결합coordinate linkage을 진행하며 생성한 착화합물이다. 시안화물은 탄소와 질소가 결합한 분자다. 두 원소가 서로 전자를 공유하며 결합해 있다. 그런데 탄소가 질소와 결합하고도 전자가 남아 언제든 다른 원자나 분자와 자유롭게 결합할 수 있는 상태를 유지하고 있다. 결합에 참여하지 않은 나머지 전자를 보유한 시안화물은 이른바 일방적으로 전자를 제공하는 반응을 이끈다. 철 이온에 그러하다. 철은 그저 가만히 있다가 시안화물이 전자를 주면서 반응에 이끌린다. 배위결합은 여기서 일어난다. 유기물인 시안화물과 무기물인 철 이온이 결합해 생성된 물질이 배위화합물이고 착화합물이라 부른다. 이질적인 두 가지가 섞여 화합해 만든 물질이라 할 만하다.

흥미로운 사실은 프러시안 블루가 독특한 구조를 띠고 있다는 점이다. 현대에 이르러 화학식으로 $Fe_4[Fe(CN)_6]_3$인 프러시안 블루가 Fe^{2+} 이온을 중심으로 시안화 이온 CN^- 6개와 결합되어 있다는 사실이 밝혀졌다. 마치 둥근 공에 각각 직각으로 6개의 막대기가 꽂혀 있는 식이다. 위-아래 2개, 앞-뒤 2개, 좌-우 2개씩 총 6개의 막대기에 해당하는 시안화 분자가 철 이온에 연결되어 있다. 또 한쪽의 시안화 분자 끝으로 철 이온이 연결돼 끝없이 대칭을 이루며 구조화된 분자 덩어리로 존재한다. 아주 작은 세계지만 분자를 인위적으로 다뤄 세운 건축물이다. 자연에서 동물이 집을 짓듯, 인간 문명에서 건축을 하듯 우리 눈에 나타난 3차원의 세계뿐 아니라 보이지 않는 프러시안 블루 가루 속에 분자들이 집을 짓고 있었던 것이다.

디스바흐가 프러시안 블루를 합성한 지 300년 가까이 지나 또 다른 집짓기가 일어났다. 유기물과 무기물의 배위결합을 이용한 거대 분자 대칭 구조물이 과학자들의 손끝에서 건축되기 시작했다. 그들은 목적에 맞는 건축물을 설계하길 원했고 그 설계대로 쌓아 올릴 수 있었다.

MOF-5

MOF-5가 발표되었을 때 전문가들은 놀라지 않을 수 없었다. 전에 본 적 없던 표면적을 갖는 다공성의 분자 구조체였기 때문이다. 다공성 물질은 말 그대로 구멍이 많이 난 물질이다. 발효된 빵을 가르면 그 안에 보이는 여러 구멍처럼 일부러 만든 송송 뚫린 구멍 길이 있다. 더구나 규칙적으로 동일한 크기의 구멍이 나 있어 그 안에 다른 유용한 기체나 유무기 입자들을 담게 하는 장점이 있다. 분자 수준의 아주 작은 입자가 커다랗고 넓은 구멍을 지닌 불가사의한 구조를 인공적으로 만들었으니, 관련 연구자들 사이에선 의심이 들 만큼 놀라운 일이었다. 다국적 화학 회사 바스프BASF의 뮐러Ulrich Müller는 발표된 MOF-5의 표면적 수치를 보며 '그 숫자가 너무 믿기 어려워서 오타인 줄 알았다. 직접 실험을 반복하고 나서야 사실임을 믿었다'며 놀라움을 금치 못했다.

분자 수준의 기술이라는 표현에는 분자 또는 원자를 자유자재로 다루려는 목표를 담고 있다. 1986년, 드렉슬러K. Eric Drexler는《창조의 엔진Engines of Creation》에서 이러한 기술의 중요성과 청사진을 펼쳐 보였다. 후에 그의 주장은 '나노기술'로 지칭하게 되었고 21세기를 이끌 새롭고 광범위한 기술 분야로 자리 잡았다. 나노Nano는 물질의 근간을 이루는 원자와 분자의 크기를 대표하는 단위다. 정확히는 나노미터이고 그야말로 너무 작아서 광학현미경으로는 관찰할 수 없다. 대신 전자 빔을 이용한 특수 현미경으로 볼 수 있다. 이렇게 작

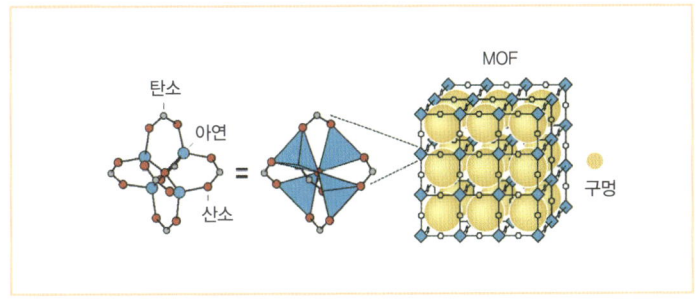

↑ MOF-5의 분자 구조.

은 입자를 관찰하는 데 그치지 않고 마치 아이들 장난감 블록 다루듯 이리저리 설계한 대로 조립할 수 있는 기술이 나노기술이다.

실제로 2013년 IBM의 하인리히Andreas J. Heinrich와 연구진은 일산화탄소 분자를 개별적으로 제어해 세상에서 가장 작은 영화 〈소년과 원자A boy and his atom〉를 촬영했다. 원자를 제어한 촬영 장비는 1나노미터 두께밖에 되지 않는 탐침을 지닌 현미경이었다. 뾰족한 탐침에 전기를 흘려 하전을 띠게 해 표면 입자와 전기적 신호를 주고받도록 제작된 분석 장비다. 탐침이 표면을 따라 스캔하면 서로 밀고 당기는 전기력에 의해 굴곡이 생기고 그 굴곡을 그래프로 나타나게 한다. 연구진들은 그래프를 그리는 대신 전기력을 이용해 분자를 조종하기로 했다. 그들은 자석이 철 가루를 끌어당기듯 전기적으로 하전된 탐침 끝으로 일일이 한 땀 한 땀 일산화탄소 분자들을 이동시키면서 한 컷 한 컷 장면을 찍었다. 분자들의 작은 움직임이 모여 주인공 소년이 친구와 춤을 추고 노는 '작은' 영화를 완성했다.

금속유기골격체Metal Oxide Framework의 약자인 'MOF'는 나노기술 발전사에 중요한 지위를 차지한다. 특히 MOF-5는 분자 구조의 설계가 현실화되었다는 점에서 의미 있다. 건축가가 상상해서 설계하는 것이야 자기 마음이겠지만 정말로 건물을 지을 수 있는가 하는 건 다른 문제다. 또한 건물을 지을 수 있도록 설계를 했다 하더라도 건물이 건축적으로 완성도 있는가 하는 문제 역시 중요하게 다룰 만하다. 예측한 구조를 설계하는 것도 쉽지 않겠지만 진짜로 만들어서 구조적으로나 기능적으로 완성도가 있는가 하는 문제를 따져볼 필요가 있는 것이다.

MOF-5는 현실적인 활용 가치를 인정받았다. 다른 다공성 물질들이 열악한 환경에서 구조가 붕괴되는 현상을 겪었지만 MOF-5는 달랐다. 제조 과정에서 용매를 제거하고 결정화 단계를 거치면서도 골격이 허물어지지 않고 버텨냈다. 또한 섭씨 300도의 고온과 물리적 힘이 가해지는 환경을 견디며 구조적 안정성을 유지했다. 화학자의 목적에 맞게, 의지를 담아, 설계도대로 정말로 물질을 이리저리 만든 사례다. 본격적인 나노기술 시대로 접어드는 길목에 중요한 이정표로 남을 만한 발명이다.

롭슨, 스스무, 야기

MOF는 금속을 꼭짓점으로, 꼭짓점과 꼭짓점 사이를 기다란 유기물 막대로 이어 결합시킨 구조를 기본으로 한다. 그래서 금속유기골격체라는 이름을 붙였다. 당연히 유기물과 금속을 어떻게 연결하느냐에 따라서 여러 모양의 구조로 만들 수 있고 구조에 따라 특징도 달리 나타난다. 오늘날 대부분의 건물이 콘크리트와 철근, 유리를 쓰지만 모양은 천차만별이고 성격에 따라 가정집, 사무실, 공장, 식당에 어울리게 디자인한다. 금속과 유기물이 뼈대가 되어 둥그스

름하거나 네모나거나 벌집 같은 육각형을 만들 수 있을 뿐 아니라 똑같은 육각형이라도 어떤 유기물을 쓰느냐에 따라 쓸모가 바뀐다. 탄소만으로 결합한 물질들인 다이아몬드, 카본블랙, 흑연, 탄소나노튜브, 풀러렌, 그래핀은 탄소 원자들의 결합 방식에 차이가 있을 뿐이다. 결합의 방식이 모양을 결정하고 성격을 부여한다.

분자의 결합 방식은 동일하지만 결합된 원자의 방향이 달라 성질이 바뀌는 경우도 있다. 임신 중 입덧을 줄이는 데 효과적이었던 탈리도마이드와 달리 탈리도마이드의 거울상 이성질체는 본래의 효능이 아닌 혈관 생성을 억제하는 부작용이 있다. 거울상 이성질체는 종이 한쪽에 물감을 바르고 반으로 접어 만든 데칼코마니의 형상과 같이 두 분자가 거울을 마주 본 듯한 모양으로 닮아 있다. 그러니 구조는 같은데 방향이 다른 경우다. 입덧을 진정하는 데 효과적인 탈리도마이드 R형은 'ㅏ'의 구조라면 반대로 태아에게 갈 영양분을 억제한 탈리도마이드 S형은 'ㅓ' 구조다. 한 끗 차이지만 완전히 다른 성질을 유발하는 것이 분자 세계이고 그만큼 복잡하다.

MOF는 거울 방에 들어가 양팔을 벌린 '내'가 규칙적으로 나타나는 모습 그대로 반복해 결정화를 이루고 있다. 창호와 벽체, 배선 등이 들어간 하나의 주택을 모듈로 해서 쌓아 올리는 중고층 모듈러 주택과 비교해 생각해보면 된다. 구조체의 가장 기본적인 단위가 만들어지면 대칭을 이루며 자기 조립을 이어간다. 똑같은 모양이 반복해 나아가며 위아래, 양옆으로 이어 붙는 꼴이다. MOF-5의 경우 정육면체의 기본 입방 격자를 갖추고 있다. Zn_4O 클러스터가 점이라면 점을 연결하는 유기 분자 BDC(벤젠디카르복실산)로 큐브를 이룬다. 이러한 큐브가 계속해서 연결되어 있으니 어릴 적 놀이터에 있던 정글짐을 닮았다. 이렇게 높은 대칭성으로 연결된 구조를 취하는 분자들을 연구하는 학문이 망상화학Reticular Chemistry이다. 2025년 노벨화학상은 망상화학이 현대 과학기술에 끼친 영향력을 인정해 3명의 인물 롭슨Richard Robson, 스스무北川進, 야기Omar M. Yaghi에게 영예를 안겼다.

롭슨은 1980년대 후반 원자 대신 이름만 들어도 기다랗게 느껴지는 시아노계 유기 분자4',4'',4''',4-tetracyanotetraphenylmethane를 이용해 구리 이온과 결합시켜 내부가 뻥 뚫린 분자 구조를 창안했다. 그가 만든 분자 구조체는 다이아몬드를 모방해 만들었고 구조물로 인해 생긴 넓은 공간으로 다른 물질이 드나들 수 있다는 사실을 밝혔다. 롭슨이 이러한 모델을 제시했을 때 대부분이 무질서한 분자 결합이 일어날 것이라 예상했지만 보기 좋게 빗나갔다. 스스무는 보다 다양한 다공성 구조를 합성했고 기체가 자유롭게 흡착되고 탈착되는 현상에 주목했다. 합성 과정에서 구조가 붕괴되는 현상을 해결한 것도 성과였다.

인공지능 시대의 망상화학

앞서 설명한 MOF-5를 설계해 제조한 야기 교수는 망상화학의 문을 활짝 열어젖힌 장본인이다. 그는 설계한 대로 조립 가능한 분자 구조체를 만들기 위해 집중했고 초창기 그가 합성한 MOF는 수소 담지체로서 각광받았다. 기체인 수소 가스를 온도를 낮추거나 압축하지 않고 MOF에 담아 손쉽게 이동할 수 있는 기술이다. 탄소나노튜브나 그래핀, 나노 입자와 함께 나노기술의 대표적인 성과로 인정받았다. 2024년 그는 또 하나의 연구 결과로 세계적 관심을 이끌었다. MOF의 개념을 이어 COFCovalent Organic Framework를 개발했는데 이산화탄소 포집에 굉장한 효과를 보였기 때문이다. COF는 공유결합으로 이루어진 다공성 유기 골격체로, 무기물인 금속이온이 빠진 자리에 유기물을 채워 만든 물질이다. 배위결합이 큰 범위에서 공유결합의 일종이라 전자를 주고받는 화학적 원리로 따지면 말 그대로 유기 분자끼리 전자를 공유해 결합한 구조다.

야기 교수가 제조한 COF-999는 이산화탄소를 흡착하고 탈착하는 성능이 뛰어난 물질이다. MOF-5가 수소담지체로 각광받았을 때도 다시 수소 가스를 내뱉는 과정에서 구조가 붕괴되거나 많은 에너지가 필요한 역설적 상황이 발생했다. 그만큼 흡착과 탈착은 어려운 에너지 관계에 있다. 꽉 잡아두는 것도 문제고 그렇다고 엉성하게 결합해 있는 상태도 문제인 것이다. 그러나 COF-999는 화학적으로 안정된 결합으로 이산화탄소를 묶어두지만 모아둔 이산화탄소를 빼낼 때는 섭씨 60도의 비교적 낮은 온도를 주어도 쉽게 탈착하는 현상을 보였다. 이러한 반응을 100회 이상 반복했을 때도 유기분자 구조체가 멀쩡하게 버텼으므로 재사용율이 꽤 높은 편이었다.

야기 교수는 근래 MOF나 COF의 설계에 인공지능을 활발하게 활용하는 것으로 알려졌다. 분자 구조 설계의 복잡성을 극복하는 데 인공신경망 기반의 대규모 언어 모델LLM을 시용히고 있다. 그는 현재까지 알려진 LLM 모델 중 일부를 선정해 망상화학에 적용하고자 한다. 세상에 펼쳐진 엄청난 규모의 자료를 수집하고 정리해 망상화학을 위한 구조화된 데이터를 구축하고 있다. 가령 합성 조건에 해당하는 온도, 압력, 농도, 첨가제 등에 따라 나타나는 분자 구조라든지 엑스선 회절 분석과 같은 결과를 놓고 설계를 재구성하는 방법이다. MOF나 COF를 목적에 맞게 설계하고 제조해야 하므로 LLM이 인식할 수 있는 구체적인 지침을 명확하게 하는 과정도 필수다. 최적의 조건을 찾아 새로운 분자 구조체를 제시하는 데 LLM이 쓰이고 있는 것이다.

어찌 보면 전통적으로 실험의 실패를 반복하며 나아갔던 연구가 목표에 따라 사전에 디자인되어 제조하는 방식으로 변화 중이다. 우연의 반복보다는 필연의 반복으로 훨씬 거대한 경우의 수를 포착하는 데 초점이 맞추어져 있다. 2025년 노벨화학상은 망상화학을 개척한 화학자들의 공로를 인정하면서도 이를 통해 변화하는 화학의 모습을 어렴풋이 보여주는 듯하다. 2024년 노벨화학상이 인공지능 시스템의 단백질 구조 예측과 관련된 수상이었다는 점에서 화학의 미래가 그려진다. 점점 더 까다롭고 난해하며 복잡한 화학이 인공지능이라는 도구로 어떤 방식으로 거듭나게 될지 지켜볼 일이다. 물론 망상화학 역시 대기오염 방지 기술과 수소 저장과 같은 신기술과 접목해 어떻게 발전할지 기대가 크다.

양자 컴퓨터와 양자 터널링

정광훈　　　　　　　　　　　　　2025 노벨물리학상

양자 터널링과 획기적인 실험들

　　2025년 노벨물리학상은 존 클라크John Clarke, 미셸 H. 데보레 Michel H. Devoret, 존 M. 마르티니스John M. Martinis에게 돌아갔다. 이들은 일련의 실험을 통해 양자 세계의 독특하고 기묘한 특성이 충분히 큰 시스템에서도 나타날 수 있음을 입증했다. 그들이 개발한 초전도 전기 시스템은 마치 벽을 통과하듯, 한 상태에서 다른 상태로 터널링tunneling할 수 있다. 또한 양자역학이 예측한 대로 시스템이 불연속적인 에너지준위의 에너지만 흡수하거나 방출한다는 사실도 보여주었다.

　　양자역학은 매우 작은 단일 입자 수준에서 중요한 특성을 보인다. 이런 현상은 양자물리학에서 '미시적 현상'이라 부르며, 광학현미경으로 볼 수 있는 범위보다 훨씬 작은 세계에서 일어난다. 이는 여러 입자로 이루어진 거시적 현상과는 대조적이다. 예를 들어, 우리가 흔히 던지는 공은 셀 수 없이 많은 분자로 이루어져 있어 양자역학적 효과는 거의 나타나지 않는다. 그래서 공을 벽에 던지면 언제나 다시 튀어 돌아온다는 것을 우리는 잘 안다. 하지만 단일 입

⁞ 공을 벽에 던지면 공이 다시 튕겨 나온다고 확신할 것이다. 그런데 만약 공이 단단한 벽을 그대로 통과해 반대편에 나타난다면 매우 놀랄 것이다. 이것이 바로 양자물리학이 직관적으로 이해하기 어려운 이유다.

자는 미시 세계에서 같은 장벽을 통과해 반대편에 나타날 수 있다. 이러한 현상을 바로 '양자 터널링Quantum Tunneling'이라고 한다.

    2025년 노벨물리학상은 많은 입자를 포함한 거시적 규모의 시스템에서 양자 터널링이 실제로 일어날 수 있음을 보여준 실험에 대해 수여되었다. 1984년과 1985년, 존 클라크, 미셸 데보레, 존 마르티니스는 미국 캘리포니아대학 버클리 캠퍼스에서 일련의 실험을 수행했다. 그들은 전기저항 없이 전류가 흐를 수 있는 2개의 초전도체로 구성된 전기회로를 만들고, 그 사이를 전류가 통하지 않는 얇은 절연층으로 분리했다. 이 실험을 통해 초전도체 내부의 모든 하전 입자가 마치 회로 전체를 채우는 하나의 거대한 입자처럼 동시에 움직일 수 있다는 사실을 관찰하고 제어할 수 있음을 보여주었다.

    이 입자 같은 시스템은 영전압에서 전류가 흐르는 상태, 즉 탈출할 만큼의 에너지가 부족한 상태에 머물러 있었다. 하지만 연구진은 이 상태에서 터널링이 일어나 전압이 생성되는 과정을 실험으로 확인함으로써 시스템의 양자적 특성을 보여주었다. 또한 이 시스템이 특정한 양의 에너지만 흡수하거나 방출한다는 사실을 밝혀내, 이 회로가 양자화되어 있음을 증명했다.

처음에는 전압이 전혀 없는 상태였다. 마치 꺼진 스위치가 앞으로 움직이지 못하도록 막혀 있는 상황과 같다. 양자역학의 영향이 없다면 이 상태는 변하지 않을 것이다. 그러나 갑자기 전압이 나타났고, 이는 스위치가 장벽을 넘어서 계속 움직이는 것과 같은 현상이다. 이것이 바로 실험에서 관측된 거시적 양자 터널링이다.

터널과 건널목

상대성이론과 함께 양자물리학은 현대 물리학의 근간이다. 지난 한 세기 동안 수많은 연구자가 그 의미를 깊이 탐구해왔다. 개별 입자의 터널링은 오래전부터 알려져 있었다. 1928년 물리학자 조지 가모프George Gamow는 일부 무거운 원자핵이 특정한 방식으로 붕괴하는 이유를 터널링 현상으로 설명했다. 핵력의 상호작용은 입자들이 빠져나가지 못하도록 장벽을 형성하지만, 가끔은 원자핵의 작은 조각이 이 장벽을 통과해 외부로 빠져나가기도 한다. 이 과정이 바로 방사성붕괴다. 터널링이 없었다면 이런 붕괴는 일어나지 않았을 것이다. 이 현상은 방사성 연대 측정, 의료 진단 및 치료 등 다양한 분야에 응용되고 있다.

터널링은 양자역학적 과정이며, 우연성과 확률이 중요한 역할을 한다. 일부 원자핵은 장벽이 높고 두꺼워 오랜 시간이 걸리지만,

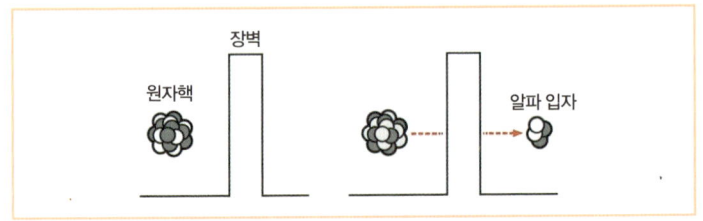

↑ 물리학자들은 거의 100년 전부터 특정한 핵붕괴(예를 들어 알파 붕괴)에 터널링이 필수적이라는 것을 알고 있었다. 원자핵의 작은 조각이 분리되어 밖으로 빠져나온다.

다른 핵은 비교적 쉽게 붕괴할 수 있다. 단일 원자만 보면 언제 이런 일이 일어날지 예측할 수 없지만, 같은 종류의 핵을 여러 개 관찰하면 터널링이 일어나기까지 걸리는 평균 시간을 측정할 수 있다. 이때 사용되는 개념이 바로 반감기다. 즉, 시료 속 핵의 절반이 붕괴하는 데 걸리는 시간이다.

물리학자들은 2개 이상의 입자가 함께 터널링할 수 있을지도 궁금해했다. 일부 물질을 극저온까지 냉각시키자 완전히 새로운 형태의 터널링 현상이 나타났다. 일반 전도체에서는 전자들이 원자 사이를 자유롭게 이동하며 전류를 흐르게 하지만, 그 과정에서 원자에 부딪히며 저항이 생기고 에너지가 열로 손실된다. 반면, 초전도체에서는 전자들이 '쿠퍼쌍Copper pair'이라는 짝을 이루어 전혀 다른 방식으로 움직인다. 이 쌍은 개별 전자와 달리 서로 강하게 연관되어 마치 하나의 새로운 입자처럼 행동한다.

이들은 재료 전체에 걸쳐 하나의 양자 파동함수로 표현되며, 완벽하게 조화를 이루며 춤추듯 저항 없이 전류를 흐르게 한다. 레온 쿠퍼Leon Cooper, 존 바딘John Bardeen, 존 로버트 슈리퍼John Robert Schrieffer가 제시한 이 이론은 세 사람의 이름을 따 BCS 이론이라 부른

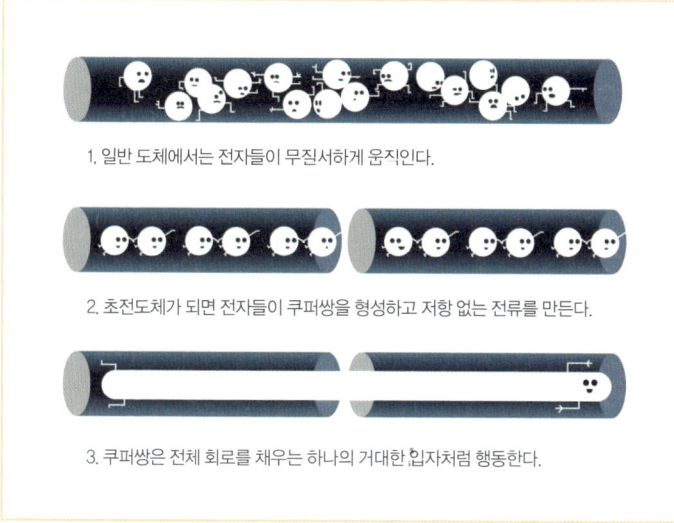

1. 일반 도체에서는 전자들이 무질서하게 움직인다.

2. 초전도체가 되면 전자들이 쿠퍼쌍을 형성하고 저항 없는 전류를 만든다.

3. 쿠퍼쌍은 전체 회로를 채우는 하나의 거대한 입자처럼 행동한다.

일반 도체에서는 전자들이 무질서하게 움직이며 원자와 뒤섞인다. 그러나 초전도체가 되면 전자들이 쿠퍼쌍을 형성하고, 이들이 저항이 없는 전류를 만들어낸다. 그림 2번의 간격은 '조셉슨 접합'을 나타낸다. 쿠퍼쌍은 전체 회로를 채우는 하나의 거대한 입자처럼 행동하며, 양자역학은 이를 하나의 공유된 파동함수로 설명한다. 이 파동함수의 특성이 바로 수상자들의 실험에서 핵심적인 역할을 했다.

다(1972년 노벨물리학상 수상). 이 파동함수는 시스템이 특정한 상태로 관측될 확률을 설명한다.

한 가지 덧붙이자면 두 초전도체를 얇은 절연층으로 연결하면 '조셉슨 접합Josephson junction'이 만들어지는데, 이는 이론적 계산을 수행한 브라이언 조셉슨Brian Josephson의 이름에서 따왔다(1973년 노벨물리학상). 그는 접합부 양쪽의 파동함수를 고려했을 때 놀라운 현상이 일어난다는 사실을 발견했다. 조셉슨 접합은 자기장과 물리상수의 정밀 측정 등 다양한 응용 분야로 이어졌으며, 양자물리학의 기초를 새롭게 탐구할 수 있는 도구로 발전했다. 이 구조를 이론적으로 연구해 거시적 양자 터널링 개념을 확립한 앤서니 레깃Anthony Leggett은 2003년 노벨물리학상을 받았다.

거시적 양자 터널링 실험의 시작

'거시적 양자 터널링' 주제는 존 클라크의 연구 관심사와 완벽히 맞아떨어졌다. 그는 1968년 영국 케임브리지대학에서 박사 학위를 받은 뒤 미국 캘리포니아대학 버클리로 이주해 교수가 되었다. 버클리에서 그는 연구 그룹을 꾸려 초전도체와 조셉슨 접합을 이용해 다양한 현상을 탐구하는 데 주력했다. 1980년대 중반, 미셸 데보레는 파리에서 박사 학위를 마친 후 존 클라크의 연구 그룹에 박사후 연구원으로 합류했다. 그 그룹에는 당시 박사과정 학생이던 존 마르티니스도 있었다.

이들은 함께 거시적 양자 터널링을 실험적으로 증명하기 위한 도전에 나섰다. 모든 외부 간섭을 차단하고 제어하기 위해 극도로 세심한 주의와 정밀한 측정이 필요했다. 그들은 결국 회로의 모든 특성을 완벽하게 이해하고 세밀하게 조절할 수 있었다. 이 과학자들은 조셉슨 접합부에 약한 전류를 흘려보내고, 회로의 전기저항에 대응하는 전압을 측정했다. 예상대로 초기 전압은 0이었다. 이는 시스템의 파동함수가 전압이 없는 상태로 안정되어 있었기 때문이다. 이후 시스템이 이 상태를 벗어나 전압이 생길 때까지 걸리는 시간을 측정했다. 양자역학의 특성상 확률이 개입하기 때문에 수많은 데이터를 통계적으로 분석하여 영전압 상태가 지속되는 평균 시간을 구했다. 이 방식은 원자핵 반감기를 통계적으로 측정하는 방식과 유사하다.

터널링 현상은 쿠퍼쌍이 동기화된 하나의 입자처럼 움직이는

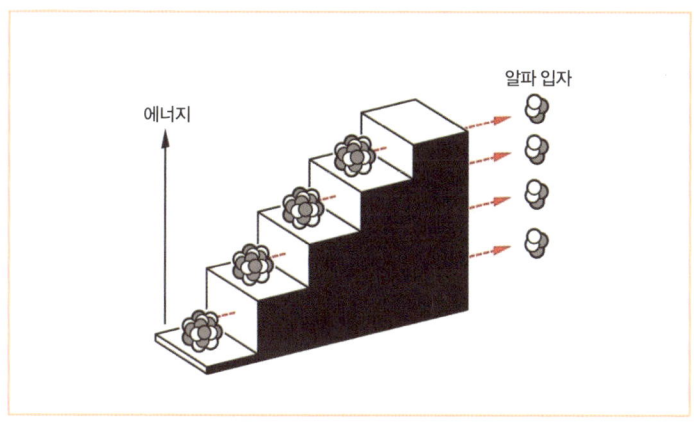

장벽 뒤의 양자 시스템은 여러 에너지 상태를 가질 수 있지만, 특정한 양의 에너지만 흡수하거나 방출한다. 즉, 시스템은 양자화되어 있다. 터널링은 낮은 에너지 상태보다 높은 에너지 상태에서 더 쉽게 일어나기 때문에, 에너지가 큰 시스템일수록 짧은 시간 안에 포획 상태를 벗어난다.

모습을 보여주었다. 연구진은 시스템의 에너지 수준이 정량화되어 있음을 추가로 확인했다. 양자역학이라는 이름 자체가 '에너지가 불연속적인 양자 단위로 존재한다'는 사실에서 비롯되었다. 그들은 다양한 주파수의 마이크로파를 시스템에 가했으며, 일부 파장은 흡수되어 시스템의 에너지 수준을 높였다. 즉, 에너지가 커질수록 영전압 상태가 지속되는 시간이 짧아졌다. 이는 양자역학이 예측한 그대로의 결과이며, 미시 입자들이 장벽 뒤에서 에너지를 얻는 방식과 동일하다.

　　이 실험은 양자역학에 대한 이해에 깊은 영향을 미쳤다. 다른 거시적 양자 현상들(예를 들어 레이저, 초전도체, 초유체)은 많은 미시적 입자가 개별적으로 가진 양자 특성이 모여 나타나는 결과였다. 그러나 이번 실험은 그 반대로, 거시적 시스템 자체가 하나의 양자 상태로 작동한다는 사실을 보여주었다. 즉, 수많은 입자가 하나의 공통 파동함수를 공유하며 거시적 효과(전압)를 만들어낸 것이다.

　　이론가 앤서니 레깃은 이 시스템을 슈뢰딩거의 고양이 사고실험에 비유했다. 그 실험에서 상자 안의 고양이는 우리가 관찰하기 전까지는 살아 있으면서 동시에 죽어 있을 수도 있다. (에르빈 슈뢰딩거는 1933년 노벨물리학상 수상자다.) 슈뢰딩거는 양자역학의 특성이 기시적 규모에서는 사라진다는 점을 풍자하기 위해 이 사고실험을 고안했다. 실제 고양이의 생사처럼 거시적 특성은 양자 중첩 상태로 유지될 수 없다. 하지만 레깃은 클라크, 데보레, 마르티니스가 실험을 통해, 거대한 수의 입자가 양자역학이 예측하는 방식으로 움직일 수 있음을 보여줬다고 평가했다. 수십억 개의 쿠퍼쌍으로 이루어진 시스템은 여전히 고양이보다는 훨씬 작지만, 그 전체가 하나의 양자 상태로 작동한다는 점에서 양자물리학자들에게는 '슈뢰딩거의 고양이'와 매우 흡사한 사례다.

　　이런 거시적 양자 상태는 입자의 미시적 세계를 연구하는 새로운 가능성을 열었다. 이 회로는 마치 케이블과 소켓으로 연결 가능한 인공 원자처럼 작동하며, 다른 양자 시스템을 시뮬레이션하거나 새로운 양자 기술을 개발하는 데 활용될 수 있다. 특히 존 마르티니스는 이후 이 원리를 활용해 양자 컴퓨터 실험을 진행했다. 그는 자신과 두 동료가 증명한 에너지 양자화를 바탕으로, 양자화된 상태를 정보 단위로 사용하는 회로를 설계했다.

　　가장 낮은 에너지 상태와 첫 번째 들뜬 상태를 각각 0과 1로 정의했다. 이러한 초전도 회로는 미래의 양자 컴퓨터를 구현하기 위한 핵심 기술로 주목받고 있다. 터널링의 특징을 관찰하는 것뿐 아니라, 거시적 양자 상태가 여러 다른 에너지 상태에 존재한다는 것은 본질적으로 자체 분광 구조를 가진 원자나 핵의 거시적 버전이다. 세 사람이 거시적 양자 터널링을 관찰하기 위해 개발한 노이즈 제어 기술과 조셉슨 접합이 거시적 다단계 양자 시스템으로 기능할 수 있다는 사실은 초기 양자 컴퓨터의 기초가 되는 초전도 양자 비트(큐비트)의 개발로 이어졌다.

왜 거시적 터널링이어야 하는가?

반도체와 메모리 소자에서 쓰이는 터널링은 주로 개별 전자가 얇은 장벽을 확률적으로 통과하는 미시적 현상으로, 전하를 넣고 빼거나 전류-전압 특성을 만드는 데 활용된다. 이때 정보는 저장 전하와 임계 전압 같은 연속 물리량을 임계값으로 판정해 0과 1로 정하는 고전적 방식이며, 결맞음이나 얽힘 같은 양자적 성질은 연산에 거의 사용되지 않는다. 따라서 미시적 터널링만으로도 일반 컴퓨팅과 메모리에는 충분하지만, 양자 연산을 수행하기 위한 조건인 에너지준위, 장시간 결맞음, 얽힘의 정밀 제어 등은 충족되지 않는다.

설령 미시적 터널링이 양자 상태에서 구현된다 해도, 그 상태를 오래 유지하고(결맞음 유지), 원하는 방식으로 조걸하며(선덱직 진이·게이트), 신뢰성 있게 관측하는 일은 매우 어렵다. 상온과 일반 반도체 소자 환경에서는 위상 정보가 빠르게 소실되고, 연속적인 밴드 구조에서는 두 준위를 뚜렷하게 분리해 선택적으로 이동하기가 힘들다. 또한 다수의 반도체 소자를 동시에 연결해 얽힘을 만들고 높은 얽힘 게이트(연산)를 반복 실행하려면 비선형성이 충분히 강해야 하며, 잡음을 체계적으로 억제할 수 있어야 하는데 일반적인 미시적 터널링만으로는 이를 만족시키기 어렵다.

초전도 회로에서 나타나는 거시적 터널링은 이러한 한계를 넘어선다. 극저온, 저잡음 환경에서 전자들이 쿠퍼쌍으로 응집해 하나의 집단 파동함수로 행동하면, 회로 자체가 에너지준위를 가진 '인공 원자'처럼 동작한다. 이 상태는 마이크로파로 정밀하게 구동해 0과 1 사이의 전이를 선택적으로 일으키고, 그 중첩의 진폭과 위상을 설계해 간섭 효과를 만들며, 여러 큐비트 사이의 얽힘까지 구현할 수 있다. 무엇보다 이런 과정을 칩 위에서 측정 가능하고, 반복적으로 재현할 수 있어, 양자 연산에 필요한 결맞음, 이산성, 제어성을 한 플랫폼에서 동시에 충족시킨다.

2025년 노벨물리학상은 거시적 터널링의 입증에 주어졌지만, 만약 미시적 터널링을 이용한 시스템에서 동일한 수준의 성과인 장시간 결맞음, 이산 준위 제어, 안정적 얽힘, 재현 가능한 시스템을 달성한다면, 그 업적이 더 뛰어난 것으로 평가될 수 있다. 미시적 세계에서는 양자 상태의 조절과 관측이 본질적으로 더 까다롭기 때문이다. 실제로 이러한 방향의 연구는 단일 스핀, 양자점, 중성원자, 이온 큐비트 등 다양한 플랫폼을 통해 활발히 진행 중이며, 향후 결맞음 유지와 대규모 집적, 오류 정정 임계 돌파가 이루어진다면 또 하나의 결정적 이정표가 될 것이다.

즉, 2025년의 노벨물리학상 수상자들은 물리학 실험의 실질적 발전뿐 아니라, 양자 세계에 대한 이론적 이해를 한층 넓히는 데 결정적인 기여를 했다.

성장의 씨앗은 우리 안에 있다

고준현　　　　　　　　　　　　　　　　2025 노벨경제학상

2025년 노벨경제학상은 조엘 모키르Joel Mokyr, 필리프 아기옹 Philippe Aghion, 피터 하윗Peter Howitt, 이 3명의 학자에게 돌아갔다. 이 셋은 경제가 단순히 자본과 노동의 축적으로 성장하지 않는다는 사실, 즉 '성장은 외부의 선물이 아니라 내부의 창조적 에너지로부터 자라난다'는 진리를 밝혀냈다.

네덜란드 태생의 경제사학자 조엘 모키르는 역사 속에서 찾은 성장의 조건을 말한다. 기술의 발전이 우연히 찾아오는 번개 같은 일이 아니라 지식과 제도의 축적 속에서 서서히 피어나는 문화적 사건임을 강조했다.

기술혁신은 단지 도구의 발명이 아니라, '이해의 체계'가 확장되는 일이다.

과학 지식이 이론을 벗어나 산업 현장과 맞닿은 '유용한 지식useful knowledge'으로 변할 때 비로소 경제가 성장할 수 있다고 설명한다. 그의 저서 《성장의 문화A Culture of Growth》에서는 근대 유럽이 산업

혁명을 이룬 이유를 '지식 교환과 경쟁을 장려한 문화'에서 찾는다. 즉, 아이디어가 자유롭게 오가고 서로 다툴 수 있는 사회가 가장 빠르게 성장한다는 것이다. 모키르의 연구는 신고전학파 성장론이 간과했던 '지식의 내생성'을 역사적 맥락 속에서 생생하게 보여주었다는 평가를 받는다.

> 아이디어는 공기처럼 흩어지지만, 그것을 포착할 수 있는 문화와 제도가 있을 때만 경제는 숨을 쉰다.

프랑스의 필리프 아기옹과 캐나다의 피터 하윗은 조지프 슘페터 Joseph Alois Schumpeter의 '창조적 파괴 creative destruction'를 처음으로 수학적·이론적으로 정식화했다. 슘페터는 "자본주의는 끊임없는 혁신을 통해 스스로를 파괴하고 재창조하는 존재"라고 했고, 그 빈칸을 메운 이들이 바로 아기옹과 하윗이다. 그들의 1992년 논문에서, 경제 성장률은 새로운 아이디어가 얼마나 자주 등장하느냐와 그 아이디어가 얼마나 생산성을 끌어 올리느냐에 달려 있다고 했다. 아기옹-하윗 모형의 중요한 점은 기존 기술을 대체하는 혁신의 연속 과정을 '창조적 파괴'로서 경제 전체의 성장 메커니즘 안에 녹여넣었다는 데 있다.

이 모델에서는 새로운 기업이 더 나은 기술로 기존 기업을 대체하며, 그 독점이윤이 다시 연구개발 투자로 이어져 다음 혁신을 불러온다. 혁신이 자주 일어나고, 혁신의 질이 높을수록 경제는 더 빠르게 성장한다. 아기옹 교수는 자신의 저서《창조적 파괴의 힘 The Power of Creative Destruction》에서 이 이론을 현실의 정책과 연결한다. 그는 "파괴는 두렵지만, 그것이 없으면 진보도 없다"고 말하며, 혁신이 만들어내는 불균형과 고통을 관리하면서 사회 전체의 생산성을 끌어 올리는 방법을 제시한다. 즉, 혁신을 억누르는 것이 아니라 안전하게 포용하는 제도가 필요하다는 것이다.

이제 경제성장 이론의 계보를 따라가 보자. 《2025 미래 과학 트렌드》에서 소개한 바와 같이 과거의 주류 경제학 이론은 경제성장의 원동력인 토지, 노동, 자본은 모두 자원이 '한정적'이고 투입 대비 생산은 점점 줄어드는 특성(수확체감收穫遞減의 법칙)을 가진다고 보았다. 따라서 지속적인 장기적 경제성장은 비관적이다. 그래서 경제는 호경기와 불경기로 변동은 하지만 지속적으로 발전하기는 어렵다고 보았다.

이런 관점을 계승한 신고전학파 경제학은 기술 진보는 외부에서 '주어지는 것'으로 자본 축적만으로는 성장에 한계가 있다고 여겼다. 그런데 슘페터는 기술은 기업가의 혁신과 경쟁 속에서 내부적으로 만들어지며, 창조적 파괴가 자본주의의 심장이라고 생각했다. 그리고 2018년에 노벨경제학상을 수상한 폴 로머Paul Michael Romer 교수는 아이디어는 외부의 선물이 아니라, 사람들의 지식 축적과 연구 인센티브 속에서 자라나고, 이는 수확체증(!)을 이뤄낸다는 내생적 성장론을 소개한 바 있다. 그리고 아기옹-하윗 교수는 그들의 모형에서 '슘페터의 직관을 수학으로 옮겨' 내생적 혁신의 빈도와 강도를 수식으로 표현해 성장의 메커니즘을 정량적으로 보여주었다.

그리고 모키르의 연구는 아기옹-하윗 모델에 숨결을 불어넣는다. 수학적 모델이 '혁신이 경제성장을 만든다'고 말한다면, 모키르는 '그 혁신이 자라나는 토양은 문화와 제도다'라고 말한다. 혁신을 장려하는 사회는 실패를 용납하고, 지식의 공유를 장려하며, 새로운 세대가 낡은 관념을 깨뜨릴 수 있도록 허용한다.

2025년 노벨경제학상은 단지 과거의 연구에 대한 찬사가 아니다. 오늘날 인공지능, 기후기술, 바이오, 디지털 전환 등 우리가 마주한 거의 모든 변화의 근본에도 이 세 학자의 통찰이 깃들어 있다. 혁신은 저절로 오지 않는다. 연구와 교육, 제도와 문화가 함께 만들어야 한다. 성장은 파괴를 동반한다. 낡은 산업의 퇴장은 아프지만, 그 빈자리를 새로운 기술이 메울 때 사회는 다음 단계로 나아갈 수 있다는 것이다.

　　여기에서 정책의 역할은 '환경 조성자'다. 정부가 혁신을 직접 만드는 것은 어렵지만, 혁신이 피어날 토양을 조성할 수는 있다. 신고전학파의 안정된 균형에서 슘페터의 창조적 파괴로, 로머의 아이디어 경제로, 그리고 2025년 노벨경제학상의 모키르와 아기옹-하윗으로 이어진 여정은 "성장은 정적이지 않다"는 명제로 귀결된다. 그리고 그 성장은 과학기술이 만들어낸 창조적 파괴로 만들어진다. 경제는 살아 있는 생태계다. 그 안에서 아이디어가 피고 지며, 낡은 나무가 쓰러진 자리에 새싹이 돋는다. 2025년 노벨경제학상의 핵심은 이렇다.

　　성장은 외부의 축복이 아니라, 인간이 스스로 만들어낸 창조의 연쇄다.

참고 자료 및 그림 출처

참고 자료

CHAPTER 1. 생명과학

| 식물의 시간과 저속노화 |

Harmer, S. L., Panda, S., & Kay, S. A. (2000). "Orchestrated transcription of key pathways in Arabidopsis by the circadian clock". *Science*, 290(5499), 2110-2113

McClung, C. R. (2006). "Plant circadian rhythms". *The Plant Cell*, 18(4), 792-803

Pokhilko, A., Fernandez, A. P., Edwards, K. D., Southern, M. M., Halliday, K. J., & Millar, A. J. (2012). "The clock gene circuit in Arabidopsis includes a repressilator with additional feedback loops". *Molecular Systems Biology*, 8(1), 574

Kim, J., & Somers, D. E. (2019). "FIONA1 is essential for maintaining circadian rhythms and flowering time in *Arabidopsis thaliana*". *Proceedings of the National Academy of Sciences*, 116(26), 13187-13194

Takahashi, J. S. (2017). "Transcriptional architecture of the mammalian circadian clock". *Nature Reviews Genetics*, 18(3), 164-179

Partch, C. L., Green, C. B., & Takahashi, J. S. (2014). "Molecular architecture of the mammalian circadian clock". *Trends in Cell Biology*, 24(2), 90-99

Bass, J., & Takahashi, J. S. (2010). "Circadian integration of metabolism and energetics". *Science*, 330(6009), 1349-1354

Roenneberg, T., & Merrow, M. (2016). "The circadian clock and human health". *Current Biology*, 26(10), R432-R443

Kondratova, A. A., Kondratov, R. V., & Antoch, M. P. (2019). "Circadian clock proteins and aging: The role of BMAL1 in senescence and longevity". *Aging Cell*, 18(1), e12860

Pagano, E. S., Foa, V., & Ochoa, E. L. M. (2018). "Circadian rhythms, aging, and the biological clock: Implications for human health". *Frontiers in Aging Neuroscience*, 10, 184

Hatori, M., & Panda, S. (2015). "Response of peripheral circadian clocks to nutrition and exercise". *Nature Reviews Endocrinology*, 11(3), 145-155

안철우, 《젊음은 나이가 아니라 호르몬이 만든다》, 피카라이프, 2025

과학기술부, 〈식물의 생체시계 조절 유전자 규명〉, 대한민국 정책브리핑, 2008년 2월 26일 자

기초과학연구원(IBS), 〈봄 타는 식물, 꽃 피우는 비밀〉, 궁금할 때 펼쳐보는 과학지식백과, 2017년 5월 26일 자

〈포스텍 남홍길 교수팀, 꽃의 개화시기를 조절하는 유전자 발견〉, 《포항공대신문》, 2008년 3월 5일 자

| 인공 혈액 도전기 |

김진화, 〈점점 줄어드는 헌혈량… 인공혈액, 인류에 '새로운 피' 수혈할까〉, 《동아사이언스》, 2024년 9월 15일 자

최지원, 〈"피가 모자라"… 뜨는 33조 시장, 인공혈액 개발 전쟁〉, 《동아일보》, 2024년 7월 10일 자

Kim Hyun-bin, "Korea faces declining blood donors amid low birthrate, aging population", *The Korea Times*, Apr 7, 2025

김은하, 〈"혈액 구합니다" 방송 자막 이제 사라질지도… 보라색 '인공피' 나왔다〉, 《이시아경제》, 2024년 7월 6일 자

김민수, 〈2030년대 국내서 수혈용 인공혈액 대량 생산한다〉, 《동아사이언스》, 2021년 7월 29일 자

나홍식, 〈ABO·MNS·Kell… 인간 혈액형은 44가지〉, 《조선일보》, 2023년 8월 23일 자

Hélène Lapillonne, et al. (2010). "Red blood cell generation from human induced pluripotent stem cells: perspectives for transfusion medicine". *haematologica*, 95(10), 1651-1659

Ladan Kobari, et al. (2012). "Human induced pluripotent stem cells can reach complete terminal maturation: in vivo and in vitro evidence in the erythropoietic differentiation model". *Haematologica*, 97(12), 1795-180

Jaichandran Sivalingam, et al. (2020). "A Scalable Suspension Platform for Generating High-Density Cultures of Universal Red Blood Cells from Human Induced Pluripotent Stem Cells". *Stem Cell Reports*, 16(1), 182-197

Hiroshi Azuma, et al. (2022). "First-in-human phase 1 trial of hemoglobin vesicles as artificial red blood cells developed for use as a transfusion alternative". *Blood Advances*, 6(21), 5711-5715

Manxu Zhao, et al. (2024). "Perfluorocarbon-based oxygen carriers:

What is new in 2024?" *Journal of Anesthesia and Translational Medicine*, 3(1), 10-13

R. K. Spence, et al. (1990). "Fluosol DA-20 in the treatment of severe anemia: randomized, controlled study of 46 patients". *Clinical Trial*, 18(11), 1227-1230

"고령화로 인한 혈액 부족 쇼크, 인공혈액으로 막을 겁니다-김미래 과학동아 기자." 손에잡히는경제, 2025년 11월 7일, url: https://www.youtube.com/watch?v=gCDJdk6sluY

"[뉴스G] 피의 역사, 수혈." EBS뉴스, 2025년 11월 7일, url: https://www.youtube.com/watch?v=0zWBc9-9JFI

"상처의 위험성." 구로보건소, 2025년 11월 7일, url: https://www.guro.go.kr/health/contents.do?key=1456

"대체 혈액." 위키백과, 2025년 11월 7일, url: https://ko.wikipedia.org/wiki/%EB%8C%80%EC%B2%B4_%ED%98%88%EC%95%A1

"유도만능줄기세포." 위키백과, https://w.wiki/F68c

"Rh식 혈액형." 위키백과, 2025년 11월 7일, url: https://ko.wikipedia.org/wiki/Rh%EC%8B%9D_%ED%98%88%EC%95%A1%ED%98%95

"연증." 위키백과, 2025년 11월 7일, url: https://ko.wikipedia.org/wiki/%EC%97%B0%EC%B8%B5

"Fluosol." Wikipedia, Nov 7, 2025, url: https://es.wikipedia.org/wiki/Fluosol?utm_source=chatgpt.com

"세포기반인공혈액기술개발사업단." 2025년 11월 7일, url: https://kcabp.com/

| 종자가 미래를 구하는 방법 |

Ola T. Westengen, Simon Jeppson, Luigi Guarino. (2013). "Global Ex-Situ Crop Diversity Conservation and the Svalbard Global Seed Vault: Assessing the Current Status." *PLOS ONE*, 8(5), e64146

Royal Botanic Gardens, Kew. (2023). *State of the World's Plants and Fungi 2023*

"Svalbard Global Seed Vault: Safeguarding Seeds for the Future." Svalbard Global Seed Vault, Nov 7, 2025, url: https://www.seedvault.no

"국립백두대간수목원." 2025년 11월 7일, url: https://www.bdna.or.kr

"디지털함안문화대전." 2025년 11월 7일, url: https://haman.grandculture.net/haman

| 기생벌과 내일의 농업 |

"Biocontrol Agents Market Size, Share and Growth Report, 2024-2032." Global Market Insights, Nov 7, 2025, url: https://www.gminsights.com/industry-analysis/biocontrol-agents-market

Simone Häberle, Marguerita Schäfer, Raül Soteras, Héctor Martínez-Grau, Irka Hajdas, Stefanie Jacomet, Brigitte Röder, Jörg Schibler, Samuel van Willigen, Ferran Antolín. (2022). "Small Animals, Big Impact? Early Farmers and Pre- and Post-Harvest Pests from the Middle Neolithic Site of Les Bagnoles in the South-East of France (L'Isle-sur-la-Sorgue, Vaucluse, Provence-Alpes-Côte-d'Azur)".

Animals, 12, 1511

Stork NE. (2018). "How Many Species of Insects and Other Terrestrial Arthropods Are There on Earth?" *Annual Review of Entomology*, 63, 31–45

| 생명과 AI의 융합 |

양현민, 정희진, 〈생성형 AI를 이용한 단백질 구조 예측 및 단백질 디자인의 최신 동향〉, 《BRIC》, 2025

김재윤 외, 〈KRIBB 워킹그룹: 생명 정보 기술 최신 연구 동향〉 V. 172, 한국생명공학연구원 유전체맞춤의학연구센터, 2025

박광현, 〈AI 신약: AI 기반 신약 개발의 원리와 최신 동향〉 V. 171, 한국생명공학정책연구센터, 2025

곽노필, 〈AI가 만든 바이러스, 세균을 죽였다〉, 《한겨레》, 2025년 9월 30일 자

권혁진, 〈"클릭 한번 신약 뚝딱" '생성형 AI 신약개발' 시대 도래〉, 《약업신문》, 2024년 4월 9일 자

한국생명공학연구원 국가생명공학정책연구센터, 한국경제, 《바이오리포트: 바이오데이터》, 한국생명공학연구원 국가생명공학정책연구센터, 한국경제, 2025

생명과학단 성과분석위원회, 〈AI 기반 생명과학 연구〉 R&D BRIEF 2024-9호, 한국연구재단, 2024

오상우, 〈오상우의 내 몸 사용 교과서: DNA 해독 이은 AI 정밀의학 개척〉, 《중앙일보》, 2025년 10월 10일 자

이은희, 〈이은희의 미래를 묻다: 생명의 문자를 자유롭게 읽고 쓰고 만드는 시대〉, 《중앙일보》, 2024년 8월 26일 자

| AI가 구축하는 생명의 정보 |

유영제, 《토론하는 바이오》, 나녹, 2025

박상철, 권순용, 강시철, 《노화도 설계하는 시대가 온다》, 매일경제신문사, 2025

박희범, 〈"바이오파운데이션 모델 기반 R&D 위해 TF 가동"〉, 《지디넷코리아》, 2025년 9월 11일 자

"미래유망기술." BioIn, 2025년 11월 7일, url: https://www.bioin.or.kr/futureView.do

"바이오파운데이션모델: 2025년 주목해야 할 차세대 바이오 혁신 기술." BioIn, 2025년 11월 7일, url: https://www.bioin.or.kr/board.do?num=329478&cmd=view&bid=report

"한국형 ARPA-H 2025년 신규 프로젝트 공고." 보건복지부, 2025년 11월 7일, url: https://www.mohw.go.kr/board.es?mid=a10503010100&bid=0027&act=view&list_no=1486201&tag=&nPage=1

"인공지능 기술과 첨단 생명과학(첨단바이오) 기술의 융합으로 생명과학(바이오) 혁신을 가속화하고 미래 신성장동력창출." BioIn, 2025년 11월 7일, url: https://www.bioin.or.kr/board.do?num=329348&cmd=view&bid=division

"바이오를 해석·응용하는 새로운 접근, 바이오 파운데이션 모델." BioINwatch, 2025년 11월 7일, url: https://www.bioin.or.kr/board.do?num=327426&cmd=view&bid=issue&cPage=1&cate1=all&cate2=all2&s_str=

"바이오혁신연계서비스." 2025년 11월 7일, url: https://www.bics.re.kr/tech/techYear?emergingTechSn=554

"국립생물자원관 유전정보시스템." 2025년 11월 7일, url: https://

species.nibr.go.kr/wildgeneticinfo/home/index.do

"Basic Local Alignment Search Tool." USA NCBI(National Center for Biotechnology Information), Nov 7, 2025, url: https://blast.ncbi.nlm.nih.gov/Blast.cgi

Haotian Cui, Alejandro Tejada-Lapuerta, Maria Brbić, Julio Saez-Rodriguez, Simona Cristea, Hani Goodarzi, Mohammad Lotfollahi, Fabian J. Theis & Bo Wang. (2025). "Towards multimodal foundation models in molecular cell biology". *Nature*, 640, 623-633

CHAPTER 2. 화학

| 산업의 비타민, 희토류 |

김경훈, 박가현, 〈핵심 품목의 글로벌 공급망 분석: ① 희토류 '우리나라와 주요국의 희토류 공급망 현황 및 시사점'〉, 《트레이드 포커스》, 2021년 18호

정연일, 〈정연일의 원자재포커스: 희토류 탐구(9) 삼파장 형광등 제조에 쓰이는 터븀(Tb)〉, 《한국경제》, 2019년 7월 7일 자

〈희토류 국제표준화 전략〉, 산업통상자원부 국가기술표준원, 2023년 4월 18일 자

이정민, 〈미국 희토류 공급망 현황과 대중 의존 완화 대책〉, 《코트라 해외시장뉴스》, 2022년 10월 24일 자

고우람, 〈베트남 희토류 광산, 신규 공급처 부상 가능성〉, 《코트라 해외시장뉴스》, 2023년 10월 20일 자

임경묵, 한준희, 박승연, 〈희토류 생산 및 부존현황〉, 《물리학과 첨단기술》,

2019년 9월 호

김연규, 〈미중 21세기 세계경제 주도권 쟁탈전: 희토류 패권경쟁〉, 《CSF(중국 전문가포럼)》, 2020년 8월 28일 자

"희토류가 뭐길래 미국, 중국이 나서서 자원 무기화 한다는 걸까?" 국가과학기술연구회(nst), 2025년 11월 7일, url: https://www.youtube.com/watch?v=GjF69gwZH3I&t=43s

"rare-earth element." Britannica, Nov 7, 2025, url: https://www.britannica.com/science/rare-earth-element

정문철, 유경근, 〈바스트나사이트, 모나자이트, 제노타임의 부유선별 연구동향〉, 《한국자원공학회지》, 제57권 6호, 2020, pp. 652-670

Bradley S. Van Gosen, Philip L. Verplanck, Keith R. Long, Joseph Gambogi, and Robert R. Seal II. (2024). "The rare-earth elements: Vital to modern technologies and lifestyles". *USGS Mineral Resources Program*

김진수, 〈글로벌 핵심광물 공급망 동향과 시사점〉, 《세계 에너지시장 인사이트》, 제24-4호, 2024년 2월 19일 자

김리나, 〈KIGAM 보고서: 대한민국 2050 탄소중립 에너지전환시대 6대 핵심광물 이슈분석〉, 한국지질자원연구원, 2021년 9월 15일 자

이태환, 〈전문가의 시선: 희토류 영구자석 시장 확대와 원료 확보 경쟁〉, 《포스코인터내셔널 매거진》, 2024년 5월 22일 자

Michele Maidel, Maria José Jerônimo de Santana Ponte, Haroldo de Araújo Ponte, Renata Bachmann Guimarães Valt. (2022). "Lanthanum recycling from spent FCC catalyst through leaching assisted by electrokinetic remediation: Influence of the process conditions on mass transfer". *Separation and Purification Technology*

Jaya Nayar. (2021). "Not So "Green" Technology: The Complicated Legacy of Rare Earth Mining". *Harvard International Review*

박세라, 〈희토류 희토오류겐〉, 《대신증권 이슈 리포트》, 2023년 9월 8일 자

이지수, 〈희토류 회수 및 재활용 기술에 대해 알아보아요!〉, 《KISTEP 브리프 83》, 2023년 10월 13일 자

이현경, 〈희토류 재활용이 필요한 때〉, 《테크 포커스》, 2024 01_Vol.3

김승훈, 〈트럼프도 무릎꿇게 한 중국 '희토류', 공급망 다변화 선택 아닌 '필수'〉, 《테크 월드》, 2025년 6월 18일 자

U.S. Geological Survey. (2021). *MINERAL COMMODITY SUMMARIES 2021*, USGS

| 폐유기물의 재탄생 |

〈2023년 전국 폐기물 발생 및 처리 현황〉, 환경부, 한국환경공단, 2024년 12월 30일 자

UNEP. (2024). "Beyond an age of waste-Turning rubbish into a resource". *Global Waste Management Outlook 2024*

OECD. (2022). "Economic Drivers, Environmental Impacts and Policy Options". *Global Plastics Outlook*

"폐기물." 기후에너지환경부 금강유역환경청, 2025년 11월 7일, url: https://www.me.go.kr/gg/web/index.do?menuId=2272

"폐유기물 기초원료화 사업단 플라즈마 활용 폐유기물 고부가가치 기초원료화 사업단 기술 소개." 한국기계연구원 KIMM, 2025년 11월 7일, url: https://www.youtube.com/watch?v=_kCUOvoz9mg

"환경폐자원연구소." 명지대학교, 2025년 11월 7일, url: https://www.

mju.ac.kr/mjukr/455/subview.do

환경용어연구회, 《환경 공학 용어 사전(초보자를 위한 알기 쉬운 용어 설명)》, 작가와, 2024

"생활폐기물 발생 및 처리 방법." 한국환경공단 생활폐기물 정보관리포털, 2025년 11월 7일, url: https://www.re.or.kr/hows/hmpg/lvlhWsteOcrn.do?menuId=H020300

환경부, 〈생활폐기물은 어떻게 처리될까?〉, 《환경부 공식 블로그: 좋아지구》, 2018년 10월 4일 자

〈급증하는 폐기물을 처리하기 위한 방법〉, 《SAMPYO》, 2023년 3월 14일 자

"플라즈마 기반 CO_2 free 폐유기물 기초원료화." K2Base-KISTEP Knowledge Base, 2025년 11월 7일, url: https://www.k2base.re.kr/karpa/thema03/popup.do

이은영, 〈친환경, 그 이상! 순환경제, 산업 경쟁력 필수요소가 되다〉, 《SK ecoplant NEWSROOM-ESG 칼럼》, 2023년 1월 11일 자

"자원순환." 자원순환실천플랫폼, 2025년 11월 7일, url: https://www.recycling-info.or.kr/act4r/about/recycleInfo.do

이연진, 여준석, 〈폐플라스틱 화학적 재활용 기술〉, 《KISTEP 브리프 100》, 2023년 11월 30일 자

"플라스틱의 순환." Plastic Literacy by GS칼텍스, 2025년 11월 7일, url: https://www.gscaltexplasticliteracy.com/chapter3

"폐플라스틱을 다시 새 플라스틱으로." 한화, 2025년 11월 7일, url: https://www.hanwha.co.kr/newsroom/discover/view.do?seq=13375

"석유화학으로 탄생한 플라스틱 소재 '폴리에틸렌(Polyethylene)'! 어떻게 사용될까?" SK이노베이션, 2025년 11월 7일, url: https://skinnonews.com/archives/48279

"다시 플라스틱으로! 세계 최초 재원료화 기술 개발/데스크." 대전MBC, 2025년 11월 7일, url: https://tjmbc.co.kr/NewsArticle/349050

정지영, 〈혼합 폐플라스틱 분리수거 않고 재활용한다… 에틸렌·벤젠으로 전환〉,《동아사이언스》, 2025년 9월 3일 자

〈까다로운 플라스틱 분리수거 없는 시대, 현실이 되다!〉,《한국기계연구원 공식 블로그》, 2025년 9월 3일 자

"'플라즈마 레시피'를 아시나요?" 한국핵융합에너지, 2025년 11월 7일, url: https://m.blog.naver.com/nfripr/220808626423

| 수소에너지와 공동체 |

Bjarke Thomassen. (2017). "Poul la Cour History at a glance 1846-1908", The Poul la Cour Museum

Povl Otto Nissen. (2019). "The story about the reduction in number of windmill sails", The Poul la Cour Museum

Povl Otto Nissen. (2001). "Indroduktion til udstillingen", The Poul la Cour Museum

Pompeo Garuti. (1985). "Apparatus for production of oxygen and hydrogen by electrolysis", United States Patentadnos Office, No. 534,259(Patented in Italy April 25, 1892, LXII, 324)

R. de Levie. (1999). "The electrolysis of water". *J. Electroanalytical Chemistry*, 476, 92-93

Nora Buggy. "A (Brief) History of Electrolysis : The science that's reshaping industry, one molecule at a time". *twelve*

박광현, 정해상,《덴마크·독일 모델의 풍력발전기술》, 일진사, 2012

그레천 바크, 김선교, 전현우, 최준영, 《그리드》, 동아시아, 2021

브라이언 블랙, 노태복, 《에너지 세계사》, 씨마스21, 2023

오동희, 최석환, 황시영, 장시복, 김남이, 《수소사회: 미래에너지 리포트》, 머니투데이, 2019

유재국, 〈분산에너지 활성화 특별법 제정의 의의와 향후 과제〉, 국회입법조사처, NARS 현안분석 제299호, 2023

엄민종, 이강남 〈세주 3.3 MW급 재생에너지 기반 그린수소 생산 시스템에 대한 경제성 평가 연구〉, 《New & Renewable Energy》 20(4), 2024

김이경 〈1920-30년대 덴마크 폴케호이스콜레(Folkehøjskole)의 한국·일본 유입과 분화·변용〉, 《동아시아문화연구》 제75집, 2018, pp. 47-77

이명수 〈덴마크 농업의 이해: 농업발전 과정의 도전과 대응사례〉, 《세계농업》, 국가별 농업자료 제151호, 2013

허남혁, 〈근대화 시대 농촌 개발과 농임 동원의 계보학: '이상 농촌' 덴마크의 표상을 중심으로〉, 《전기사회학대회》, 2008 발표문

강경수, 배기광, '알칼라인 수전해 셀 조립체', 출원번호 10-2018-0100636, 한국에너지기술연구원, 2020

조원철, 김창희, '가스 혼합을 억제하는 신규한 알칼리 수전해 격막', 출원번호 10-2020-0008130, 한국에너지기술연구원, 2021

조현석, 고강석, '기체방지투과층을 포함하는 알칼라인 수전해 셀 및 그 제조방법', 출원번호 10-2018-0133498, 한국에너지기술연구원, 2020

강경수, 조원철, '화학적 용액 성장법을 이용한 니켈-철 복합 금속 수산화물의 제조방법 및 복합화된 형상을 갖는 니켈-철 복합 금속 수산화물', 출원번호 10-2016-0031377, 한국에너지기술연구원, 2017

박기호, 〈'AI 시대' 준비 안된 전력망… 송전선로 31곳 중 26곳 '공사중'〉, 《뉴스1》, 2025년 6월 30일 자

이슬기, 〈전기화 시대 도전 (1) 발전소 지어도 무용지물… '전력망 병목' 해소 해야〉,《연합뉴스》, 2025년 2월 23일 자

강희종, 〈AI 시대 전력이 국력 (8) 전력망법 통과에도 하남-한전 갈등 '현재진 행형'〉,《아시아경제》, 2025년 3월 14일 자

이창우, 〈한전 '직류 배전' 전환 선언… "송전망 건설 갈등 지역부터"〉,《뉴시 스》, 2024년 11월 10일 자

정승환, 〈분산에너지 특구의 시장 영향과, 분산에너지 산업 활성화를 위한 성 공적 정착 방안 제언〉,《전기저널》, 2025년 5월 22일 자

박상우, 〈분산에너지 특구 최종후보 확정…7개 지자체 각축〉,《월간수소경 제》, 2025년 6월 16일 자

류병채, 신승국, 이광욱, 조준오, 김창훈, 고은민, 〈분산에너지 활성화 특별법 시행에 따른 변화와 대비〉,《법률신문》, 2024년 6월 27일 자

CHAPTER 3. 지구과학

| 나무, 다시 건축이 되다 |

World Green Building Council. (2019). "Global status report."

Chen, C. X., Pierobon, F., Jones, S., Maples, I., Gong, Y., & Ganguly, I. (2022). "Comparative life cycle assessment of mass timber and concrete residential buildings: A case study in China". *Sustainability*, 14(1)

Pierobon, F., Huang, M., Simonen, K., & Ganguly, I. (2019). "Environmental benefits of using hybrid CLT structure in mid-rise non-residential construction: An LCA-based comparative case study in the U.S. Pacific Northwest". *Journal of Building Engineering*, 26

Hemmati, M., Messadi, T., Gu, H., Seddelmeyer, J., & Hemmati, M. (2024). "Comparison of Embodied Carbon Footprint of a Mass Timber Building Structure with a Steel Equivalent". *Buildings*, 14(5), Article 1276

French Ministry for Ecological Transition. (2020). France Bois 2024: National strategy for timber in public construction. Ministère de la Transition écologique

European Commission, Joint Research Centre (JRC). (2020). Fire safety of timber buildings in Europe. Publications Office of the European Union

Swedish Wood. (2019). "CLT structures– facts and planning". Swedish Wood

He, M., Luo, J., & Li, Z. (2017). "Key technologies for prefabricated timber buildings". *Procedia Engineering*, 196, 972–979

Gervásio, H., & Dimova, S. (2018). "Model for life cycle assessment (LCA) of buildings. Part 1: Building types and BIM integration". Publications Office of the European Union

University of British Columbia. (2019). "Brock Commons Tallwood House student residence– Board 4 report"

Liven, H., & Abrahamsen, R. (2023). "Mjøstårnet: The world's tallest timber building". In Proceedings of the *World Conference on Timber Engineering (WCTE 2023)*, pp. 35–65, Oslo, Norway

U.S. Forest Service. (2024). "World's tallest timber building opens". U.S. Department of Agriculture

Atrium Ljungberg. (2024). "Stockholm Wood City: Urban development in Sickla and Hammarby Sjöstad"

Japan Association for the 2025 World Exposition. (2024). Grand Ring: The symbolic wooden structure of Expo 2025 Osaka, Kansai, Japan

South Korea Cross Laminated Timber (CLT) Panels Market. (2025). *LinkedIn*. The primary challenges include limited local production, dependency on imports, and lack of awareness among smaller construction firms

Offer, G. J., Howey, D., Contestabile, M., Clague, R., & Brandon, N. P. (2010). "Comparative analysis of battery electric, hydrogen fuel cell and hybrid vehicles in a future sustainable road transport system". *Energy Policy*, 38(1), 24-29

| 지층이 기록한 시간을 읽는 AI |

Bolli, H. M., & Saunders, J. B. (1985). "Oligocene to Holocene planktonic foraminifera". In H. M. Bolli, J. B. Saunders & K. Perch-Nielsen (Eds.), *Plankton stratigraphy*, pp. 155-262, Cambridge University Press

Cowie, J. W., & Bassett, M. G. (1989). "Terminology of time and stratigraphic classification". *Geological Society of London*

García-Moreno, D., et al. (2024). "Automated identification of planktonic foraminifera from thin section images using convolutional neural networks". *Computers & Geosciences*, 190, 105451

Gradstein, F. M., Ogg, J. G., Schmitz, M. D., & Ogg, G. M. (2020).

Geologic Time Scale 2020, Elsevier

Imbrie, J., et al. (1993). "On the structure and origin of majo glaciration cycles". *Paleoceanography*, 8(6), 699-735

Remane, J., et al. (1996). "Guidelines and statutes for stratigraphic classification". *Episodes*, 19(3), 77-81

Schulte, P., et al. (2010). "The Chicxulub asteroid impact and mass extinction at the Cretaceous-Paleogene boundary". *Science*, 327(5970), 1214-1218

Yamaguchi, S., et al. (2025). "Machine-learning classification of Turbocapsula-type radiolarians from the Early Cretaceous: Toward automated biostratigraphy". *Marine Micropaleontology*, 128, 102012

한국지질자원연구원, 〈제주 화산재층 분석을 통한 화산활동주기 예측 연구 보고서〉, KIGAM, 2024

포항공대 지구환경과학과, 〈포항 해저 코어를 이용한 신생대 층서 분석 및 빙기-간빙기 상관 연구〉, POSTECH, 2023

| 지구의 탄소순환 시스템 |

"World Environment Day 2026: A Global Call for Climate Action." #ClimateAction, Nov 7, 2025, url: https://www.worldenvironmentday.global/

"Plastic Pollution." UN environment programme, Nov 7, 2025, url: https://www.unep.org/plastic-pollution

"The Global Plastics Hub." Nov 7, 2025, url: https://globalplasticshub.org/

"플라스틱." WWF, 2025년 11월 7일, url: https://www.wwfkorea.

or.kr/plastic.php

"The Carbon Cycle." NASA earth observatory, Nov 7, 2025, url: https://earthobservatory.nasa.gov/features/CarbonCycle

"Carbon cycle." National Oceanic and Atmospheric Administration, Nov 7, 2025, url: https://www.noaa.gov/education/resource-collections/climate/carbon-cycle

Long, M.V. et.al. (2021). "Strong Southern Ocean carbon uptake evident in airborne observations". *Science*, 374(6572)

| 기후변화, 대립을 넘어설 때 |

"UN Climate Change Conference Baku- November 2024." United Nations Climate Change, Nov 7, 2025, url: https://unfccc.int/cop29

"Australia-Tuvalu Falepili Union." Australian Government Department of Foreign Affairs and Trade, Nov 7, 2025, url: https://www.dfat.gov.au/geo/tuvalu/australia-tuvalu-falepili-union

"Tuvalu, Australia, and the Falepili Union." Australian Government Department of Foreign Affairs and Trade, Nov 7, 2025, url: https://www.internationalaffairs.org.au/australianoutlook/tuvalu-australia-and-the-falepili-union/

"The First Digital Nation." Tuvalu, Nov 7, 2025, url: https://www.tuvalu.tv/

"Tuvalu." United Nations Fiji, Solomon Islands, Tonga, Tuvalu, and Vanuatu, Nov 7, 2025, url: https://pacific.un.org/en/about/tuvalu

| 구름을 좇는 법 |

강철주, 〈'하늘의 표정' 읽어낸 현대 기상학의 선구자〉, 《시사저널》, 2004년 10월 5일 자

"The society for people who love the sky." Cloud Appreciation Society, Nov 7, 2025, url: cloudappreciationsociety.org

"International Cloud Atlas." Nov 7, 2025, url: cloudatlas,wmo.int/en/home.html

극지연구소, 〈남극 미세먼지, 어떻게 구름이 될까〉, 《극지연구소》, 2023년 11월 15일 자

김민재, 〈구름, 에어로졸 그리고 태양열의 관계를 밝힌다〉, 《사이언스타임즈》, 2021년 5월 6일 자

"구름을 사랑한 과학자." 기상청 블로그, 2025년 11월 7일, url: https://blog.naver.com/kma_131/222698679524

염현아, 〈아슬라심포지엄: "지구공학 효과 없다는 결론도 의미… 인류의 선택지 찾는 게 과학자 역할"〉, 《조선비즈》, 2023년 6월 22일 자.

윤일희, 〈기상학의 역사〉, 《기상기술정책》, 제3권 4호(통권 제12호), 2010, pp.6-16

이가람, 〈북극 녹아? 다시 얼리면 되지… '구름 양산' 만드는 괴짜과학자〉, 《중앙일보》, 2023년 10월 2일 자

이근영, 〈대기오염물질 없애면 지구온난화 가속, 어쩌나?〉, 《한겨레》, 2021년 3월 12일 자

이명옥, 〈"먹구름이 몰려오고 있어, 어서 피해"… 화폭에 '진짜 날씨'를 그려 넣다〉, 《한국경제》, 2020년 12월 3일 자

이성규, 〈기상 관측하다 탄생한 '안개상자'〉, 《사이언스타임즈》, 2019년 9월 11일 자

이수민, 〈"구름에 소금 뿌려 지구온난화 늦춘다"… 호주 산호초 복원 진행〉, 《뉴시스》, 2024년 2월 15일 자

정진영, 〈클로즈업: 구름을 사랑한 과학자〉, 《전자신문》, 2004년 10월 1일 자

황선태, 〈구름물리학과 구름화학의 효시〉, 과학기술인지원센터

"The Man Who Named The Clouds." Science Museum, Nov 7, 2025, url: https://blog.sciencemuseum.org.uk/the-man-who-named-the-clouds/

"Luke Howard (meteorologist)." Wikipedia, Nov 7, 2025, url: https://en.wikipedia.org/wiki/Luke_Howard_(meteorologist)

"Weather and climate from A to Z." Federal Office of Meteorology and Climatology MeteoSwiss, Nov 7, 2025, url: https://www.meteoswiss.admin.ch/weather/weather-and-climate-from-a-to-z.html

"What's that cloud?" The Bureau of Meteorology, Australian Government, Nov 7, 2025, https://media.bom.gov.au/social/blog/895/whats-that-cloud/

CHAPTER 1. 우주과학

| 우주를 읽는 AI |

"High Schooler Uncovers 1.5 Million Hidden Objects in Space, Wins $250K." EXPLORERSWEB, Nov 13, 2025, url: https://explorersweb.com/high-schooler-uncovers-1-5-million-hidden-objects-in-space-wins-250k/

S. Liu, et al. (2024). "Testing the LSST Difference Image Analysis Pipeline Using Synthetic Source Injection Analysis". *The Astrophysical Journal*, 967(10)

"How the Rubin Observatory Will Reinvent Astronomy." IEEE Spectrum, Nov 13, 2025, url: https://spectrum.ieee.org/vera-rubin-observatory-first-images?utm_source=chatgpt.com

"Help LIGO scientists make gravitational-wave discoveries by identifying how to improve our detectors." Gravity Spy, Nov 13, 2025, url: https://www.zooniverse.org/projects/zooniverse/gravity-spy

Hyun-Jin Jeong, et al. (2022). "Improved AI-generated Solar Farside Magnetograms by STEREO and SDO Data Sets and Their Release". *arXiv*, 2204.12068

Mario Krenn, et al. (2025). "Digital Discovery of Interferometric Gravitational Wave Detectors". *Physical Review Journals*, 15

Sungwook E. Hong, et al. (2021). "Revealing the Local Cosmic Web from Galaxies by Deep Learning". *The Astrophysical Journal*, 913(1)

Jaehyun Lee, et al. (2020). "The Horizon Run 5 Cosmological Hydrodynamic Simulation: Probing Galaxy Formation from Kilo- to Giga-parsec Scales." *arXiv*, 2006.01039

| 사라진 연결 고리, 중간질량블랙홀 |

Abbott, B. P. et al. (2016). "Observation of Gravitational Waves from a Binary Black Hole Merger". *Physical Review Letters*, 116, 061102

Partmann, C. et al. (2024). "Intermediate mass black hole feedback in dwarf galaxy simulations with a resolved ISM and accurate nuclear stellar dynamics". *Proceedings of the International Astronomical Union*, 19, 68-71

Event Horizon Telescope Collaboration. et al. (2019). "First M87 Event Horizon Telescope Results. I. The Shadow of the Supermassive Black Hole". *The Astrophysical Journal Letters*, 875, L1

Gaia Collaboration, P. Panuzzo. et al. (2024). "Discovery of a dormant 33 solar-mass black hole in pre-release Gaia astrometry". *A&A*, 686, L2

Häberle, M., Neumayer, N., Seth, A. et al. (2024). "Fast-moving stars around an intermediate-mass black hole in ω Centauri". *Nature*, 631, 285-288

King, A. R. et al. (2001). "Ultraluminous X-ray Sources in External Galaxies". *The Astrophysical Journal*, 551, 4

Kormendy, J., & Ho, L. C. (2013). "Coevolution (Or Not) of Supermassive Black Holes and Host Galaxies". *Annual Review of Astronomy and Astrophysics*, 51, 511-653

Volonteri, M. (2010). "Formation of Supermassive Black Holes". *The Astronomy and Astrophysics Review*, 18, 279-315

"Giving Justice to Intermediate-Mass Black Hole Mergers." AAS Nova, Nov 7, 2025, url: https://aasnova.org/2025/07/01/giving-justice-to-intermediate-mass-black-hole-mergers/

"The seeds that formed the garden of massive black holes." Astrobites, Nov 7, 2025, url: https://astrobites.org/2024/06/14/

massive-bh-se/

Kargaltsev, O. Y. et al. (2024). "Hunting for IMBHs in the Omega Centauri Globular Cluster (JWST Proposal 4343)". Space Telescope Science Institute

"DESI Uncovers 300 New Intermediate-Mass Black Holes Plus 2500 New Active Black Holes in Dwarf Galaxies." NOIRLab, Nov 7, 2025, url: https://kpno.noirlab.edu/news/noirlab2508/

"The biggest black hole smashup ever detected challenges physics theories." Science News, Nov 7, 2025, url: https://www.sciencenews.org/article/biggest-black-hole-gravitational-waves

| 제임스웹 우주망원경이 전해온 소식들 |

"James Webb Space Telescope." NASA, Nov 7, 2025, url: https://science.nasa.gov/mission/webb/

"Sentinel-1D reaches orbit on Ariane 6." The European Space Agency, Nov 7, 2025, url: https://www.esa.int/

CHAPTER 5. 과학기술

| 불맛 없는 철 |

"worldsteel ASSOCIATION." Nov 7, 2025, url: A https://worldsteel.org
"2024년도 국가 온실가스 잠정배출량 6억 9,158만톤." 기후에너지환경부 온

실가스종합정보센터, 2025년 11월 7일, url: https://www.gir.go.kr/home/board/read.do?menuId=10&boardId=2029&boardMasterId=4

"포스코 미디어센터." 2025년 11월 7일, url: https://www.posco.co.kr/homepage/docs/kor7/jsp/prcenter/press/s91c600300l.jsp

"HyREX 탄소 배출을 줄이는 수소환원제철 기술." 포스코, 2025년 11월 7일, url: https://www.posco.co.kr/homepage/docs/kor7/jsp/hyrex/

"탄소중립: Pathway to Green Steel." 현대제철, 2025년 11월 7일, url: https://www.hyundai-steel.com/kr/sustainability/carbon-neutral

"동국제강." 2025년 11월 7일, url: https://www.dongkuksteel.com/ko/index

"수증기는 기후변화에 얼마나 중요한가?" 국립기상과학원, 2025년 11월 7일, url: http://www.nims.go.kr/?sub_num=847

"한국에너지기술연구원." 2025년 11월 7일, url: https://energium.kier.re.kr/

"This startup just hit a big milestone for green steel production." MIT Technology Review, Nov 7, 2025, url: https://www.technologyreview.com/2025/03/12/1113130/green-steel-boston-metal/

| 챗GPT의 기억과 대화 |

Burgess, G. H., & Chadalavada, B. (2015). "Profound anterograde amnesia following routine anesthetic and dental procedure: a new classification of amnesia characterized by intermediate-to-late-stage consolidation failure?". *Neurocase*, 22(1), 84-94

"Ep 18: Petaflops to the People-with George Hotz of tinycorp." Latent Space, Nov 7, 2025, url: youtube.com/watch?v=K5iDUZPx60E

"Memory and new controls of ChatGPT." OpenAI, Nov 7, 2025, url: https://openai.com/ko-KR/index/memory-and-new-controls-for-chatgpt/

"Gemini API docs-Core Capabilities: Long Context." Gemini API, Nov 7, 2025, url: https://ai.google.dev/gemini-api/docs/long-context

Hu, E. J., Shen, Y., Wallis, P., Allen-Zhu, Z., Li, Y., Wang, S., Wang, L., & Chen, W. (2021). "LoRA: Low-Rank Adaptation of Large Language Models". *arXiv* 2106.09685

Gu, A., & Dao, T. (2023). "Mamba: Linear-Time Sequence Modeling with Selective State Spaces". *arXiv* 2312.00752

| 초지능 인공지능의 시대 |

"Artificial Intelligence Index Report 2025." Stanford Institute for Human-Centered Artificial Intelligence (HAI), Nov 7, 2025, url: https://hai.stanford.edu/ai-index/2025-ai-index-report

Mary Meeker, Jay Simons, Daegwon Chae, Alexander Krey. (2025). "Trends -Artificial Intelligence (AI)". BOND

Daniel Kokotajlo, Scott Alexander, Thomas Larsen, Eli Lifland, Romeo Dean. (2025). "AI 2027". April 3rd 2025 on AI-2027.com

"초인공지능이란 무엇인가요?" IBM, 2025년 11월 7일, url: https://www.ibm.com/kr-ko/think/topics/artificial-superintelligence

이상욱(한양대학교), 〈인공지능과 실존적 위험-비판적 검토〉, 《인간연구》 제40호, 가톨릭대학교(성심교정) 인간학연구소, 2020

주경원, 〈KISTEP 브리프: 글로벌 AI 패러다임 변화와 대응 전략〉, KISTEP, 2025

안성원 외, 〈ISSUE REPORT AI Index 2025 주요 내용과 시사점〉, 소프트웨어 정책연구소(SPRi), 2025

닉 보스트롬, 조성진,《슈퍼 인텔리전스》, 까치, 2017

레이 커즈와일, 김명남, 장시형,《특이점이 온다》, 김영사, 2025

"인공지능 윤리기준." 인공지능 윤리 소통채널, 2025년 11월 7일, url: https://ai.kisdi.re.kr/aieth/main/contents.do?menuNo=400029

| 휴머노이드의 현재와 미래 |

과학기술정보통신부, 〈차세대 휴머노이드 미래선점기술 개발 전략(안)〉, 2025년 5월 28일

자동차기술자협회(美), 자율주행자동차 운전자동화 수준(SAE J3016 Levels of Driving Automation)

"Humanoid Robots Have Potential to fully Automate Warehouse Processes." Gartner, Nov 7, 2025, url: https://www.gartner.com/en/newsroom/press releases/2024 04 02 humanoid robots have-potential-to-fully-automate-warehouse-processes

"Humanoid Robots: From Demos to Deployment." Bain & Company, Nov 7, 2025, url: https://www.bain.com/insights/humanoid-robots-from-demos-to-deployment-technology-report-2025/

CHAPTER 6. 물리학

| AI와 물리학, 필연적 협력 |

"IOP Science & Innovation." Nov 7, 2025, url: https://www.iop.org/

| 입자 가속기부터 빛을 뿜는 가속기까지 |

존 허드슨, 고문주, 《화학의 역사》, 북스힐, 2005

Josef Reitinger. (1983). "Technikgeschichte und Schiffahrt", *Biologiezentrum Linz sonderpublikationen SB150*, 275~290

이강영, 《LHC, 현대 물리학의 최전선》, 사이언스북스, 2011

이강영, 《파이온에서 힉스 입자까지》, 살림, 2013

유카와 히데키, 김성근, 《보이지 않는 것의 발견》, 김영사, 2012

"Accelerating: Radiofrequency Cavities." CERN, Nov 7, 2025, url: home.cern/science/engineering/accelerating-radiofrequencycavities

"LHC filling with liquid helium at 4 kelvin." CERN, Nov 7, 2025, url: home.cern/news/news/engineering/lhc-filling-liquid-helium-4-kelvin

"대형연구시설 2. 포항방사광 가속기." 한국물리학회, 2025년 11월 7일, url: www.kps.or.kr/content/50years/html/kps281.htm

"Accelerator Science: Why RF?" Fermilab, Nov 7, 2025, url: youtube.com/watch?v=mu4m7wSnpD0

"Particle Accelerators Reimagined-with Suzie Sheehy." Ri The Royal Institiution, Nov 7, 2025, url: youtube.com/watch?v=jLmciZdh5j4

신현준, 이동녕, 《방사광과학입문》, 교문사, 2002

김문경, 하태균, 신태주, 박용준, 남상훈, 〈방사광 가속기 소개〉, 《포항가속기연구소》, 제61권 제10호, pp. 11-16, 2012

나동현, 〈특집 차세대 가속기 진공시스템: 4세대방사광가속기 진공시스템〉, 《Vacuum Magazine》, pp.12-15, 2017

한장희, 〈특집 최근 국내 방사광 기술과 활용: 4세대 방사광: 엑스선 자유전자 레이저〉, 《Vacuum Magazine》, pp.4-7, 2016

"PLS-II 빔라인." 포항가속기연구소, 2025년 11월 7일, url: https://pal.postech.ac.kr/ko/pls/plsbeamLineMap.do

"PAL-XFEL 장치." 포항가속기연구소, 2025년 11월 7일, url: https://pal.postech.ac.kr/ko/pal/deviceIntrcn.do

"다목적 방사광가속기(Korea-4GSR) 상세설계 보고서." 포항가속기연구소, 2025년 11월 7일, url: https://pal.postech.ac.kr/ko/info/designReport.do

임준, 〈현미경의 과학 (1): 엑스선 현미경〉, 《HORIZON》, 2025

김재영, 〈가속기의 과학 (3): 방사광 가속기〉, 《HORIZON》, 2020

윤수진, 함선영, 이상경, 〈입자가속 기술〉, 《한국과학기술기획평가원》, kistep 기술동향브리프, 2019-02호

CHAPTER 7. 과학문화

| 우리가 만드는 과학기술의 미래 |

신동희, 〈'구글 글래스'가 실패한 이유〉, 《디지털타임즈》, 2016년 3월 22일 자

정인선, 〈AI돌봄·QR코드·챗봇… 디지털 기술은 코로나 방역 이렇게 도왔다〉, 《한겨레》, 2022년 5월24일 자

송성수, 《발명과 혁신으로 읽는 하루 10분》, 생각의힘, 2018

"자전거의 역사." 네이버 지식백과, 2025년 11월 7일, url: https://terms.naver.com/entry.naver?docId=3397216&cid=58386&categoryId=58386

박노언, 김지홍, 〈임무지향형 사회문제해결 R&D 전주기 프로세스 고도화 연구〉, 한국과학기술기획평가원(KISTEP), 2024

김현아, 〈'러브버그'도 과학으로 푼다… 과기부, 사회문제 해결 소통 강화〉, 《이데일리》, 2025년 7월 20일 자

| 과학기술자들의 독립운동 |

김근배, 이은경, 선유정, 《대한민국 과학자의 탄생》, 세로북스, 2024

황지나, 〈과학조선 건설부터 요업한국 건설까지〉, 전북대학교대학원 박사학위 논문, 2025

현원복, 〈1930년대의 과학기술학 진흥운동〉, 《민족문화연구》 12, 1977

한국과학기술한림원, 《대한민국과학기술유공자 공훈록》 1-8

부록_ 2025 노벨상 특강

| 면역계의 브레이크, 조절 T세포 |

"Immune tolerance The identification of regulatory T cells and

FOXP3, Scientific background 2025." The Nobel Prize, Nov 7, 2025, url: https://www.nobelprize.org/uploads/2025/10/advanced-medicineprize2025.pdf

김응민, 〈2025 노벨 생리·의학상의 의미〉, 《팜뉴스》, 2025년 10월 10일 자

김응민, 〈2025 노벨상: 모든 일에는 시간이 필요하다〉, 《팜뉴스》, 2025년 10월 22일 자

문세영, 〈자가면역질환 완화에 관여하는 핵심 T세포 발견〉, 《동아사이언스》, 2025년 7월 31일 자

김민재, 〈2025 노벨상, 면역계의 '브레이크' 발견이 가져온 의학 혁명〉, 《사이언스타임즈》, 2025년 10월 15일 자

"2025 노벨 생리의학상-면역 관용의 발견이 바꿀 의료 미래가 기대된다." 길아저씨, 2025년11월7일, url: https://blog.naver.com/bbetyep/224033471548

송복규, 〈2025 노벨상: "아군 오폭 막는 면역세포 발견" 의학상 수상자들, 자가면역진환 치료 단서 찾아〉, 《조선 비즈》, 2025년 10월 7일 자

김길원, 〈'면역 브레이크' 규명에 노벨상_ 암·자가면역질환 치료 큰 진전〉, 《연합뉴스》, 2025년 10월 6일 자

| 망상화학의 문을 연 MOF |

"Prussian blue, Molecule of the week archive." The American Chemical Society (ACS), Nov 7, 2025, url: www.acs.org/molecule-of-the-week/archive/p/prussian-blue.html

"Prussian Blue: Discovery and Betrayal." Chemistry Europe, Nov 7, 2025, url: https://www.chemistryviews.org/prussian-bluediscovery-and-betrayal-part-1/

"Atoms star in world's smallest movie from IBM." BBC, Nov 7, 2025, url: https://www.bbc.com/news/science-environment-22364761

Jesse L. C. Rowsell, Omar M. Yaghi. (2004). "Metal-organic frameworks: a new class of porous materials". *Microporous and Mesoporous Materials*, 73

Omar M. Yaghi, Markus J. Kalmutzki, and Christian S. Diercks. (2019). *Introduction to Reticular Chemistry: Metal-Organic Frameworks and Covalent Organic Frameworks*. Willy-VCH

Omar M. Yaghi, D. A. Richardson, G. LI, C. E. Davis, T. L. Groy. (1995). "Open Frameworks solids with diamond-like structures prepared from clusters and metal organic building blocks". *Mat. Res. Soc. Symp. Proc.*, 371, 15-19

Omar M. Yaghi, Hailian Li. (1995). "Hydrothermal synthesis of a metal-organic Frameworks containing large rectangular channels". *J. Am. Chem. Soc.*, 117, 10401-10402

Zihui Zhou, et al. (2024). "Carbon dioxide capture from open air using covalentes organic frameworks". *Nature*, 635, 96-101

Yuang Shi, et al. (2025). "Comparison of LLMs in extracting synthesis conditions and generating Q&A datasets for metal-organic frameworks", *Royal Society of Chemistry; Digital Discovery*, 10

Zhiling Zheng, et al. (2025). "Large Language models for reticular chemistry", *Nature Reviews Materials*, 10, 369-381

"The Nobel Prize in Chemistry 2025." THE ROYAL SWEDISH ACADEMY OF SCIENCES, Nov 7, 2025, url: www.nobelprize.org/uploads/2025/10/press-chemistryprize2025.pdf

"Science background to the Nobel Prize in Chemistry 2025: METAL-ORGANIC FRAMEWORKS." THE ROYAL SWEDISH ACADEMY OF SCIENCES, Nov 7, 2025, url: https://www.nobelprize.org/uploads/2025/10/advanced-chemistryprize2025.pdf

"They have created new rooms for chemistry." THE ROYAL SWEDISH ACADEMY OF SCIENCES, Nov 7, 2025, url: www.nobelprize.org/uploads/2025/10/popular-chemistryprize2025-1.pdf

이준웅, 〈리뷰: MOF의 구조, 합성 및 응용〉, 《Journal of the KIMST》, 17(4), 2014, pp.510-520

| 양자 컴퓨터와 양자 터널링 |

"Quantum properties on a human scale." The Nobel Prize, Nov 7, 2025, url: https://www.nobelprize.org/prizes/physics/2025/popular-information/

| 성장의 씨앗은 우리 안에 있다 |

김연숙, 전명훈, 〈노벨경제학상에 '혁신이 지속가능한 성장 이끄는 원리' 연구 3인〉, 《연합뉴스》, 2025년 10월 13일 자

김명환, 〈'슘페터의 후예들' 노벨경제학상 싹쓸이… 성장의 핵심은 지식〉, 《매일경제》, 2025년 10월 13일 자

조엘 모키르, 김민주, 이엽, 《성장의 문화》, 에코리브르, 2018

필리프 아기옹, 셀린 앙토냉, 시몽 뷔넬, 이민주, 《창조적 파괴의 힘》, 에코리브르, 2022

그림 출처

26쪽 shutterstock

28쪽 shutterstock

31쪽 Hiroshi Azuma, et al. (2022). "First-in-human phase 1 trial of hemoglobin vesicles as artificial red blood cells developed for use as a transfusion alternative". *Blood advances*, 6(21), 5711-5715

38쪽 본 저작물은 함안군에서 2025년 작성하여 공공누리 제1유형으로 개방한 함안박물관 '아라홍련', 생태·예술 전문가의 시선으로 재조명(작성자: 김정희)'을 이용하였으며, 해당 저작물은 함안군 뉴스포털, https://www.haman.go.kr/00956/00958.web?amode=view&gcode=32&gubun=present&idx=17205798에서 무료로 다운받으실 수 있습니다.

40쪽 Printed under a CC BY license, with permission from Photographer Mari Tefre

42쪽 본 저작물은 한국수목원정원관리원에서 2025년 작성하여 공공누리 제1유형으로 개방한 '산림청, 백두대간 글로벌 시드볼트 통해 전 세계 종자보전사업 본격화(작성자: 장영택)'을 이용하였으며, 해당 저작물은 산림청, https://www.forest.go.kr/kfsweb/cop/bbs/selectBoardArticle.do?bbsId=BBSMSTR_1036&mn=NKFS_04_02_01&nttId=3210205에서 무료로 다운받으실 수 있습니다.

51쪽 "BUGS FOR BUGS." Nov 7, 2025, url: https://bugsforbugs.com.au/product/aphidius-colemani/

52쪽 국립수목원

55쪽 J. Craig venter institute

59쪽 shutterstock

71쪽 shutterstock

77쪽 shutterstock

83쪽 shutterstock

111쪽 shutterstock

112쪽 shutterstock

119쪽 WIKIPEDIA

120쪽 WIKIPEDIA

129쪽 shutterstock

140쪽 "The First Digital Nation." Tuvalu, Nov 7, 2025, url: https://www.tuvalu.tv/

151쪽 shutterstock

163쪽 Kyung Hee University

166쪽 KASI

171쪽 "Mass Chart for Dead Stars and Black Holes." NASA, Nov 7, 2025, url: https://www.nasa.gov/image-article/mass-chart-dead-stars-black-holes/

173쪽 "Hubble Evidence for an Intermediate-Mass Black Hole Candidate in Omega Centauri." NASA, Nov 7, 2025, url: https://science.nasa.gov/image-detail/hubble-omegacent-imbh-stsci-01j1x1w2vgfqv5b9vtha2ra2y6/

174쪽 "The biggest black hole smashup ever detected challenges physics theories." ScienceNews, Nov 7, 2025, url: https://kpno.noirlab.edu/news/noirlab2508/

175쪽 "DESI Uncovers 300 New Intermediate-Mass Black Holes Plus 2500 New Active Black Holes in Dwarf Galaxies." Nov 7, 2025, url:

https://kpno.noirlab.edu/news/noirlab2508/

182쪽 "Newfound Galaxy Class May Indicate Early Black Hole Growth, Webb Finds." NASA, Nov 7, 2025, url: https://science.nasa.gov/missions/webb/newfound-galaxy-class-may-indicate-early-black-hole-growth-webb-finds/

184쪽 "NASA's Webb Digs into Structural Origins of Disk Galaxies." NASA, Nov 7, 2025, url: https://science.nasa.gov/missions/webb/nasas-webb-digs-into-structural-origins-of-disk-galaxies/

186쪽 "Dusty wisps round a dusty disc." esa, Nov 7, 2025, url: https://esawebb.org/images/potm2508a/

187쪽 Nikku Madhusudhan, et al. (2025). "New Constraints on DMS and DMDS in the Atmosphere of K2-18 b from JWST MIRI". *ApJL*

188쪽 "New Moon Discovered Orbiting Uranus Using NASA's Webb Telescope." NASA, Nov 7, 2025, url: https://science.nasa.gov/blogs/webb/2025/08/19/new-moon-discovered-orbiting-uranus-using-nasas-webb-telescope/

215쪽 Mary Meeker, et al. (2025). *Trends –Artificial Intelligence*, Bond

216쪽 *The 2025 AI Index Report*, Standford HAI

219쪽 Mary Meeker, et al. (2025). *Trends –Artificial Intelligence*, Bond

249쪽 WIKIPEDIA

256쪽 포항가속기연구소

258쪽 포항가속기연구소

278쪽 왼쪽《동아일보》, 가운데《조선중앙일보》, 오른쪽《조선일보》

284쪽 국사편찬위원회 한국사데이터베이스

300쪽 THE NOBEL PRIZE, Nov 7, 2025, url: https://www.nobelprize.org

301쪽 THE NOBEL PRIZE, Nov 7, 2025, url: https://www.nobelprize.org

308쪽 "Molecule of the Week Archive Prussian blue." ACS, Nov 7, 2025, url: https://www.acs.org/molecule-of-the-week/archive/p/prussian-blue.html

311쪽 "METAL-ORGANIC FRAMEWORKS." Nov 7, 2025, url: https://www.nobelprize.org/uploads/2025/10/advanced-chemistryprize2025.pdf

318쪽 "Quantum properties on a human scale." Nov 7, 2025, url: https://www.nobelprize.org/prizes/physics/2025/popular-information/

319쪽 "Quantum properties on a human scale." Nov 7, 2025, url: https://www.nobelprize.org/prizes/physics/2025/popular-information/

320쪽 "Quantum properties on a human scale." Nov 7, 2025, url: https://www.nobelprize.org/prizes/physics/2025/popular-information/

321쪽 "Quantum properties on a human scale." Nov 7, 2025, url: https://www.nobelprize.org/prizes/physics/2025/popular-information/

323쪽 "Quantum properties on a human scale." Nov 7, 2025, url: https://www.nobelprize.org/prizes/physics/2025/popular-information/

2026 미래 과학 트렌드

초판 1쇄 인쇄 2025년 11월 14일
초판 1쇄 발행 2025년 11월 26일

지은이 국립과천과학관
펴낸이 최순영

출판1 본부장 한수미
와이즈 팀장 장보라
편집 김예지
디자인 함지현

펴낸곳 ㈜위즈덤하우스   **출판등록** 2000년 5월 23일 제13-1071호
주소 서울특별시 마포구 양화로 19 합정오피스빌딩 17층
전화 02) 2179-5600   **홈페이지** www.wisdomhouse.co.kr

ⓒ 국립과천과학관, 2025

ISBN 979-11-7171-559-6 03400

- 이 책의 전부 또는 일부 내용을 재사용하려면 반드시 사전에 저작권자와
㈜위즈덤하우스의 동의를 받아야 합니다.
- 인쇄·제작 및 유통상의 파본 도서는 구입하신 서점에서 바꿔드립니다.
- 책값은 뒤표지에 있습니다.